先进无机非金属材料技术发展路径

郅晓 著

中国商务出版社

·北京·

图书在版编目（CIP）数据

先进无机非金属材料技术发展路径 / 郅晓著 . -- 北京 : 中国商务出版社，2025.1
ISBN 978-7-5103-5059-7

Ⅰ . ①先… Ⅱ . ①郅… Ⅲ . ①无机非金属材料－知识产权－研究 Ⅳ . ① TB321

中国国家版本馆 CIP 数据核字（2024）第 023461 号

先进无机非金属材料技术发展路径

XIANJIN WUJI FEI JINSHU CAILIAO JISHU FAZHAN LUJING

郅晓　著

出版发行：中国商务出版社有限公司
地　　址：北京市东城区安定门外大街东后巷 28 号　　邮编：100710
网　　址：http://www.cctpress.com
联系电话：010-64515150（发行部）　010-64212247（总编室）
　　　　　010-64243016（事业部）　010-64248236（印制部）
策划编辑：刘姝辰
责任编辑：韩冰
排　　版：德州华朔广告有限公司
印　　刷：北京明达祥瑞文化传媒有限责任公司
开　　本：890 毫米 × 1240 毫米　1/16
印　　张：19.75　　　　　　　　　　字　　数：351 千字
版　　次：2025 年 1 月第 1 版　　　　印　　次：2025 年 1 月第 1 次印刷
书　　号：ISBN 978-7-5103-5059-7
定　　价：98.00 元

序

　　随着当前经济社会的发展和国际竞争格局的新变化，知识产权作为国家发展战略资源和国际竞争力核心要素的作用愈加凸显，并成为建设新型工业化和扩大对外开放的重要支撑。建设具有中国特色、世界水平的材料工业知识产权强国，对于提升国家建材制造业核心竞争力，扩大高水平对外开放，实现更高质量、更有效率、更加公平、更可持续、更为安全的发展，满足人民日益增长的美好生活需要，具有重要意义。

　　无机非金属材料工业是我国国民经济发展的重要基础原材料产业，是改善民生不可或缺的基础制品产业，也是支撑航天航空、节能环保、新能源、新材料、信息产业等战略性新兴产业发展的重要基础产业。自"十三五"以来，无机非金属材料工业综合实力稳步增长，国际竞争力持续增强，规模优势显著提升，创新能力迈上新台阶，绿色转型呈现新面貌，智能制造达到新水平，并已迈入高质量发展的新阶段，机遇前所未有，挑战也更加严峻。面临传统产业改造升级和战略性新兴产业培育壮大的双重需求，坚持创新驱动，主动适应和引领新一轮科技革命和产业变革，提高无机非金属材料产业链供应链韧性和安全水平，是推进新型工业化、加快制造强国建设的必然要求，关系材料产业现代化体系建设全局。

　　本书以硅材料、碳材料、绿色低碳建材等无机非金属领域的典型子行业为研究对象，力求系统、全面地论述国内外无机非金属材料领域专利申请现状，通过综合评估核心技术与知识产权方面的布局和创新，从产品、技术、工艺装备等方面分析行业发展路径，并在最后一章介绍了建材领域"十三五"以来的发展情况和下一步发展方向。在本书成稿过程中，蹇守卫、房晶瑞、邓嫔、叶家元等同志参与了编写工作，对他们的辛勤付出表示衷心感谢。

　　鉴于无机非金属材料类型繁多，加之笔者学识有限，若在某些问题的界定、分类和表述方面存在疏漏和不妥之处，敬请读者提出批评和建议。

郅晓

2024年7月

目 录

第 1 章　前　言

1.1 现代无机非金属材料

新材料产业是战略性、基础性产业，是未来高新技术产业发展的基石和先导。《新材料产业发展指南》（工业和信息化部、发展改革委、科技部、财政部，工信部联规〔2016〕454号）（以下简称《指南》）指出，当前，新一轮科技革命与产业变革蓄势待发，全球新材料产业竞争格局正在发生重大调整，产业规模不断扩大。新材料与信息、能源、生物等高技术加速融合，大数据、数字仿真等技术在新材料研发设计中的作用不断突出，"互联网＋"、材料基因组计划、增材制造等新技术、新模式蓬勃兴起，新材料创新步伐持续加快，全球新材料技术发展已形成三级梯队竞争格局，国际市场竞争日趋激烈。2021—2025年，是国家实施《中国制造2025》、调整产业结构、推动制造业转型升级的关键时期。新一代信息技术、航空航天装备、海洋工程和高技术船舶、节能环保、新能源等领域的发展，为新材料产业提供了广阔的市场空间，新材料产业产值从2010年0.65万亿元增长到2023年7.6万亿元，同时也对新材料质量性能、保障能力等提出了更高要求。前沿材料代表新材料产业发展的方向与趋势，具有先导性、引领性和颠覆性，是构建新的增长引擎的重要切入点，《重点新材料首批次应用示范指导目录（2024年版）》发布了基础材料、关键战略材料、前沿新材料等三大类共299种产品，《前沿材料产业化重点发展指导目录（第一批）》入选了15种有望在新一代信息技术、航空航天装备、新能源等领域率先批量产业化、实现产业引领的前沿材料。因此，必须紧紧把握发展机遇，采取有力措施加快我国新材料领域创新发展，集中力量下大力气突破一批关键材料，提升新材料产业保障能力，支撑中国制造实现由大变强的历史跨越。

"十四五"以来，国务院作出了加快培育和发展战略性新兴产业的决定，确定了包括新材料在内的七大战略性新兴产业。这是我国首次将新材料作为一个独立的产业，从国家战略角度进行重点扶持。一批龙头企业和领军人才不断成长，北京、天津、深圳、宁波等地区初步形成了新材料产业集群，推动了区域产业结构升级和资源整合。通过新型工业化示范基地创建工作，全国已建设了48个新材料领域相关基地，形成了一批发展载体。

当前，我国新材料发展已从"以解决有无问题为主"的规模扩张阶段，跨越到以满足国家重大战略需求、提升国际竞争力为主的高质量发展阶段，处在最关键的历史转折关口。我国新材料产业的发展，面临以下突出问题：一是我国高端材料自主保障能力弱，与国际先进水平相比还存在较大差距；二是我国新材料领域创新能力不强，基础性、原创性成果不足，核心技术掌握不够，基于新概念新原理的新材料正向研发模式尚未完全建立起来；三是我国新材料产业基础能力弱，难以满足人工智能背景下产业自身可持续发展要求，特别是基础工业软件自给率较低；四是我国新材料技术推广、应用与转化能力较弱，"好材不敢用"问题仍然突出。在国际新材料创新速度不断加快的形势下，我国新材料产业的创新能力面临新的挑战，因此，"十三五"期间《指南》着重强调了新材料产业协同创新体系建设任务，提出了"新材料创新能力建设工程"，就是为了完善新材料创新链条薄弱环节，打造一批新材料制造业创新中心、新材料性能测试评价中心、材料基因技术研究平台等创新载体，形成符合我国新材料产业发展特点的创新体系。进入"十四五"末，我国已形成了全球门类最全、规模最大的材料产业体系，百余种材料产量达到世界第一位，新材料产业产值快速扩张，大数据、人工智能与新材料技术加速融合，新材料的研发与制造向数字化、网络化、智能化迈进，新一代信息技术和智能制造技术全面融入材料设计、制造与应用全流程，以实现资源节约、绿色环保、性能优异、安全可靠等多重目标，同时，新材料产业向绿色化、低碳化发展已成为可持续发展的全球共识。

1.2 知识产权战略

知识产权战略是一个国家的一项长期发展战略，它对于提升国家竞争力有很大作用。1979年，美国政府提出"要采取独自的政策提高国家的竞争力，振奋企业精神"，并第一次将知识产权战略提升到国家战略层面。从此，知识产权战略成为美国企业与政府的统一战略。美国在知识产权的法律上进行了一系列的修订和扩充。1980—1998年，先后通过《拜杜法案》、《联邦技术转移法》以及《技术转让商业化法》；1999年美国国会通过了《美国发明家保护法令》；2000年10月众参两院又通过了《技术转移商业化法案》，进一步简化了归属联邦政府的科技成果运用程序。此外，在国际贸易中，美国一方面通过综合贸易法案中的"特殊301条款"对竞争对手予以打压，另一方面又积极推动世界贸易组织知识产权协议的达成，从而形成了一套有利于美国的新的国际贸易规则。与此同时，美国还非常注重知识产权战略研究，如美国CHI研究公司的"专利记分牌"系统，运用文献计量分析方法对科学论文和专利指标进行研究，已经被许多国家使用。

为提升我国知识产权创造、运用、保护和管理能力，建设创新型国家，实现全面建成小康社会目标，2018年国家知识产权局发布了《国家知识产权战略纲要》，明确指出："实施国家知识产权战略，大力提升知识产权创造、运用、保护和管理能力，有利于增强我国自主创新能力，建设创新型国家；有利于完善社会主义市场经济体制，规范市场秩序和建立诚信社会；有利于增强我国企业市场竞争力和提高国家核心竞争力；有利于扩大对外开放，实现互利共赢。必须把知识产权战略作为国家重要战略，切实加强知识产权工作。"2021年，中共中央、国务院印发了《知识产权强国建设纲要（2021—2035年）》，为统筹推进知识产权强国建设，全面提升知识产权创造、运用、保护、管理和服务水平，充分发挥知识产权制度在社会主义现代化建设中的重要作用，制定了明确的目标、要求和建设方案。

经过近40年的发展，我国知识产权事业取得了举世瞩目的成绩，成为名副其实的知识产权大国。2023年，国家知识产权局共授权发明专利92.1万项，同比增长15.4%。截至2023年年底，我国发明专利有效量为499.1万项，其中国内（不含港澳台）发明专利有效量为401.5万项。我国每万人口高价值发明专利拥有量达11.8项。但相关数据显示，在光学、发动机、运输、半导体、音像技术、医学技术等领域，我国专利布局与国外尚存差距。从这些领域维持10年以上的有效发明专利来看，国外在华专利拥有量是我国的1.9倍。在海外专利布局方面，我国企业与发达国家企业相比还有不小差距。

一直以来，党中央、国务院对专利质量高度重视。《国务院关于新形势下加快知识产权强国建设的若干意见》中明确提出要"实施专利质量提升工程，培育一批核心专利"。《知识产权强国建设纲要（2021—2035年）》《专利转化运用专项行动方案（2023—2025年）》《"十四五"国家知识产权保护和运用规划》作出了更加具体的部署安排，坚持稳中求进、高质量发展，推动知识产权强国建设迈上新台阶。

1.3 专利分析

随着世界技术竞争的日益激烈，各国企业纷纷开展专利战略研究。其核心是专利分析（patent analysis），即对专利文本、专利公报中大量零碎的专利信息进行分析、加工、组合，并利用统计学方法和技巧，使这些信息转化为具有总揽全局及预测功能的竞争情报，从而为企业的技术、产品及服务开发中的决策提供参考。专利分析不仅是企业布局专利的前提，还能为企业发展技术策略、评估竞争对手提供有用的情报。因此，专利分析是企业战略与竞争分析中一种独特而实用的分析方法，是企业竞争情报常用的分析方法之一。

多年来，人们通过不断摸索专利分析的方法并找寻更好的分析指标，使分析方法及指标体系日趋完善。国外进行专利分析的方法和指标已能够较好地客观评价专利数据，并充分挖掘其中的战略竞争情报，为企业战略决策提供有价值的参考。

专利分析方法分为定量分析与定性分析两种。定量分析又称统计分析，主要是通过专利文献的外表特征进行统计分析，也就是首先通过专利文献上所固有的著录项目来识别有关文献，其次对有关指标进行统计，最后用不同方法对有关数据的变化进行解释，以取得动态发展趋势方面的情报。专利统计的主要指标包括专利数量、同族专利数量、专利被引次数、专利成长率、科学关联性、技术生命周期、专利实施率、产业标准化指标。

一般来说，专利分析的作用主要包括以下两点：

（1）趋势预测任何技术都有一个产生、发展、成熟及衰老的过程。通过历年申请的专利数量、专利引文数量变化可以确定该技术的发展趋势及活跃时期，为科研立项、技术开发等重大决策提供依据。对不同技术领域的专利进行时间分布的对比研究，可以确定在某一时期内，哪些技术领域比较活跃，哪些技术领域处于停滞状态。

（2）识别竞争对手将某一技术类别的专利申请按专利权人进行统计，可以得到某项技术在不同公司或企业间的分布，从而了解哪些公司或企业在该领域投入较多、专利活动较活跃、技术水平较领先；对不同技术类别各公司的专利频数进行统计，可以了解各公司最活跃的领域，即其开发的重点领域。另外，通过检索某一专利的同族专利，可以得到这些专利申请的地理分布，从而判断其商业价值，了解某公司技术输出的重点领域；也可以为技术引进提供依据。

1.4 数据检索

1.4.1 数据来源和范围

本书所使用的检索系统是专利检索与服务系统的界面检索子系统。中文数据的检索是在中国专利检索系统（CPRS）中进行。全球专利数据的检索是欧洲专利局、世界知识产权组织（WIPO）、美国、中国、德国、日本、中国台湾等90多个组织或国家/地区的专利数据。中文和全球的专利数据检索范围主要侧重"十三五"期间申请公开的专利，以及对专利布局具有重要影响的历史核心专利，同时涵盖了部分"十四五"重要专利。

此外，上述中文和全球的专利数据统计具有一定的重合度。为避免由数据重复造成的偏差，对重复的数据进行了去重处理。同时，由于检索记录涉及同族专利申请[①]，因此，我们在统计分析时只选择了其中一个有代表性的专利，如优先权专利申请。

需要说明的是，本书统计的专利申请量比实际的专利申请量要少。这是由于部分数据在检索截止日之前尚未在相关数据库中公开。例如，PCT专利申请可能自申请日起30个月甚至更长时间之后才能进入国家阶段，从而导致与之相对应的国家公布时间更晚；发明专利申请通常自申请日（有优先权的，自优先权日）起18个月（要求提前公布的申请除外）才能被公布；实用新型专利申请在授权后才能获得公布，其公布日的滞后程度取决于审查周期的长短等。

1.4.2 研究方法

根据研究所涉及的不同领域各技术分支的特点，对各技术分支的特征采取相应的检索策略，并在此基础上深入分析专利申请量趋势、重要申请人、重要技术。为了更全面、更深入地展示分析过程和结果，本书中大量使用了数据图表。表1–1对本书中的分析主题、分析主题相对应的维度、使用的图表类型、分析维度反映的信息，以及参考图例做了部分汇编。为了便于描述，将本书中涉及的专利申请人名称进行约定。具体请参见附录。

---

①同族专利是基于同一优先权文件，在不同国家或地区，专利组织多次申请、多次公布或批准的内容相同或基本相同的一组专利文献。例如，优先申请国家——US，优先申请日期——1985年1月14日，优先申请号——690915，专利族：US4588244（申请日：1985年1月14日）、JP61-198582A（申请日：1985年11月30日）、GB2169759A（申请日：1986年1月3日）、FR2576156A（申请日：1986年1月13日）。

表1-1 研究方法示例

专利分析项目	分析方法和具体操作	分析目的和启示
专利申请量趋势	对分析样本的专利申请量按年代作图	了解行业或某种技术方向的发展趋势
申请人分析	从申请人的申请总量排名、不同技术领域的综合排名等多个维度综合分析	了解该领域的重要申请人及其申请情况，并对比其实力
关键技术分析	按照技术分支进行标引，统计各技术分支的专利申请量，得出各技术分支在行业中所占比重	了解行业中热点技术、前沿技术情况
重要专利技术分析	对重要专利的重要技术和专利引证进行分析	了解重要技术的具体技术方案

第 2 章　新型硅材料

硅原子位于元素周期表第 IV 主族，原子序数为 Z=14，是地球上含量仅次于氧的元素。硅的用途极为广泛，既可用于制备玻璃、陶瓷、水泥等传统建材，也可用于制备半导体、金属陶瓷、特种玻璃等上千种新型功能材料。

由于新型硅材料种类繁多，无法一一列举。本章介绍的功能性硅材料，主要包括特种玻璃、玻璃纤维基复合材料等。

2.1　特种玻璃

特种玻璃是指除普通窗玻璃和日用器皿玻璃以外，利用新型材料采用新工艺制成的具有特殊功能或特殊用途的玻璃。玻璃的功能从单纯的透光材料和包装材料发展成具有光、电、磁和声等特性的材料。按功能分类，特种玻璃包括光学功能玻璃（如具有光传输功能、感光及光调节功能的玻璃）、电磁功能玻璃（如导电功能玻璃、磁性玻璃等）、热学功能玻璃（如低膨胀系数玻璃、导热性玻璃等）、力学与机械功能玻璃（如具有更高杨氏模量、高强度、高韧性的玻璃），以及生物及化学功能玻璃（如具有耐腐蚀、杀菌、生物活性、生物相容性的玻璃）。

特种玻璃的不断发展对我国战略性产业及支柱性产业产生了巨大的影响。通过对传统玻璃的不断改进和创新，目前已研究开发出多种新型特种玻璃。特别是近年来，一方面，显示器领域发生了重大的技术变革，液晶显示器基板、等离子体显示器基板、太阳能电池基板、平面发光体基板、光盘基板等平板玻璃拥有极为广阔的市场空间；另一方面，随着现代高层建筑、运输业、信息和光电子产业的发展，轻质、高强、化学稳定性良好的特种窗玻璃、挡风玻璃、防火单片玻璃等的应用日益广泛。上述平板显示器件、高性能平板玻璃均涉及特种玻璃众多类别中重要的一类——平板玻璃。

平板玻璃是板状玻璃制品的统称，按厚度可分为超薄玻璃、薄玻璃、厚玻璃、特厚玻璃；按表面状态可分为普通平板玻璃、压花玻璃、磨光玻璃、浮法玻璃等。此外，平板玻璃还可以通过着色、表面处理、复合等工艺制成具有不同色彩和特殊性能的制品，如吸热玻璃、热反射玻璃、选择吸收玻璃、中空玻璃、钢化玻璃、夹层玻璃、夹丝网玻璃、颜色玻璃等。

先进无机非金属材料技术发展路径

压花玻璃表面具有美丽的花纹、图案，而且其表面凹凸不平引起光的漫射能透光而不透明。压花玻璃主要采用压延法生产，其品种有无色、彩色、吸热、套色，以及不同花纹图案等，通常用于室内装饰、门窗及要求采光而不透明的场所。

磨光玻璃是用普通平板玻璃经双面磨光、抛光工艺生产的玻璃。一般用于民用建筑、商店、饭店、办公大楼、机场、车站等建筑物的门窗、橱窗及制镜等，也可用于加工制造钢化、夹层等安全玻璃。

超薄玻璃一般指厚度为0.1～1.1 mm的平板玻璃。其应用主要涉及平板显示器件、车用仪表和汽车镜等领域。随着平板显示器技术的飞速发展，对超薄玻璃的需求量也与日俱增。中国建材集团开拓了国内第一条量产4.5代TFT-LCD超薄玻璃基板生产线以及国内首条0.2 mm电子信息显示玻璃基板生产线。

平板玻璃的主要成型方法有手工成型和机械成型两类。由于手工成型生产效率低，玻璃表面质量差，已逐步被淘汰，仅在生产艺术玻璃时采用。机械成型主要有压延法、有槽垂直引上法、对辊法（也称旭法）、无槽垂直引上法、平拉法和浮法等。

压延法是将熔窑中的玻璃液经压延辊辊压成型、退火而制成，主要用于制造夹丝（网）玻璃和压花玻璃。有槽垂直引上法、对辊法、无槽垂直引上法等工艺基本相似，是使玻璃液分别通过槽子砖或辊子，或采用引砖固定板根，靠引上机的石棉辊子将玻璃带向上拉引，经退火、冷却，连续生产平板玻璃。平拉法是将玻璃垂直引上后，借助转向辊使玻璃带转为水平方向。这些方法在20世纪70年代以前是通用的平板玻璃生产工艺。

浮法是将玻璃液从池窑连续地流入并漂浮在有还原性气体保护的金属锡液面上，依靠玻璃的表面张力、重力及机械拉引力的综合作用，拉制成不同厚度的玻璃带，经退火、冷却而制成平板玻璃（也称浮法玻璃）。由于浮法玻璃在成型时，上表面在自由空间形成火抛表面，下表面与熔融的锡液接触，因而表面平滑、厚度均匀，不产生光畸变，其质量不亚于磨光玻璃。浮法工艺具有成型操作简易、质量优良、产量高、易于实现自动化等优点，已被全球广泛采用。

2.1.1　全球专利申请态势分析

根据玻璃成分来说，新型平板玻璃一般包括硼硅酸盐玻璃、铝硅酸盐玻璃和硼铝硅酸盐玻璃。根据成型方法，平板玻璃工艺一般分为垂直引上法、平拉法、溢流法、压延法和浮法等。

2.1.1.1　专利申请现状

平板玻璃领域主要包括配方和工艺这两个方面内容。将相关专利文献分别按申请时间进行分析，申请量随时间的变化趋势如图2-1所示。配方相关的专利文献包括硼硅酸盐、铝硅酸盐和硼铝硅酸盐3类配方的专利文献。其中，硼硅酸盐玻璃是指玻璃组合物中B_2O_3的质量分数不低于8%的平板玻璃；铝硅酸盐玻璃是指玻璃组成中含有SiO_2和Al_2O_3，且Al_2O_3质量分数不低于6%的平板玻璃（硼硅酸盐、铝硅酸盐相关定义引自《新玻璃概论》）；参考康宁和旭硝子公司，将硼铝硅酸盐玻璃（或者称为铝硼硅酸盐玻璃）定义为B_2O_3与Al_2O_3的质量分数含量不低于20%的平板玻璃。工艺相关的专利文献仅包括与浮法工艺相关的专利文献。

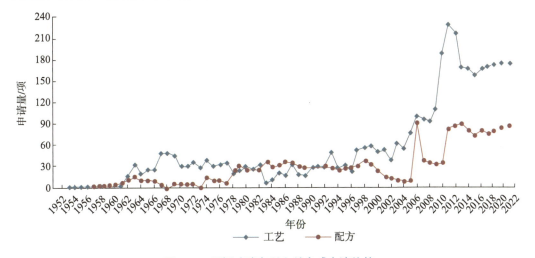

图 2-1　平板玻璃专利文献全球申请趋势

首先分析平板玻璃浮法工艺申请量变化趋势。浮法工艺起步较晚，第一篇介绍浮法工艺的专利文献是英国皮尔金顿公司于1953年12月申请的，但那时该工艺仍停留在试验阶段，直到1959年才宣布成功。1963年之后，皮尔金顿公司开始出售浮法工艺技术专利，其他国家也相继引进浮法工艺技术。由工艺申请趋势曲线可以看出，1963年浮法工艺的申请量达到了小高峰，1966—1982年，申请量虽有较小波动，但平均申请量维持在每年30项左右。但在1983年之后，浮法工艺的专利申请量迅速增加，特别是2002年之后进入了高速增长期。一方面是因为浮法工艺进入高速发展时期，各大企业对浮法工艺进行自主研究与改进，并且更加重视专利的布局及核心技术的专利保护；另一方面是由于浮法玻璃市场迅速扩大，随着平板玻璃产品的多样化，以及需求量的日益增大，企业为保护市场、增加竞争力而加大核心产品与技术的专利保护。

13

平板玻璃配方与平板玻璃工艺具有相似的申请趋势，但配方方面的专利申请量变化趋势较为平缓，在2006年出现了一个高峰。主要原因是俄罗斯的一名个人申请人在该年申请了近70项关于硼硅酸盐玻璃配方的专利。如果不考虑该特殊情况，平板玻璃配方的专利申请量整体上保持平缓，且在较长时间内处于较低水平，每年不超过90项。

若不考虑上述特殊情况的影响，硼硅酸盐配方申请量在1977—1980年经历了短暂的快速上升期之后，就进入长期的发展稳定期，如图2-2所示。除1986年外，在1980—1989年10年间，年申请量在15项以上。1989年之后申请量虽然常有波动，但其申请量变化趋势仍较为平稳。铝硅酸盐配方的申请量与硼硅酸盐相当，申请比例为32%。无碱的铝硅酸盐平板玻璃一般用作LCD显示基板玻璃、等离子显示屏（PDP）用基板玻璃及薄膜晶体管型液晶显示屏（TFT-LCD）用基板玻璃。高碱铝硅酸盐玻璃由于其高强度、抗划伤、抗弯曲和抗冲击的特点，一般用作显示屏等的保护玻璃。

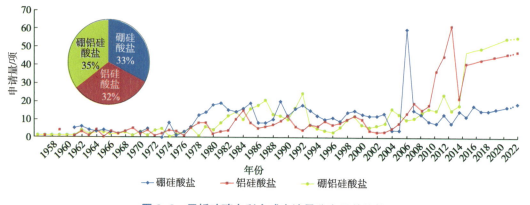

图2-2　平板玻璃专利全球申请量分布及其趋势

铝硅酸盐配方的申请量有明显的快速增长期，1982年之前申请量在10项以内，1982年之后进入缓慢上升期，在1999年到达小高峰。随后申请量开始下降，2003年到达最低。到2003年之后则进入快速上升期，2008年的年申请量与1999年的小高峰相平，并在2009—2013年5年时间内，年申请量由13项增加到61项，之后便维持在40项左右。

硼铝硅酸盐（或称作铝硼硅酸盐）配方并不具备明显区别于上述两种配方的技术特征，从某种角度上讲，硼铝硅酸盐既属于含铝量较高的硼硅酸盐，又属于含硼量较高的铝硅酸盐，兼备了硼硅酸盐与铝硅酸盐的特征，可满足对玻璃物理或化学性能等各方面的较高要求，可用作TFT基板玻璃、保护玻璃、背板玻璃等。硼铝硅酸盐配方所占比例为35%，其趋势线处于硼硅酸盐与铝硅酸盐趋势线之间。自1977年至今，其申请量均有一定幅度的波动，且波动幅度大于硼硅酸盐配方和铝硅酸盐配方的变化趋势，但是申请量整体呈增长的趋势。

浮法工艺包含熔化工艺、成型工艺和退火工艺。熔化工艺可细分为熔化、澄清和均化3个技术分支。具体占比情况如图2-3所示。

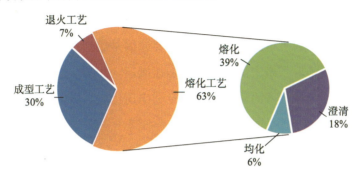

图2-3 浮法工艺各分支占比情况

在平板玻璃工艺相关专利文献中，熔化工艺占比最大，约占63%。其中，熔化技术分支的专利文献占39%，主要涉及熔化技术及其相关的熔炉技术；澄清技术分支的专利文献占18%，主要内容包括澄清技术及澄清剂相关技术；均化技术分支占6%，主要包含均化技术、熔融玻璃液进入成型槽的运输等相关技术。成型工艺相关专利文献占比约30%，主要是浮法成型的相关技术；退火工艺相关专利文献仅占7%，主要涉及退火窑内各分区的温度控制及相应的退火时间控制等方面的内容。

熔化技术、成型工艺，以及澄清技术专利申请所占比重远高于退火工艺及均化技术，与实际生产中各工艺环节的难度和关键程度密切相关。成型工艺是浮法工艺中最关键的技术。玻璃液在前进的过程中经历了在锡液面上的摊开、达到平衡厚度、自然抛光，以及拉薄或积厚的过程。该过程中的温度控制、拉薄控制，以及如何避免产生痕纹等工艺控制对玻璃品质至关重要，故该部分申请量较大，达30%。熔化工艺中的熔化技术分支所占比重为39%。由于该分支部分涉及玻璃熔化、窑炉燃烧等关键技术，其专利保护受到了各大企业的重视。此外，以溢流工艺为主的公司，也有针对熔化技术的相关专利申请。澄清技术也是平板玻璃的关键技术工艺之一，对玻璃液的质量影响较大，也得到了企业的充分重视。

退火工艺是指在某一温度范围内保温或缓慢降温一段时间以消除或减少玻璃中热应力至允许值，提供均匀的冷却过程，避免所生产的玻璃出现爆裂。均化技术一般是对玻璃液施加搅拌，使熔体均质化。退火和均化虽然对产品性能也有很大影响，但其工艺相对简单，专利申请占比相对较低。

浮法工艺（仅熔化工艺和成型工艺）专利申请量随时间的变化情况如图2-4所示。1953—1983年，专利申请以成型工艺为主。1984年之后，成型工艺的专利申请量呈小幅增长趋势，熔化技术的专利申请量则以较高速度持续增长。其中，1984—2001年增长相对缓慢，2002—2012年快速增长，随后申请量有所回落，但整体仍保持在较高的水平。熔化工艺相关专利申请量大幅增长的主要原因是熔炉及其相关的熔化、澄清技术的快速发展，特别是近年来中国在该领域加速崛起。2000年之后，平板玻璃工艺各技术分支申请量持续增长，表明该技术领域专利申请比较活跃，平板玻璃工艺的持续增长与目前激烈的竞争密不可分。

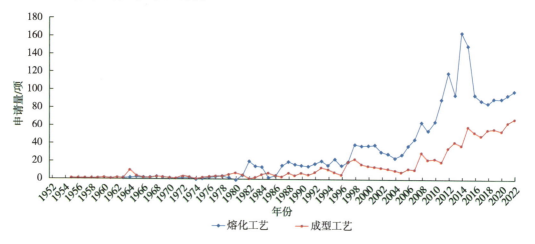

图2-4　浮法工艺各分支申请趋势

图2-5所示为平板玻璃工艺的专利申请量与专利申请人数量随时间推移的变化情况。根据该技术曲线，可将技术生命周期划分为平板玻璃工艺导入期、平板玻璃工艺快速发展期、平板玻璃工艺技术成熟期3个阶段。

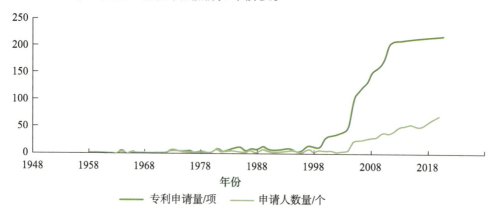

图2-5　平板玻璃工艺技术生命周期曲线

1953—2002年，该阶段专利申请量和申请人数量较少。年度申请人不超过25个，年度申请量也未超过60项，虽然有小幅快速增长期，但整体上技术发展相对缓慢，属于平板玻璃工艺的导入期。

2003—2012年，专利申请量和申请人数量快速增加。2005—2006年年度申请人数量增加幅度较大；经历2007年小幅回转之后，申请人数量及专利申请量均以较高水平持续增加；2009年年度申请量突破100项；在2012年达到峰值，年申请量为227项，年申请人为69个。该阶段属于平板玻璃工艺快速发展期。

2013年至今，专利申请量和申请人数量都维持在相对稳定的水平。专利年申请量维持在200项左右，申请人稳定在50个左右。该阶段属于平板玻璃工艺的技术成熟期。

2.1.1.2　专利申请布局分析

选取中国、日本、美国、德国、英国、欧洲专利局和世界知识产权组织作为目标地域，其中中国、日本、美国和德国是申请量居前四位的国家，英国是浮法工艺技术的来源国，欧洲专利局及世界知识产权组织可反映专利技术的国际申请情况。各目标地域的专利申请量分布情况如图2-6所示，主要来源国的申请量分布如图2-7所示。

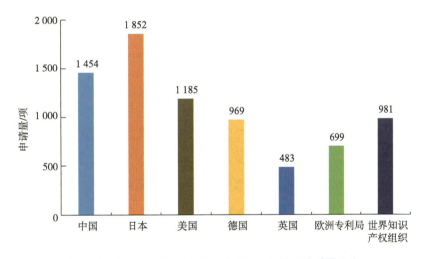

图 2-6　平板玻璃领域专利申请主要目标地域申请量分布

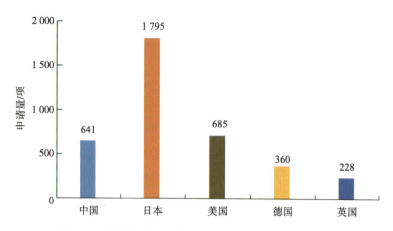

图 2-7　平板玻璃领域专利技术主要来源国申请量分布

1.中国、日本、美国、德国、英国5国专利申请构成分析

目标国的专利申请来源主要包括申请人直接在该国申请的专利和申请人通过国际申请进入该国的专利。

日本作为技术目标国专利申请量为1 852项，作为技术来源国专利申请量为1 795项，显著高于其他四国。由此可见，日本在平板玻璃领域的整体技术实力较强，专利的技术布局比较严密。这得益于日本重视专利权的传统，同时离不开玻璃领域知名日企，如旭硝子、电气硝子、板硝子等，对平板玻璃技术有着较高的研发、投入。此外，日本作为技术目标国，几乎所有的专利申请均来自本国，其他国家进入日本市场难度较大。

中国是仅次于日本的技术目标国，但中国申请仅占到44%。这说明中国在平板玻璃领域的技术实力相对较弱，但是中国市场对平板玻璃的需求很大，其他国家比较注重在中国的专利布局。

美国作为技术目标国，申请量居第三位；作为技术来源国，申请量居第二位。这说明美国在技术研究上具备较强的研发实力，并且各大企业非常重视在美国的专利布局，希望通过专利布局的方式保护平板玻璃市场。

德国与英国的专利申请量相对较少，德国的平板玻璃市场需求也较大，并且各大企业非常重视在德国的专利布局；英国虽然是浮法工艺技术的来源国，但是国内市场较小，且平板玻璃领域的重点企业较少，故技术输出量与技术输入量均相对较低。

2.欧洲专利局以及世界知识产权组织专利申请构成分析

目标地域为世界知识产权组织的专利文献是指通过专利合作条约组织（大约有140

个成员国）提出的国际专利申请。该目标地域的申请量为981项，表明有近千项的专利申请通过国际申请进入其他国家。这说明平板玻璃领域技术活跃度非常高，并且各大企业比较重视在全球领域的专利保护。

目标地域为欧洲专利局的专利文献是指根据欧洲专利公约向欧洲专利局提出的欧洲专利申请，表明在欧洲的德国、英国等30多个成员国中，平板玻璃占有一定的市场，各大企业比较重视在欧洲的专利保护。

基于平板玻璃技术在全球主要目标地域的申请情况，图2-8列出了工艺与配方专利申请量在目标地域中的具体分布情况。每个国家的环形图是工艺申请量与配方申请量的占比关系。从图中可以看出，中国的配方申请量与工艺申请量的占比差距较大，日本差距最小。这说明日本对平板玻璃专利的布局严密、技术空白点较少；中国平板玻璃配方仍然具有一定的布局空间。

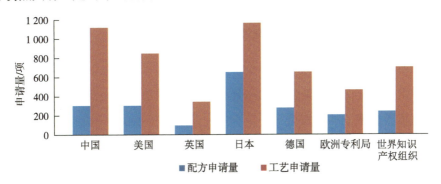

图 2-8　主要地域工艺—配方具体申请量分布

2.1.1.3　申请人分析

在平板玻璃工艺领域以及平板玻璃配方领域，分别选取申请量排名前十五的申请人作为主要申请人，不同领域的主要申请人及其申请量分布情况如图2-9和图2-10所示。

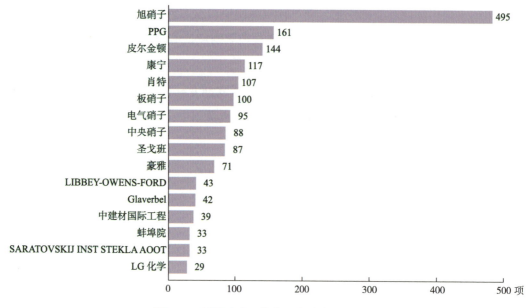

图2-9 平板玻璃工艺主要申请人及申请量

在平板玻璃工艺领域，主要申请人中有5家企业为日本企业，分别为中央硝子、电气硝子、板硝子、豪雅和旭硝子。Glaverbel（格拉维伯尔）原为欧洲第二大平板玻璃制造商，现已成为旭硝子的全资公司；英国的皮尔金顿于2006年被板硝子购买。在平板玻璃工艺领域，申请量排名前十五的企业中日企占1/2。这更加说明日本企业在平板玻璃工艺领域具有很大的市场占有率，并且高度重视专利布局。

申请量占据第一位的申请人为日本的旭硝子。该企业在平板玻璃、汽车玻璃、显示器玻璃（CRT、TFT、PDP）等领域，已经拥有领先世界（第一位或者第二位）的市场占有率。申请量次之的申请人是美国的PPG，紧接着申请量不低于100项的是皮尔金顿、康宁、肖特和板硝子。

主要申请人中有两位申请人为中国申请人，分别是中建材国际工程和蚌埠院。平板玻璃工艺相关的申请量分别为39项和33项，其中有近30项专利由两位申请人共同申请。

在平板玻璃配方领域，日本企业同样占据绝对优势，主要申请人中有中央硝子、松下、东芝硝子、电气硝子、板硝子、小原、豪雅、美能达和旭硝子等。其他主要申请人分别是肖特、康宁、东旭集团、SHCHEPOCHKINA JULIJA ALEKSEEVNA（俄罗斯个人申请人）、欧文斯伊利诺伊。申请量高于100项的企业有旭硝子、肖特、康宁、电气硝子。这4家企业在平板玻璃配方上投入了大量的研发力量，不仅在专利技术上遥遥领先，其平板玻璃产品也在不断更新换代，在激烈的竞争环境中稳步前进。

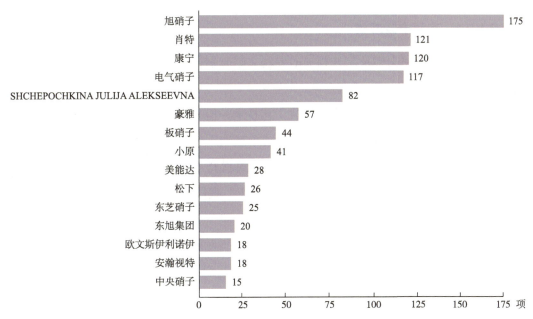

图 2-10　平板玻璃配方主要申请人及申请量

在配方和工艺领域排名均列入前十五位的申请人有旭硝子、豪雅、中央硝子、电气硝子、板硝子、肖特、康宁，将其称为重要申请人。重要申请人综合实力排名如图2-11所示。将申请量排名作为分析对象，左上方为工艺排名坐标轴，右上方为配方排名坐标轴，空白格对应的坐标轴上的数值表示出了重要申请人的排名情况，专利申请综合实力排名前三的是旭硝子、肖特和康宁。这3家企业全面发展平板玻璃产业。

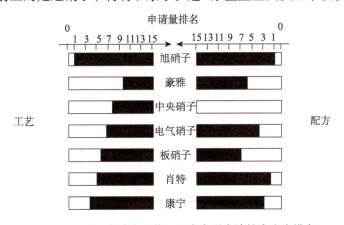

图 2-11　重要申请人工艺—配方专利申请综合实力排名

2.1.2 中国专利申请态势分析

2.1.2.1 专利申请现状

将工艺相关专利文献及配方相关的专利文献分别按申请时间进行分析，申请量随时间的变化趋势如图2-12所示。

1963年皮尔金顿公司开始出售浮法工艺技术，但是拒绝向我国出售该项技术。我国通过自主研发，于1971年9月23日，在洛阳玻璃厂建成投产中国第一条浮法玻璃生产线。1981年4月30日，国家科委、计委和建筑材料工业部召开技术鉴定会，将这种工艺命名为中国"洛阳浮法玻璃工艺"。1985年，我国规范专利申请之后，平板玻璃相关技术在中国开始了专利申请。其专利申请趋势与全球申请趋势类似，首先，工艺申请量远高于配方申请量，主要原因在于配方的研发周期较长，难度较大。中国申请的专利有1/2是外国申请人对中国的专利输入，工艺相关专利偏重保护生产线，配方相关专利偏重保护平板玻璃产品。虽然中国是平板玻璃生产规模最大的国家，但各大企业在建浮法工艺线时专利布局意识较强。其次，工艺与配方在2000年以后进入了发展期，工艺发展速度更快；配方专利申请量的最高点为2013年，但是近两年的数据不完整，并不能完全准确地判断后续趋势的走向。然而，由于平板玻璃产品的多样化及需求量的日益增大，并且企业为保护市场、增加竞争力，更加注重核心产品与技术的专利保护，综合以上信息，可以推测配方仍处在发展期，而工艺的申请量也将维持在较高水平。

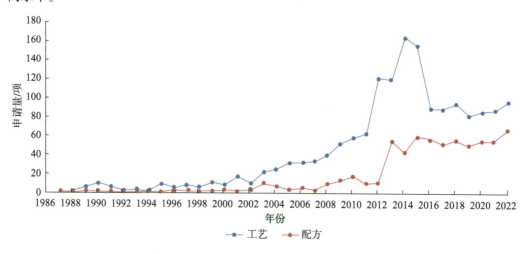

图 2-12 平板玻璃专利文献中国申请趋势

2.1.2.2　申请人分析

在平板玻璃工艺领域选取申请量大于15项的申请人作为主要申请人，平板玻璃工艺领域主要申请人及其申请量、授权量的情况如图2-13所示。

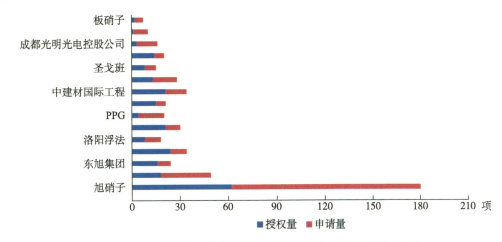

图 2-13　平板玻璃工艺中国主要申请人及其专利申请授权情况

参照图2-13，与浮法工艺全球专利申请状况相比，中国籍申请人有所增加。新增的主要申请人有成都光明光电控股公司、洛玻集团。洛玻集团是我国自主研发浮法工艺的研发基地，成都光明光电控股公司也是国际知名企业。旭硝子、康宁和中建材国际工程在中国的申请量居前三位。将其作为重要申请人，针对该三位重要申请人在中国的专利申请趋势进行分析，可充分了解他们在不同时间在中国的专利布局情况。该三位重要申请人在中国的具体申请情况如图2-14所示。

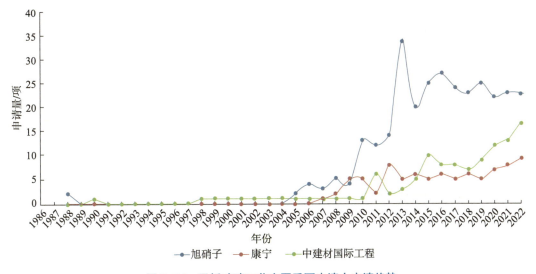

图 2-14　平板玻璃工艺中国重要申请人申请趋势

旭硝子早在1987年就浮法工艺在我国申请专利。早期专利申请数量较少，从2006年开始申请量快速增加，在2010年申请量达到最高值，小幅下降后迅速回升，第二个峰值为2013年。中建材国际工程2007年以前专利申请量较少；以2007年作为转折点，平板玻璃工艺相关技术申请量增加；在经过2009年的大幅下降后，申请量快速增加，在2012年达到最高值。康宁的申请趋势较为平缓，2009年申请量到达峰值后逐渐下降。上述现象与各企业的生产现状密切相关。旭硝子和中建材国际工程平板玻璃制造工艺主要为浮法工艺，相对重视在中国的专利布局；康宁公司则主要是溢流工艺，2008—2018年的专利申请主要是关于熔化、澄清和均化等可适用于浮法工艺的相关工艺，并且这些工艺的申请量有下降趋势。

在平板玻璃配方领域选取申请量大于6项的申请人作为主要申请人，配方领域主要申请人及其申请量、授权量的情况如图2-15所示。平板玻璃配方在中国的专利申请中，中国籍申请人居多，高校代表为北京工业大学，企业代表有中建材国际工程与蚌埠院、南玻集团、东旭集团。中建材国际工程、蚌埠院和东旭集团在平板玻璃工艺和配方领域均有一定程度的专利布局。中建材国际工程、蚌埠院是全球知名的科技型企业，拥有先进的技术水平；东旭集团也是全球知名的平板显示玻璃基板生产企业。

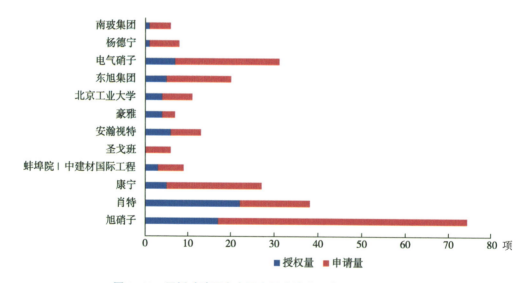

图2-15 平板玻璃配方中国主要申请人及专利申请授权情况

旭硝子、肖特和电气硝子在中国的配方申请量居前三位，将其作为重要申请人。该三位重要申请人在中国的具体申请情况如图2-16所示。

肖特在中国布局平板玻璃配方技术申请较早。2004年之前，仅肖特在中国有专利申请，虽然年申请量不超过4项，但整体申请趋势波动较大。目前，肖特在平板玻璃配方领域专利授权量居第一位。电气硝子申请量变化趋势波动较大，专利申请集中在2008年、2012年及2013年，偏向于在某一年集中进行专利申请。旭硝子在中国平板玻璃配方领域的专利申请起步最晚，但申请量增长速度最快，目前已经超过肖特和电气硝子，成为在中国平板玻璃配方领域专利申请最高的企业。

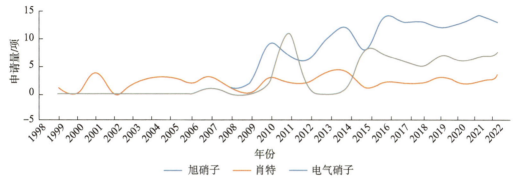

图 2-16　平板玻璃配方中国重要申请人申请趋势

2.1.2.3　技术构成分析

本节主要针对平板玻璃浮法工艺及平板玻璃配方所涉及的各技术分支上申请量情况进行分析，包括平板玻璃浮法工艺中的熔化、澄清、均化、成型技术，以及平板玻璃配方中的铝硅酸盐配方、硼硅酸盐配方、硼铝硅酸盐配方。

图2-17列出了1990—2021年平板玻璃浮法工艺下各技术分支申请量的变化情况。整体来看，已检索到的2016—2020年5年间的申请量已远远超过之前任何一个5年间的申请量。例如，这5年的申请量基本上达到2005—2009年的申请量的3倍左右。

此外，在平板玻璃浮法工艺下的各技术分支中，熔化技术分支在各年度区间的申请量均超过其他技术分支，说明熔化技术比其他技术更新更快，也更受各申请人关注。申请量排名在第二和第三的分别是澄清技术和成型技术，均化技术的申请量所占份额则相对较少。

图2-18列出了1996—2021年主要申请人针对平板玻璃配方下各技术分支的申请量变化情况。

首先，从国外申请人的申请量变化情况来看，大多数国外申请人在2005年之前申请量最大的技术方向均是硼硅酸盐配方。例如，肖特公司在1996年、2003年、2004年全部是关于硼硅酸盐配方的申请；康宁在1994年、圣戈班公司在1995年的专利申请全部是关于硼硅酸盐配方的。并且国外其他申请人也大多是关于硼硅酸盐配方或硼铝硅酸盐配方。从2005年开始，专利申请的方向逐渐转变为铝硅酸盐配方、硼铝硅酸盐配方。例如，肖特公司在2005—2014年10年间，除2005年、2008年、2009年、2010年、2014年有部分硼硅酸盐配方专利申请外，其他年间均是关于铝硅酸盐配方和硼铝硅酸盐配方的专利申请。作为在中国平板玻璃配方上申请量最高的旭硝子，除在2013年的硼硅酸盐配方上申请量较高外，其他年份上硼硅酸盐配方的申请量均较低或完全没有关于硼硅酸盐配方的专利申请。

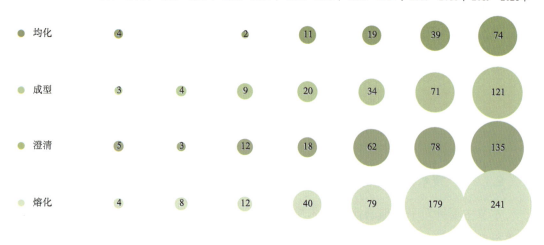

图 2-17　浮法工艺技术分支申请量分布

其次，从中国申请人的申请量变化情况来看，中国主要申请人基本上从2008年以后才开始在平板玻璃配方方向上进行专利申请。其中，东旭集团申请量最大，中国科学院、中建材国际工程、蚌埠院在早期的专利申请全部是关于硼硅酸盐配方的，后期则全部是关于铝硅酸盐配方或硼铝硅酸盐配方上的专利申请。其中，中建材国际工程、蚌埠院后期的专利申请全部是关于铝硅酸盐配方的。南玻集团与个人申请人杨德宁则一直是关于铝硅酸盐配方进行专利申请。近几年，中国申请人的申请重点是铝硅酸盐配方，硼硅酸盐及硼铝硅酸盐配方的申请量较低。造成这一现象的可能原因是平板玻璃目前需求的变化，平板玻璃的配方决定着平板玻璃产品及其用途。

通过分析可知，硼硅酸盐配方主要与防火玻璃、化学稳定性好的基板玻璃，以及光学镜片玻璃相关，硼铝硅酸盐配方主要与TFT基板玻璃（TFT-LCD、p-Si·TFT）相关，铝硅酸盐配方主要与显示器基板玻璃、盖板玻璃、具有高强度的钢化玻璃等相关。结合目前显示器领域的重大变革及高强度平板玻璃在建筑、汽车等领域的广泛应用，与其他配方相比，一方面，铝硅酸盐玻璃拥有更广泛的用途及更大量的需求。另一方面，铝硅酸盐玻璃配方可适用于溢流及浮法等不同的工艺进行生产，硼硅酸盐玻璃的生产目前则以溢流法为主（肖特公司开发使用浮法工艺进行制备），由此推测玻璃的生产工艺对其配方的发展可能会有一定限制。

图 2-18　平板玻璃配方技术分支申请量分布

2.1.3　特种玻璃发展态势分析

2.1.3.1　技术线路图

1.工艺配方

以硼硅酸盐、铝硅酸盐和硼铝硅酸盐 3 类平板玻璃配方为主线的技术线路如图 2-19 所示。该线路图以技术发展需求为主线，以专利引证关系为支线，基于非专利文献信息、专利被引频次、主要申请人等因素筛选出代表关键技术节点的重点专利。

在图 2-19 所示的技术线路图中，以时间为横轴，划分了 5 个时间段，由于硼硅酸盐、铝硅酸盐及硼铝硅酸盐 3 类配方的平板玻璃在近 40 年发展较快，因此将 1980 年之前设为一个时间段。另外，以 3 类平板玻璃配方为纵轴，分别绘制技术线路图。

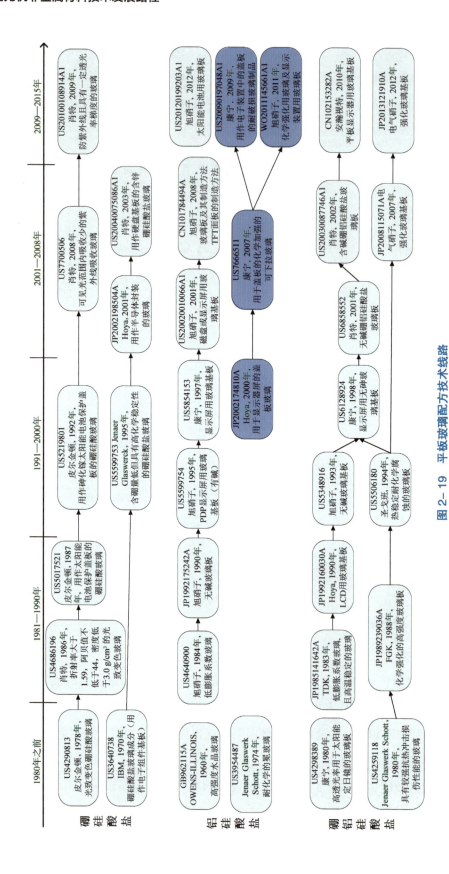

图 2-19 平板玻璃配方技术线路

（1）硼硅酸盐平板玻璃线路图。硼硅酸盐平板玻璃的发展有下述两条主线：

其一，针对硼硅酸盐玻璃优异的光学性能，早在1978年就被皮尔金顿公司制作为光致变色玻璃，后来肖特公司就该技术进行了发展。1987年，皮尔金顿公司利用其光学性能，将硼硅酸盐平板玻璃应用在太阳能电池领域，将其作为太阳能电池的保护盖板。2008年，肖特公司针对硼硅酸盐配方又申请了一项专利。该硼硅酸盐玻璃对紫外线有阻挡作用，但是在可见光范围显示出较高的透射率。该玻璃适合用作照明灯具背板。肖特公司后续对该技术进行了发展。

其二，针对硼硅酸盐玻璃的热稳定性与耐受性，1970年，IBM公司申请了一项专利，将硼硅酸盐玻璃板作为电子组件基板，后续发展为半导体封装玻璃和硬盘玻璃。

（2）铝硅酸盐平板玻璃线路图。铝硅酸盐玻璃的发展有下述两条主线：

其一，在1980年之前，铝硅酸盐配方由于Al_2O_3含量较高，故其玻璃强度较高。两件代表专利主要反映了其高强度、耐化学等性质。1984年，旭硝子申请了一件关于具有低膨胀系数的铝硅酸盐玻璃配方，并提出该玻璃可用作半导体集成电路或显示器基板。1990年，旭硝子就显示器基板进一步申请专利。该专利公开了一种无碱铝硅酸盐配方。该配方制得的玻璃板可用作p-Si-TFT液晶显示屏基板。铝硅酸盐配方作为显示屏用玻璃配方得到了持续发展。

其二，由于铝硅酸盐平板玻璃具有高强度、抗划伤、抗弯曲和抗冲击的特性，而被用作显示器盖板玻璃或保护玻璃。日本豪雅在2000年就基于用于显示器屏盖板的玻璃进行专利申请。近10年来，关于屏幕盖板玻璃配方的技术得到了快速发展，在本书的2.1.3.2部分将其作为热点技术进行重点分析。其中，高强度铝硅酸盐玻璃配方中比较有代表性的是康宁及其钢化玻璃产品。该公司在2008年就盖板玻璃申请了专利保护。

（3）硼铝硅酸盐平板玻璃线路图。

硼铝硅酸盐玻璃兼备了硼硅酸盐与铝硅酸盐的特性，其膨胀系数低、热稳定性高，并且具备了良好的光学性质，主要用作显示器用基板、强化玻璃基板和太阳能电池基板。在大部分显示器基板（特别是TFT显示器基板）的玻璃配方中不含碱金属氧化物。碱金属氧化物具有助熔作用，碱金属的减少会增加玻璃熔化难度。因此，为了克服熔化难的问题，在玻璃配合料里引入了一定量的B_2O_3，所以硼铝硅酸盐配方逐渐成为显示器玻璃基板的主要配方。

由图2-19所示的技术线路图可以看出，虽然硼硅酸盐、铝硅酸盐及硼铝硅酸盐3类平板玻璃配方各有特点，但并非为完全独立发展的技术。铝硅酸盐和硼铝硅酸盐平板玻璃均可用作显示器基板玻璃，因此相关专利申请之间存在交叉引用的关系。此外，上述3类平板玻璃均适用于磁盘基板、太阳能电池基板等。通过对平板玻璃配方的技术线路图进行整体分析，可以看出平板玻璃发展的未来趋势为高性能、轻薄化。其主流产品一般用作太阳能电池基板、盖板玻璃、显示器基板、屏保钢化玻璃等。

2.工艺技术

以平板玻璃工艺中浮法成型、熔化、澄清和均化4个技术分支为主线进行技术路线的研究，并绘制技术线路图，如图2-20所示。同样以主要的技术发展需求为主线、专利引证关系为支线，通过非专利文献信息、专利被引频次、主要申请人等多种因素筛选代表关键技术节点的重点专利。

在所示的技术线路图中，以时间为横轴，划分了5个时间段，世界上第一篇浮法工艺的专利申请是皮尔金顿公司于1954年12月申请的。该项专利申请有10项同族专利申请，所以将该专利申请作为浮法成型工艺的专利申请起始点，并将1960年之前设为一个时间段。另外，以各浮法工艺技术分支为纵轴，分别绘制技术线路图。

（1）浮法成型技术线路图。浮法成型技术在1981年以前，主要的申请人为皮尔金顿。该公司针对浮法工艺进行了大量的研究，涉及玻璃表面改性、薄板玻璃的制造等多项技术。1981年至今，该项技术已不再是皮尔金顿的垄断技术，越来越多的企业开展浮法成型工艺的研究，具有代表性的公司有PPG、旭硝子和肖特等。从该线路图中还发现，浮法成型技术的发展路线已逐渐侧重生产显示器用薄基板玻璃的技术线路。

（2）熔化技术线路图。1965年，PPG针对浮法工艺中的玻璃熔化过程进行专利申请；随后SORG公司进行了熔化工艺节能的研究；皮尔金顿进一步在熔化室与澄清室之间设计提升室（提升室设置加热电极与温度探测器），以制备高质量玻璃液。2002年及2012年，肖特与旭硝子就高熔点的玻璃组合物的熔化进行研究，并分别申请专利保护。2008年，圣戈班针对熔化阶段有害气体排放的技术进行专利申请。

（3）澄清技术线路图。澄清技术是浮法工艺中重要的技术分支。若玻璃液澄清不良，未能将配合料分解时所放出的气体全部排出，将会大大影响平板玻璃产品的质量。1963年，Glaverbel对澄清室相关技术进行了专利保护；PPG、圣戈班又分别对真空澄清技术、离心澄清技术进行了研究；2000年之后，圣戈班和康宁对澄清相关技术研究力度较大，研究的重点技术为抑制玻璃板中形成气泡和澄清剂的组分。特别是硼硅酸盐玻璃中的B_2O_3含量较高，易使玻璃分相并加大玻璃液澄清难度。该难点也是采用浮法工艺难以生产硼硅酸盐玻璃的原因之一。

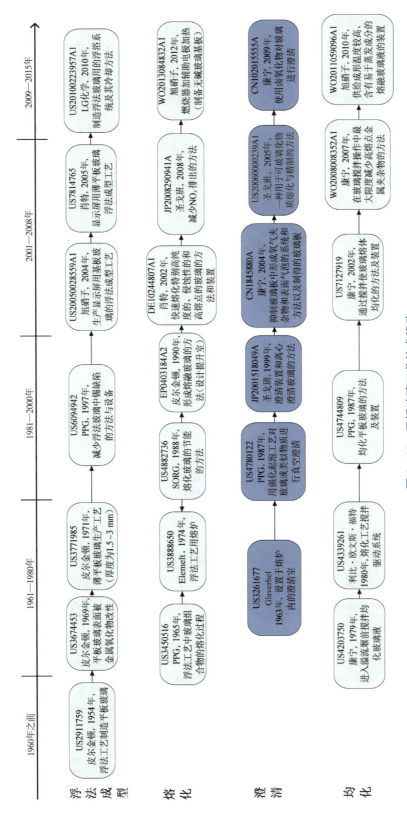

图 2-20　平板玻璃工艺技术线路

（4）均化技术线路图。熔化、澄清和均化3个技术分支联系紧密，通常在熔炉中针对这3部分设计有3个分区。均化技术的独立研究较熔化与澄清较晚。具有代表性的专利申请是康宁于1979年提交的关于搅拌均化玻璃液技术的专利申请。从均化技术线路图中可以看出，针对玻璃液的均化采取的技术手段一般为搅拌玻璃液。对该技术分支研究较多的是康宁、PPG，利比·欧文斯·福特（Libbey Owens Ford）和旭硝子也均有重要的专利申请。

2009年至今，重要技术节点的专利申请与超薄平板玻璃工艺、硼硅酸盐浮法工艺相关，可推测这两项工艺技术已逐渐成为平板玻璃浮法工艺领域的热点技术。

2.1.3.2　关键技术分析

近年来，关于铝硅酸盐平板玻璃配方的专利申请量快速增加，并达到峰值，表明该配方为热点技术，再结合图2-19中的技术节点，选择用于玻璃盖板的配方作为重点技术进行分析。

衡量玻璃盖板性能优劣最关键的两个参数是表面强化深度（DOL）和压应力（CS）。DOL表征玻璃表面被强化的部分所能达到的深度。其中，玻璃的强化过程一般是通过钠钾离子的交换来实现的。玻璃表面强化得越深，离子交换的分子层越厚，硬度更佳，抗损伤和刮痕性能越好；CS则是表征玻璃在受到冲击时产生形变大小的度量，压应力越大，玻璃越抗压和耐摔。

目前，盖板玻璃的配方包括高铝硅酸盐配方和钠钙玻璃配方，工艺有浮法工艺和溢流工艺。全球主要盖板生产企业及其产品情况如表2-1所示。由表2-1可以看出，目前盖板玻璃的主要生产国家为美国、日本、德国和中国。中国企业和日本的部分企业仍采用钠钙玻璃配方，且钠钙玻璃配方一般采用浮法工艺。康宁、旭硝子、电气硝子和肖特是全球领先的盖板玻璃制造商，均推出了代表性产品。这四家公司的盖板玻璃均采用高铝硅酸盐配方，其产品于2010年陆续推出，并且不断更新、换代。

表2-1　全球主要盖板企业及其产品列表

国家	企业	配方	工艺	玻璃产品	推出时间/年
美国	康宁	高铝硅酸盐	溢流工艺	Gorilla	2010
日本	旭硝子	高铝硅酸盐	浮法工艺	DragonTrail	2011
日本	电气硝子	高铝硅酸盐	溢流工艺	CX-01	2011
德国	肖特	高铝硅酸盐	浮法工艺	Xensation	2011
中国、日本	其他企业	钠钙玻璃配方	浮法工艺	—	2011—2012

2.1.3.3　重点专利分析

重点专利是指相对于一般专利而言，取得技术突破或重大技术改进的专利。本节基于以下要素进行重点专利的筛选。

1. 被引频次

被引频次较高的专利申请可能在产业链中处于关键位置，可以在一定程度上反映该专利申请在所属技术领域研发中的基础性和引导性作用。

2. 同族专利申请数量

一项专利申请在多个国家或地区申请专利保护，从中可以反映申请人对此专利申请的重视程度，间接体现该专利申请的重要性。

3. 申请人

一般来说，行业内的主要申请人在本领域技术实力较强，所涉及的技术方案也较为重要。

4. 技术方案

通过阅读专利申请的具体技术方案，寻找具有技术突破点或创新性高的专利。

基于上述4个指标筛选得到的重点专利具体如表2-2所示。

表2-2　平板玻璃配方部分相关重点专利

申请号	发明名称	申请人	被引频次/次	指定国家/地区	同族数
US09646240	chemically toughened glasses	PILKINGTON	38	EP、US、GB、DE、WO、AU、JP	11
US07118266	substrate glass for liquid crystal displays	CORNING INC.	52	DE、HK、CA、EP、AU、KR、JP、US	14
US12943268	glass compositions having high thermal and chemical stability and methods of making thereof	DANIELSON PAUL S | ELLISON ADAM J G	36	JP、US、CN、KR、WO、EP	20
JP2001151534A	glass substrate for liquid crystal display	NIPPON ELECTRIC GLASS CO.	31	JP	1
JP1991040933A	glass composition for substrate	ASAHI GLASS CO.	48	JP	2
JP2002201040A	aluminoborosilicate glass	ASAHI GLASS CO.	50	JP	2
JP2014051989W	white glass	ASAHI	0	CN、WO	2
PCT/US2012/044113	ion exchangeable glass with high compressive stress	CORNING	0	CN、WO、US、EP、TW、KR、JP	7

申请号	发明名称	申请人	被引频次/次	指定国家/地区	同族数
US13408169	aluminosilicate glasses for ion exchange	MAURO JOHN CHRISTOPHER	0	EP、US、KR、JP、WO、CN	6
TW102148885A	glass substrate for display and manufacturing method thereof	AVANSTRATE	0	JP、CN、TW、KR	6
TW201335095A	glass	NIPPON ELECTRIC GLASS CO.	0	TW、CN、WO、JP、US	5
TW201321329A	glass for use in scattering layer of organic led element，multilayer substrate for use in organic led element and method for producing said multilayer substrate，and organic led element and method for producing same	ASAHI	0	WO、CN、EP、TW、US	5
JP2012076855W	glass substrate and method for producing same	ASAHI	0	TW、KR、EP、WO、CN、US	7
JP2013023182A	glass composition having high thermal and chemical stability and method for producing the same	CORNING	0	KR、CN、JP、WO、US、EP	19
US14082673	ion exchangeable glasses having high hardness and high modulus	CORNING	0	US、EP、TW、CN WO	5

2.1.3.4　专利引证分析

基于引证频次、技术方案、申请人等参数，选取申请号为US09646240的专利申请进行引证关系分析，如图2-21所示。在下面的叙述中，将申请号为US09646240的专利申请称为目标专利申请。图2-21中箭头指向或间接指向目标专利申请的所有专利申请称为后向引证，简称后引；反之称为前向引证，简称前引。需要说明的是，图2-21中所列出的专利申请并非目标专利申请所有的引证专利申请。

目标专利申请公开了一种化学强化玻璃及玻璃组成。该专利申请是在2000年由英国皮尔金顿（现已被日本的板硝子收购）申请的。该目标专利申请把世界知名的玻璃制造商都联系在一起。这说明世界各大玻璃制造商高度关注彼此的技术发展状况，并相应地进行技术研发。由目标专利申请的后向引证可以看出，目标专利申请引用了多篇世界知名玻璃制造商的专利申请。例如，法国的圣戈班、日本的中央硝子、美国的PPG、日本的旭硝子、美国的康宁和德国的肖特。在技术延伸上，除在已有的强化玻璃技术上发展外，还借鉴了紫外、红外线吸收玻璃和钠铝硅酸盐玻璃制品相关技术。

根据图2-21可知，在后向引证的二次引证专利申请中，除窗玻璃及钠—钙—硅玻璃这两个技术方案与强化玻璃技术方案关系不大外，其余均为关于化学强化玻璃的技术方案。由此可以看出，各制造商对强化玻璃进行了长时间的研究，进行了大量的技术改进。

在图2-21列出的前向引证关系中，世界上顶级的玻璃制造商，如美国的康宁、日本的旭硝子、日本的电气硝子，以及美国的PPG，都引用此专利申请进行新的专利申请。这表明各玻璃制造商在此专利申请的技术方案上进行了多种技术改进。在这些改进的方案中，除关于强化玻璃的技术方案外，还包括其他类型玻璃的技术方案。例如，康宁提出的抗脱层药用玻璃、碱土铝硅酸盐玻璃、用于硅酸盐玻璃的澄清剂，以及低气籽浓度的硅酸盐玻璃；PPG提出的玻璃熔制过程中减少气泡的方法和设备。需要特别指出的是，作为中国申请人的常熟晶玻化学科技有限公司也引用了该目标专利申请，并在此基础上提出了关于化学钢化玻璃的技术方案。

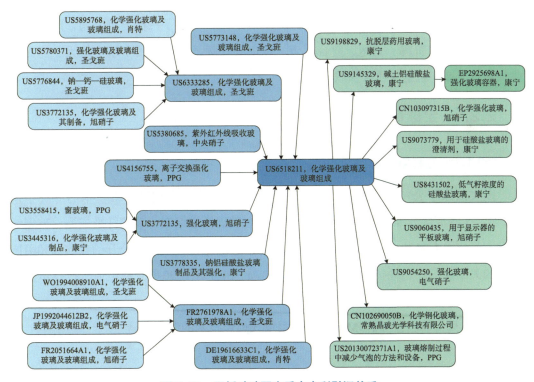

图 2-21　平板玻璃配方重点专利引证关系

2.2 玻璃纤维

玻璃纤维是由熔融玻璃快速抽拉而成的细丝。其按原材料组分可分为有碱、无碱、中碱及特种玻璃纤维等。玻璃纤维制品主要包括玻璃纤维布、毡及特种立体织物等。其中，玻璃纤维布按经纬纱线编织方式的不同，可分为N纹、斜纹等；特种立体织物可分为铺层缝合、三向正交织物、多轴向径编织物、二维多向编织物等。常用的玻璃纤维复合材料一般指树脂基复合材料，因其轻质、耐腐蚀、绝缘等特性，广泛应用于机械、化工、交通运输、军事等领域。早在1932年美国就将树脂基复合材料用于航空航天领域，直到第二次世界大战结束后，这种材料才扩展运用到民用领域。它的生产工艺也从最初的手糊成型技术，发展到目前纤维缠绕成型技术、真空袋和压力带成型技术、喷射成型技术多种工艺并存，树脂基复合材料的质量和生产效率大幅提高。

我国树脂基复合材料起步较晚，1958年才开始研究生产并应用于军工制品，而后逐渐拓展到民用领域，生产工艺以国外引进为主。树脂基复合材料在"十二五"期间被列入我国新材料规划的重点新兴产业，并提出了低成本、高比强、高比模和高稳定性的目标，要求攻克树脂基复合材料的原料制备、工业化生产及配套装备等共性关键问题。近年来，我国树脂基复合材料产业发展迅速，形成了一批上市公司，产品包括汽车部件、飞机机翼、雷达、复合管道、风电叶片等，广泛应用于航空航天、能源工业、建筑工业、轨道交通等领域。

2.2.1 全球专利申请态势分析

2.2.1.1 专利申请现状

欧文斯康宁公司在美国共申请专利3 449项，其中涉及玻璃纤维技术的专利申请342项。这些玻璃纤维技术专利申请主要集中在玻璃纤维熔制、玻璃纤维成型、玻璃纤维配方等技术方向上。Johns Manville公司（以下简称JM公司）已公开的在欧洲和美国申请的关于浸没式燃耗技术的专利申请有20项，并基于这20项专利申请进行技术发展路线的研究。

表2-3列出了已公开的JM公司关于浸没式燃烧技术的专利申请。

表2-3　JM公司浸没式燃烧技术专利申请列表

编号	申请日	申请号	名称
1	2008年5月8日	EP08008654.9	submerged combustion for melting high-temperature glass
2	2010年6月17日	US20100817754	panel-cooled submerged combustion melter geometry and methods of making molten glass
3	2011年6月17日	EP11004955.8	panel-cooled submerged combustion melter geometry and methods of making molten glass
4	2011年9月20日	EP11007637.9	methods and apparatus for recycling glass products using submerged combustion
5	2011年10月7日	US13268065	methods of using a submerged combustion melter to produce glass products
6	2011年10月7日	US13267990	systems and methods for making foamed glass using submerged combustion
7	2011年12月7日	US13268028	burner apparatus, submerged combustion melters including the burner, and methods of use
8	2012年6月11日	US13493170	apparatus systems and methods for conditioning molten glass
9	2012年10月3日	US13644104	methods and systems for destabilizing foam in equipment downstream of a submerged combustion melter
10	2012年10月3日	US13633979	submerged combustion melters having an extended treatment zone and methods of producing molten glass
11	2012年10月3日	US13644058	methods and systems for destabilizing foam in equipment downstream of a submerged combustion melter
12	2012年10月3日	US13644039	methods and systems for controlling bubble size and bubble decay rate in foamed glass produced by a submerged combustion melter
13	2012年10月3日	US13633998	apparatus systems and methods for reducing foaming downstream of a submerged combustion melter producing molten glass
14	2012年10月5日	EP12006920.8	methods of using a submerged combustion melter to produce glass products
15	2012年10月5日	EP12006919.0	submerged combustion glass manufacturing systems and methods
16	2012年11月29日	US13689318	methods and systems for making well-fined glass using submerged combustion
17	2013年4月18日	US13283861	submerged combustion melter comprising a melt exit structure designed to minimize impact of mechanical energy, and methods of making molten glass
18	2014年3月13日	US140190214	submerged combustion glass manufacturing system and method
19	2015年1月27日	US150135775	methods of using a submerged combustion melter to produce glass products
20	2015年1月27日	US150143850	systems and methods for glass manufacturing

由表2-3可以看出，JM公司自2008年以来开始针对其浸没式燃烧技术进行专利申请。它在2011年和2012年的相关专利申请最多，2013—2015年专利申请量则较低。其中，2011年递交的专利申请主要是关于窑炉结构和熔融玻璃方法这两个技术方向；2012年递交的专利申请则主要是关于窑炉消泡这一技术方向。

2.2.1.2　专利申请布局分析

下面从玻璃纤维及浸润剂配方、玻璃纤维成型设备及工艺、玻璃熔制设备及工艺，以及制品加工设备及工艺4个方面对欧文斯康宁公司的专利布局状况进行分析。

1.玻璃纤维及浸润剂配方专利布局分析

欧文斯康宁公司已公开的关于玻璃纤维配方的专利申请大概为20项，并且这些关于玻璃纤维配方的专利申请均有较多的同族专利申请。例如，欧文斯康宁公司在2005年11月提交的、申请号为US20050267739的一项关于高强度高模量玻璃纤维配方的专利申请（法律状态为有效），具有多达56项同族专利申请。并且，欧文斯康宁公司在2010年9月针对上述申请号为US20050267739的专利申请提交了继续申请。该继续申请的申请号为US20100847206，法律状态为审查中。通过对欧文斯康宁公司已公开的关于玻璃纤维配方的专利申请的分析，可以归纳出欧文斯康宁公司玻璃纤维配方技术的专利布局特点：针对核心技术在多个国家或地区提出专利申请，以在相关产品的生产或销售所涉及的国家或地区进行全面保护；针对关于核心技术的母案申请提交继续申请，从而可以根据竞争对手的相关产品来调整权利要求的保护范围。

欧文斯康宁公司已公开的关于浸润剂配方的专利申请大概为70项，由此可以看出，欧文斯康宁公司提交了大量关于浸润剂配方的专利申请。这主要是因为浸润剂在玻璃纤维的制造及玻璃纤维复合材料的制造中是必不可少的组成部分，因此有必要对浸润剂配方进行全面的保护。

2.玻璃纤维成型设备及工艺专利布局分析

玻璃纤维成型设备及工艺涉及的技术方向较多，包括漏板、冷却器、涂油器、排线器、拉丝机等设备及相关工艺。因此，在对玻璃纤维成型设备及工艺的专利布局研究中，重点分析漏板、冷却器、喷气/雾装置、涂油器和拉丝机等技术方向。由于欧文斯康宁公司已公开的专利申请中涉及排线器的专利申请数量较少，因此不再对排线器相关技术进行专利布局分析。

通过逐篇仔细研读欧文斯康宁公司已公开的关于玻璃纤维成型设备及工艺的专利

申请，提炼出专利申请文件的技术要点，来分析涉及玻璃纤维成型设备及工艺的专利布局状况。图2-22为玻璃纤维成型设备及工艺的专利布局示意图，以下详细分析其专利布局状况。

由图2-22可以看出，针对玻璃纤维成型设备及工艺中的漏板、冷却器、喷气/雾装置、涂油器和拉丝机技术，欧文斯康宁公司均进行了周密的专利布局，并且在进行专利布局时根据各技术方向上技术点的具体情况采用了不同的专利布局模式。同时，在漏板、冷却器、喷气/雾装置3个技术方向上的专利申请存在相互交叉，即同一个专利申请可能涉及多个技术方向，因此，图2-22中的图形重叠代表包含共同的技术点。涂油器和拉丝机由于是相对独立的技术方向，针对涂油器或拉丝机的专利申请基本上不涉及其他技术方向。

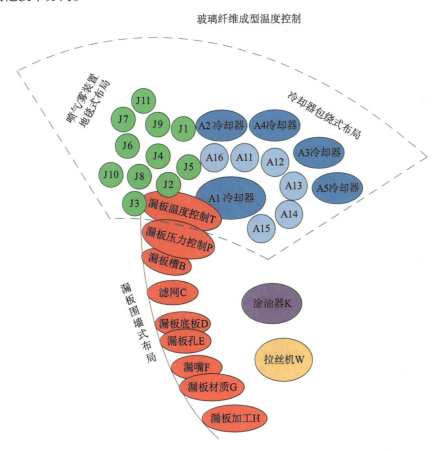

图 2-22　玻璃纤维成型设备及工艺的专利布局

下面参考图2-22对冷却器、喷气/雾装置以及漏板技术方向上的专利布局状况分别进行分析。

1.关于冷却器技术的专利布局状况

欧文斯康宁公司在对冷却器技术进行专利布局时采用了包绕式布局模式，即由改进型专利包绕基础专利，通过基础专利与改进型专利的组合来实现技术领先。表2-4中列出了相关专利申请的主要技术要点。

表2-4　冷却器相关专利申请列表

编号	申请日	申请号	名称	技术要点
A1	1959年6月15日	CA659363DA	method and apparatus for controlling formation of fibers by calorimetry	冷却器
A11	1967年12月29日	USD3522025	apparatus for production of thermoplastic materials	冷却器翅片
A12	1984年10月2日	US19840657109	apparatus for producing glass fibers	翅片与通水管的连接
A13	1984年10月2日	US19840657110	apparatus for producing glass fibers	翅片与通水管的连接
A14	1999年5月18日	PCT/US1999/010965	fin blade cooler assembly	冷却器形状
A15	1999年8月31日	US09/386817	filament forming apparatus and a cooling apparatus for and method of cooling a filament forming area	冷却器翅片
A16	1979年10月22日	US19790086897	method and apparatus for the production of glass fibers	可移动冷却装置
A2	1973年3月21日	US19730343588	method for preventing flooding of glass fiber bushings	特殊冷却介质的气体冷却器
A3	1996年5月23日	US08/652043	apparatus for making glass fibers having vacuum cooling fans	真空冷却器
A4	1998年7月1日	US09/108615	advanced fin positioner	翅片安装器
A51	1994年2月15日	EP94910671.0	apparatus for producing glass fibers	翅片含氧化锆涂层
A52	1966年9月28日	USD3468644	apparatus for the production of glass fibers	冷却器电镀涂层

专利申请A1公开了一种控制玻璃纤维成型温度的方法。不同类型的冷却器使用不同的温度控制方法。该专利申请中涉及的冷却器以翅片型冷却器为主，其中包括翅片与漏嘴的位置可移动的冷却器、通水管连接一排翅片的冷却器、不含翅片的冷却器、呈环状包裹漏嘴的冷却器，以及漏板底板与多个冷却器组合、冷却器通水管上设置测温电偶等多种涉及冷却器的技术方案。其通过多种技术方案控制玻璃纤维成型温度。

专利申请A2公开了一种气体冷却器。该气体冷却器除具有转移热量的作用外，其释放的惰性气体中还含有易裂解的含碳、氢元素的气体。在高温下该易裂解的气体会生成氢气，生成的氢气进而被漏板底板中的铂吸收，从而减少铂与玻璃纤维的润湿、粘连作用，以促进拉丝效果。

专利申请A3公开了一种真空冷却器。该真空冷却器以抽真空的方式进行冷却，达到吸收漏板周围热空气的作用。

专利申请A4公开了一种翅片安装器。

专利申请A5（包括专利申请A51和专利申请A52）公开了针对冷却器材质改性的设计。

其中，围绕专利申请A1布局的有针对专利申请A1中公开的技术方案进一步改进的专利申请A11～A16。专利申请A11～A16的具体技术方案如下：

专利申请A11公开了对冷却器翅片的改进技术方案。即通过改变翅片的形状、厚薄，或者通过设置槽口，使漏嘴与冷却通水管的位置不论远近都具有相同的热阻，从而使玻璃纤维成型温度均一。

专利申请A12公开了冷却器的翅片两端均连接有通水管的技术方案。即两根通水管与一排翅片连接，其中翅片并未插入通水管中。

专利申请A13公开了对专利申请A12进行改进的技术方案。即关于翅片与通水管凹槽的插接深度与宽度设计的技术方案。

专利申请A14公开了将冷却器设计为风机形状的技术方案。

专利申请A15公开了翅片为中空结构的技术方案。其中，在翅片内部设置条状突起，使冷却水能够充分地回流。

A16公开了一种可移动冷却器。该冷却器先与漏板底部接触，随后整体离开，以此控制玻璃纤维成型。

专利申请A5周围布局有专利申请A51和专利申请A52。其中，专利申请A51公开了漏板底板与翅片之间含有氧化锆，并且翅片涂抹氧化锆的技术方案；专利申请A52公开了在冷却器上电镀镍的技术方案。

2.关于喷气/雾装置技术的专利布局状况

欧文斯康宁公司在对喷气/雾装置技术进行专利布局时采用了地毯式布局模式，即将相关技术方向涉及的多个技术点均申请专利。欧文斯康宁公司对喷气/雾技术进行地毯式布局模式，是因为在涉及该技术方向的技术点中核心技术较少，较难形成包绕式布局模式。表2-5中列出了相关专利申请（J1～J6）的主要技术要点。

先进无机非金属材料技术发展路径

表2-5　喷气/雾装置相关专利申请列表

编号	申请日	申请号	名称	技术要点
J1	1980年6月23日	US06/161955	method of and means for removal of glass floods from a surface of a glass stream feeder	喷特殊气体
J2	1981年7月30日	US06/287171	annular bushing for forming glass fibers	环形漏板喷气体冷却
J3	1978年8月3日	US05/930464	fluid flow method and apparatus used in manufacture of glass fibers	喷流体冷却装置
J4	1988年10月13日	US07/257378	method of using evenly distributed air flow to condition glass filaments prior to application of sizing	喷气体装置
J5	1988年12月30日	US07/292592	method and apparatus for the environmental control of fiber forming environment	空气淬火装置
J6	1999年6月9日	US09329144	filament forming apparatus and a cooling apparatus for and method of inducing a uniform air flow between a filament forming area and the cooling apparatus	喷气体冷却装置

喷气/雾装置与冷却器功能类似，均是在成型过程中起到降温作用。通过向漏板底板或玻璃纤维丝喷射一定流量的空气，来控制玻璃纤维的成型温度。该6个专利申请涉及的具体技术方案如下：

专利申请J1公开了一种喷气/雾装置。该装置喷射惰性气体或含碳氢物质的气体，并产生氢气，可解决漏板溢流的问题。专利申请J1公开的技术方案与专利申请A2公开的冷却器的技术方案包括相同的技术特征，从而能够实现相同的技术效果。

专利申请J2公开了关于环状漏板温度控制的技术方案。其中，将喷气装置设置在环形漏板的圆心处，通过喷射空气来进行降温。专利申请J4同时涉及对漏板槽形状的改进。

专利申请J3～J4均公开了一种喷气/雾装置。其特点在于采用不同排数的喷嘴的设计，或者喷射不同股流体的设计，或者采用喷气装置与水平线的不同角度。

专利申请J5公开了将喷气装置设计为一个房屋状的技术方案。这种设计方式使释放的空气可以充分地与玻璃纤维进行热交换。

专利申请J6公开的技术方案与J5类似，即在位于漏板底部的支撑管处设置喷气装置。该喷气装置为三角体结构，且含多根喷气管，用于向底板喷气降温。

3.关于漏板技术的专利布局状况

欧文斯康宁公司在对漏板技术进行专利布局时采用了围墙式布局模式，即将涉及漏板的子部件或者相关的各个子工艺都申请专利进行保护，利用系列专利形成技术领先地位。表2-6中列出了相关专利申请的主要技术要点。

表2-6　漏板相关专利申请列表

编号	申请日	申请号	名称	技术要点
T1	1970年10月19日	USD3649231	method and apparatus for producing fibers with environmental control	漏板温度控制
T2	1981年2月26日	PCT/US1981/000236	apparatus and method for the production of glass fibers	漏板温度控制
T3	1984年6月29日	US06/626171	apparatus for thermally conditioning heat softenable material	漏板温度控制
T4	1983年4月25日	US19830488489	electronic balance meter	漏板分区温度控制
T5	1986年3月14日	US06/839676	bushing balance controller and method for using same	漏板分区温度控制
T6	1996年10月16日	US08/734421	method for controlling heating and cooling in segments at a fiber glass bushing	漏板分区温度控制
T7	1998年11月12日	US09/190306	tip-plate thermocouple	漏板测温热电偶
P1	1984年4月9日	US19840597578	method for forming glass fibers	玻纤成型压力控制
P2	1983年4月11日	US19830481936	method for forming glass fibers	玻纤成型控制方法
B1	1970年11月27日	USD3726655	apparatus and method for attenuating mineral fibers	多个可移动漏板槽
B2	1977年12月23日	US19770864047	bushing construction	漏板槽外部加入蜡状物
B3	1978年3月17日	US19780887705	method and apparatus for processing heat-softened fiber-forming material	漏板槽内部结构
B4	1979年2月16日	US19790012521	method and apparatus for processing heat-softenable fiber forming material	漏板槽内部结构材质
B5	1979年7月30日	US19790061572	apparatus for production of mineral fibers	电热型漏板
B6	1979年9月21日	US19790077867	bushing blocks	漏板槽形状
B7	1981年4月6日	US19810251589	bushing for producing glass fibers	漏板形状
C1	1997年8月4日	US19970905496	multi-screen system for mixing glass flow in a glass bushing	多层滤网
C2	2001年8月28日	US20010941077	screen for use in a glass fiber bushing system and bushing system therewith	滤网结构
D1	1976年10月12日	US19760731196	apparatus for making glass fibers material	漏板底板支撑结构
D2	1979年8月17日	US19790067590	manufacturing glass with a bushing having a directionally aligned dispersion strengthened tip plate	底板材质
E1	1980年12月29日	US19800221112	glass fiber-forming apparatus	漏板孔设计周围开凹槽
E2	1980年12月29日	US19800221113	glass fiber-forming apparatus	漏板孔设计周围开凹槽
E3	1981年10月29日	US19810316244	multiple orifice bushing	漏板孔设计

编号	申请日	申请号	名称	技术要点
E4	1981年12月16日	US19810331446	method and apparatus for forming glass fibers	漏板孔引流设计
E5	1983年4月15日	US19830485357	method and apparatus for forming glass fibers	漏板孔引流设计
F1	1980年9月8日	US19800185110	apparatus and method for production of mineral fibers	底板导流棒
F2	1980年9月8日	US19800185106	apparatus and method for production of mineral fibers	底板导流棒
G1	1969年12月31日	USD3685978	laminar refractory structures for forming glass fibers	漏板材质
G2	1973年10月23日	US19730408362	laminar refractory structures for forming glass fibers	漏板材质
G3	1978年9月25日	US19780945734	fibrous glass manufacture using refractory bushing	漏板材质
G4	1977年11月21日	US19770853055	bushing and method for forming glass fibers	漏板材质
G5	1978年9月15日	US19780942734	manufacturing glass with improved silicon carbide bushing operation	漏板材质
H1	1983年4月20日	US19830486777	method of making glass fiber forming feeders and feeder formed thereby	漏板孔加工
H2	1983年11月19日	US19830562948	method of making glass fibers	漏板孔加工

欧文斯康宁公司已公开的专利申请涉及的漏板技术可以细分为以下技术方向：T，漏板温度控制；P，漏板压力控制；B，漏板槽；C，滤网；D，漏板底板；E，漏板孔；F，漏嘴；G，漏板材质；H，漏板加工。在上述每个技术方向上进行专利申请，形成围墙式布局模式，并且欧文斯康宁公司在上述每个技术方向上均布局多件专利申请。

（1）T，漏板温度控制。

专利申请T1公开了电极加热与冷却器冷却这两方面的技术方案，且涉及温度控制系统。专利申请T2公开了在漏板底板上设置温度感测器的技术，并通过信号补偿进行控温。专利申请T3公开了在漏板槽内设置额外的加热装置的技术方案。专利申请T5、T6公开了对漏板进行分区温度控制的技术方案。专利申请T7公开了在漏板底板处设置测温热电偶，以精确测量漏板中玻璃液的温度技术方案。

（2）P，漏板压力控制。

围绕该技术方向布局有专利申请P1、P2。具体技术方案如下：专利申请P1公开了通过在漏板槽中设置障碍板的技术方案。其中，通过改变玻璃液体流入底板时的压力来保证拉丝成型的顺利进行。专利申请P2公开了关于玻璃纤维成型过程中的温度控制与压力控制的技术方案。另外，专利申请P1和P2均对漏板压力控制的核心技术进行保护。该两项专利是比较典型的策略型专利，具有阻碍性高、难以回避设计的特点。其同族专利分别为32项和26项。

（3）B，漏板槽。

专利申请B3公开了对槽体进行设计，使玻璃液流到漏板槽中的流量大于或等于流向漏板孔的流量的技术方案。专利申请B4公开的技术方案是在漏板槽中的玻璃液流入底板时经过一个环形玻璃液通道，且该通道含有绝热层、辐射防护层。

（4）C，滤网。

专利申请C1公开了含多层滤网的漏板结构，并且在该技术方案中，针对滤网上网孔的排布进行了设计。专利申请C2公开了一种滤网。该滤网不仅能够防止废石进入，还具有加热作用。

（5）D，漏板底板。

专利申请D2公开了一种漏板底板。该漏板底板弥散有强化贵金属。

（6）E，漏板孔。

专利申请E3的技术方案是将3个漏板孔设计为1个突出组合。

（7）F，漏嘴。

专利申请F1的技术方案均是关于在底板设置细长导流棒的。其中，导流棒的旁边是多孔基材，玻璃液渗过多孔基材后沿突出的导流棒流下，并进行拉丝成型。需要说明的是，专利申请F1中的技术方案与传统的漏嘴不同，传统的漏嘴为中空结构，玻璃液从漏嘴中流出。

（8）G，漏板材质。

专利申请G3公开的漏板材质为氧化铬，并含少量掺杂物，以提高其导电性。专利申请G5公开的技术方案是关于电极的结构及材质的。

（9）H，漏板加工。

专利申请H1、H2公开的技术方案均是关于采用冷等静压技术对漏板孔进行加工。

通过上述欧文斯康宁公司关于玻璃纤维成型设备及工艺的专利布局分析可以看出，欧文斯康宁公司的专利布局在包绕式、地毯式、围墙式、策略型专利、组合式等模式上均有体现。整个成型工艺以上述多种布局模式相组合，从而达到最佳的专利技术保护效果。

需要说明的是，在玻璃纤维成型设备及工艺的相关专利中，还包括公开玻璃纤维成型工艺整体的专利申请文件。该部分专利申请文件对核心技术起到补充增强的作用。这进一步说明，欧文斯康宁公司不仅针对核心技术点进行严密布局，而且注重核心技术的组合与关联。

3.玻璃熔制设备及工艺专利布局分析

欧文斯康宁公司关于玻璃熔制设备及工艺的专利申请涉及坩埚拉丝工艺的玻璃熔制和池窑拉丝工艺的玻璃熔制这两部分的内容。其中，坩埚拉丝工艺主要采用电极加热的加热方式，涉及的技术内容为电极熔化设备及工艺。关于坩埚拉丝工艺专利申请的申请日集中在20世纪90年代以前，且坩埚拉丝工艺目前已不是玻璃纤维生产的主流技术，因此不再作进一步分析。

下面针对欧文斯康宁公司关于池窑拉丝工艺的专利申请进行专利布局的分析。池窑拉丝的玻璃熔制技术涉及玻璃燃烧、窑压控制、成型通路、辅助电熔等技术方向。因此，选择目前关注度较高的含氧气燃烧器的成型通路这一技术方向进行专利布局分析。

图2-23列出了欧文斯康宁公司关于含氧气燃烧器的成型通路相关专利申请及其引用关系，表2-7列出了图中所涉及的相关专利申请。

专利申请A1和A2公开的技术方案均是关于使用氧气燃烧器的成型通路。参照图2-23可知，专利申请B1、B2、B3均引用专利申请A1、A2，专利申请C1～C7又引用专利申请B1，专利申请C8又引用专利申请B2。通过上述引用关系可知，欧文斯康宁公司不断地对使用燃烧器的成型通路相关技术进行改进创新，并且在成型通路中的燃烧器方面所涉及的每一个技术点上都尽可能地进行改进，进而进行专利申请。一方面，通过图2-23可以看出，欧文斯康宁公司涉及的核心技术的专利申请相互关联，形成具有很强保护力的专利组合。另一方面，可以利用不同专利申请所公开的技术方案之间的差异性使核心技术变化多样，以尽量避免后来竞争者的回避设计。

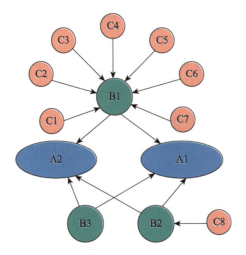

图2-23　含氧气燃烧器的成型通路相关专利申请及其引用关系

表2-7　含氧气燃烧器的成型通路的相关专利申请列表

编号	申请日	申请号	名称
A1	2004年6月9日	US20040864217	low heat capacity gas oxy fired burner
A2	2004年4月4日	US20020116432	oxygen-fired front end for glass forming operation
B1	1986年10月27日	US19860926923	method for manufacturing mineral fibers
B2	1997年12月17日	US19970992136	roof-mounted oxygen-fuel burner for a glass melting furnace and process of using the oxygen-fuel burner
B3	2001年5月16日	US20030712904	exhaust positioned at the downstream end of a glass melting furnace
C1	1975年12月15日	US19750640357	method for estimating and controlling the mass flow rate of a free falling fluid stream
C2	1977年12月27日	US19770864559	process for controlling molten glass variables
C3	1978年7月20日	US19780926591	apparatus and method for changing products on a continuous fibrous glass production line
C4	1981年6月29日	US19810278790	method for controlling a glass melting furnace
C5	1982年9月1日	US19820413920	method of forming glass fibers while monitoring a process condition in a spinner
C6	1968年11月4日	USD3573017	method and apparatus for melting and supplying heat-softenable materials in a process
C7	1969年9月26日	USD3600149	temperature control system for a glass tank forehearth
C8	1994年10月31日	US19940331990	method for making glass articles

4.制品加工设备及工艺专利布局分析

欧文斯康宁公司关于制品加工的专利申请涉及的技术方向较多。这主要是因为玻璃纤维制品种类繁多，包括玻璃棉、短切原丝、短切原丝毡、玻璃纤维与天然纤维组合经编制品等。因此，选取短切原丝造粒系统这一技术方向进行专利布局的分析。

图2-24列出了欧文斯康宁公司关于短切原丝造粒系统的相关专利申请的引用关系，表2-8列出了图2-24中涉及的相关专利申请。

专利申请D1、D2、E1、E2、F1公开的技术方案均是关于短切原丝造粒系统。参照图2-24可知，专利申请F1为专利申请E1和E2的引用文献，专利申请E1、E2同时作为专利申请D1 的引用文献。通过上述引用关系可知，欧文斯康宁公司不断地对短切原丝造粒系统的相关技术进行改进创新，并且在短切原丝造粒系统所涉及的每一个技术点上都尽可能地进行改进，进而进行专利申请。专利申请D2是对专利申请D1在造粒工艺上的一个补充。通过图2-24可以看出，欧文斯康宁公司涉及的核心技术的专利申请相互关联，形成具有很强保护力的专利组合。

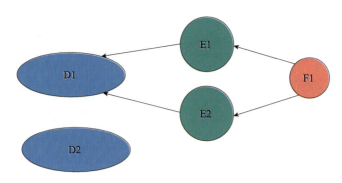

图 2-24　短切原丝造粒系统相关专利申请的引用关系

表2-8　短切原丝造粒系统相关专利申请列表

编号	申请日	申请号	名称
D1	1999年7月16日	US09356354	system for preparing polymer encapsulated glass fiber pellets
D2	2011年9月8日	US13227932	granulation-coating machine for glass fiber granules
E1	1997年4月1日	US08/831129	system for preparing glass fiber pellets
E2	1997年11月21日	US08/975729	system for preparing glass fiber pellets
F1	1995年6月7日	US19950485747	reinforcing fiber pellets

2.2.1.3　技术构成分析

以JM公司为主要代表的玻璃纤维制造企业开始致力于将浸没式燃烧技术应用于玻璃熔炼的过程中。通过对表2-9中列出的专利申请的技术方案进行分析，研究JM公司浸没式燃烧技术的发展路线。图2-25列出了JM公司浸没式燃烧技术的发展路线。其中，通过对申请日、被引证频率、同族情况以及技术方案等因素进行综合考虑，选定以申请号为EP20080008654的专利申请作为技术发展路线图的起点。由图2-25可以看出，JM公司浸没式燃烧技术主要涉及以下4个技术方向：生产特殊玻璃的方法、在浸没式燃烧窑炉下设置振动系统、改进浸没式燃烧窑炉内部结构、浸没式燃烧器的结构。前3个技术方向之间的关联比较紧密，浸没式燃烧器的结构这一技术方向则相对独立。其中，关于浸没式窑炉下设置振动系统的专利申请从2011年一直持续到2015年；关于改进浸没式燃烧窑炉内部结构的专利申请从2011年一直持续到2014年，并且在2012年提交了多项关于窑炉消泡技术的专利申请。由此可以看出，浸没式窑炉下设置的振动系统和窑炉结构是JM公司研发的重点技术方向，其中消泡技术又是JM公司在浸没式窑炉结构中重点关注的技术点。

如图2-25所示，2008—2015年，已公开的JM公司涉及浸没式燃烧技术的专利共

20项。2008年11月，JM公司率先提出了将浸没式燃烧技术应用到玻璃熔融中，并已于当年5月提交了申请号为EP20080008654的专利申请。此后，JM公司围绕此专利申请进行专利布局，相继提交了19项专利申请。

表2-9　JM公司浸没式燃烧技术专利/专利申请列表

编号	申请日	公开号	名称
1	2008年5月8日	EP20080008654	submerged combustion for melting high-temperature glass
2	2010年6月17日	US20100817754	panel-cooled submerged combustion melter geometry and methods of making molten glass
3	2011年6月17日	EP20110004955	panel-cooled submerged combustion melter geometry and methods of making molten glass
4	2011年9月20日	EP20110007637	methods and apparatus for recycling glass products using submerged combustion
5	2011年10月7日	US201113268065	methods of using a submerged combustion melter to produce glass products
6	2011年10月7日	US201113267990	systems and methods for making foamed glass using submerged combustion
7	2011年12月7日	US201113268028	burner apparatus, submerged combustion melters including the burner, and methods of use
8	2012年6月11日	US201213493170	apparatus systems and methods for conditioning molten glass
9	2012年10月3日	US201213644104	methods and systems for destabilizing foam in equipment downstream of a submerged combustion melter
10	2012年10月3日	US201213633979	submerged combustion melters having an extended treatment zone and methods of producing molten glass
11	2012年10月3日	US201213644058	methods and systems for destabilizing foam in equipment downstream of a submerged combustion melter
12	2012年10月3日	US201213644039	methods and systems for controlling bubble size and bubble decay rate in foamed glass produced by a submerged combustion melter
13	2012年10月3日	US201213633998	apparatus systems and methods for reducing foaming downstream of a submerged combustion melter producing molten glass
14	2012年10月5日	EP20120006920	methods of using a submerged combustion melter to produce glass products
15	2012年10月5日	EP20120006919	submerged combustion glass manufacturing systems and methods
16	2012年11月29日	US201213689318	methods and systems for making well-fined glass using submerged combustion
17	2012年5月31日	US2012134582	System and Method for Multimodal Detection of Unknown Substances including Explosives
18	2014年3月13日	US20140190214	submerged combustion glass manufacturing system and method
19	2015年1月27日	US20150135775	methods of using a submerged combustion melter to produce glass products
20	2015年1月27日	US20150143850	systems and methods for glass manufacturing

先进无机非金属材料技术发展路径

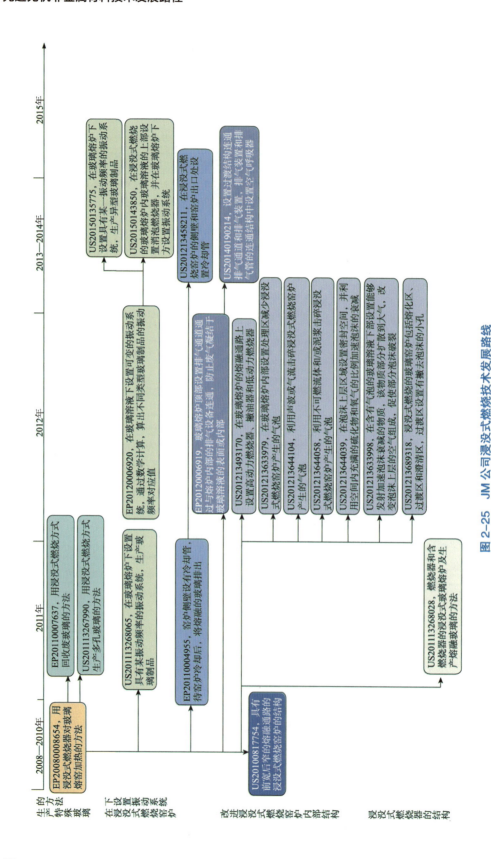

图 2-25 JM 公司浸没式燃熔技术发展路线

50

基于图2-25中列出的浸没式燃烧技术的技术发展路线，对已公开的JM公司关于浸没式燃烧技术的19项专利申请进行了技术方向的划分，可分为以下4个技术方向。

1.利用浸没式燃烧技术制造特定玻璃的方法

涉及此技术方向的专利申请共计两项，申请号分别为EP20110007637和US201113267990。其中，专利申请EP20110007637公开了一种利用浸没式燃烧技术熔融废玻璃的方法；专利申请US201113267990公开了一种利用浸没式燃烧技术生产多孔玻璃的方法。

2.在浸没式燃烧加热的玻璃熔窑下设置具有可调振动频率的振动系统

涉及此技术方向的专利申请共4项，申请号分别为US201113268065、EP20120006920、US20150135775和US20150143850。其中，专利申请US201113268065公开了一种在浸没式燃烧加热的玻璃窑炉下设置具有可调振动频率的振动系统的技术，通过对该振动系统设置某种固定的频率，来生产具有固定黏度的玻璃溶液；专利申请EP20120006920在此基础上公开了一种测定该振动系统的振动频率和玻璃溶液黏度之间关系的方法；专利申请US20150135775和专利申请US20150143850为专利申请EP20120006920的技术延伸；专利申请US20150135775公开了利用振动系统的振动频率与玻璃溶液黏度之间存在的关系，生产制造异型玻璃制品的方法；专利申请US20150143850公开了利用设置有该振动系统和消泡燃烧器的玻璃熔炉生产玻璃的方法。

3.对浸没式燃烧加热的玻璃熔窑的结构进行改进

涉及此技术方向的专利申请共计12项。其中，1项专利申请是关于窑炉基础结构的改进，其余11项均为在此项专利申请的基础上进行的技术延伸。涉及窑炉基础结构改进的专利申请的申请号为US20100817754。该专利申请公开了在玻璃窑炉中设置前宽后窄的熔融通路的技术方案。以申请号为US20100817754的专利申请为基础的11项专利申请，大致可以分为在玻璃熔融系统上设置冷却结构、排气结构、消泡结构3个方面。

关于在窑炉上设置冷却结构的专利申请共计2项，申请号分别为EP20110004955和US201213458211。其中，专利申请EP20110004955公开了在玻璃窑炉的侧壁上设置冷却管，对熔融后的玻璃溶液进行降温；专利申请US201213458211则在该专利的基础上进一步扩展，公开了在窑炉出口处同样设置冷却管结构，以达到更好的降温目的。

关于在玻璃熔炉上设置排气结构的专利申请共2项，申请号分别为EP20120006919和US20140190214。其中，专利申请EP20120006919公开了在玻璃熔炉内设置排气设备，排气设备与位于熔炉顶部的排气通道连通，将玻璃熔炉内产生的气体排出，平衡对外气压；专利申请US20140190214是在专利申请EP20120006919的基础上对排气设备和排气通道之间的连接结构进行改进。

关于在玻璃熔炉上设置消泡结构的专利申请共7项，申请号分别为US201213493170、US201213633979、US201213644104、US201213644058、US201213644039、US201213633998、US201213689318。其中，专利申请US201213493170公开了在熔融通路上设置高动力燃烧器、撇油器撇去浮在玻璃溶液表面的泡沫；专利申请US201213633979公开了在熔融区下游设置除去泡沫的处理区；专利申请US201213644104公开了利用声波或气流冲击泡沫的相关技术；专利申请US201213644058公开了利用不可燃液体和/或泥浆等流体冲击泡沫的相关技术；专利申请US201213644039公开了通过改变泡沫上方的小区域，来加速泡沫的衰减速率；专利申请US201213633998公开了利用设置在玻璃溶液液面下的发射装置，产生能够使气泡衰减的物质，达到减少气泡的目的；专利申请US201213689318公开了在熔化区和澄清区之间设置两段流道，并通过流道入口和出口处设置的小孔来撇去泡沫。

4.浸没式燃烧器的结构

涉及此技术方向的专利申请共1项，申请号为US201113268028。该专利申请公开了一种浸没式燃烧器的结构。该燃烧器设有特定喷嘴，包括同心设置的第一导管和第二导管。第一导管的外表面和第二导管的内表面通过可调节结构相连通。通过该可调节结构，可以调节氧气和其他燃料的混合比例进而满足不同的实际需求。

通过分析已公开的JM公司浸没式燃烧技术的相关专利申请，可以总结出JM公司浸没式燃烧技术所实现的5种技术效果及实现这5种技术效果分别采用的技术方案。下面通过图2-26详细说明JM公司浸没式燃烧技术所实现的技术效果及对应的技术方案。

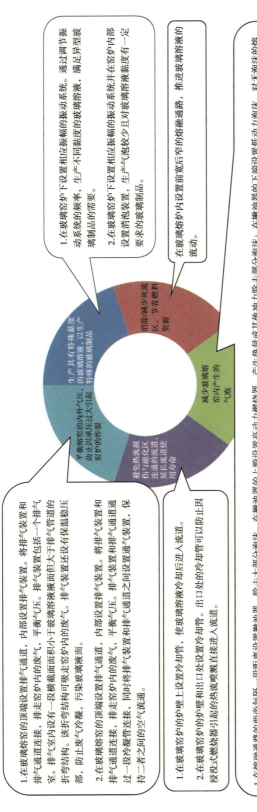

1.在玻璃窑炉下设置相应振幅的振动系统，通过调节振动系统的频率，生产不同黏度的玻璃溶液，满足异型玻璃制品的需要。
2.在玻璃窑炉下设置相应振幅的振动系统并在玻璃炉内部设置消泡装置，生产气泡较少且对玻璃溶液黏度有一定要求的玻璃制品。

在玻璃炉内设置前宽后窄的熔融通路，推进玻璃溶液的流动。

生产具有特殊黏度的玻璃溶液，以生产特殊的玻璃制品

消除减少死区，节省燃料资源

减少玻璃熔窑内产生的气泡

避免热流损伤与融化区连通使通道延长流道使用寿命

平衡熔窑的内外气压，防止因等压过大引起窑炉的炸裂

1.在玻璃熔窑的顶端设置排气通道，内部设置排气装置。将排气通道连接、排走窑炉内的废气，平衡气压。排气室内设有一段横截面面积小于窑炉内的废气的折弯结构，该折弯结构可吸走玻璃窑炉内的废气，防止废气冷凝，污染玻璃溶液面。
2.在玻璃窑炉的顶端设置排气通道，内部设置排气装置。将排气装置和排气通道连接、排走窑炉内的废气，平衡气压。排气装置和排气通道通过一段冷凝管连接，同时将排气装置和排气通道通气连通，保持二者之间的空气流通。

1.在玻璃窑炉的炉壁上设置冷却管，使玻璃溶液冷却后进入流道。
2.在玻璃窑炉的炉壁和出口处设置冷却管，出口处的冷却管可以防止因浸没式燃烧器引起的热点流喷溅直接进入流道。

1.在熔融通路的两侧每隔一段距离设置撇油器，除去大部分泡沫。在撇油器的上游设置高动力燃烧器，产生热量或其他冲击力除去部分泡沫；在撇油器内可加入某种可融化的复合物。2.在融化区的前端设置加料区，在融化区的后端设置处理区和澄清区。其中，处理区位于融化区和澄清区之间，对无泡沫或力泡沫的复合物。3.在融化区的下游，可设置一个或多个不含泡沫的并能够产生的非浸没式的喷嘴，或设置一个或多个脉冲装置，或设置一个或多个声音频装置。4.在融化区的下游，可设置一个特定的大气气氛围。氛围中包括硫化物和氧气的混合物。通过调整喷射不可燃液浆或泡沫的比例在0.5：1-3：1，加速泡沫的衰减。5.在融化区的下游，泡沫的上方形成一个低于玻璃溶液水平面而设置能够喷射某种能够与泡沫接触的物质和氧气。进而改变泡沫周围的大气氛围，加速泡沫的衰减。6.在熔融区后设置澄清区，在熔融区和澄清区之间设置第二流道和第三流道。7.熔融区后设置澄清区，入口设置为一个或多个小孔，出口也设置为一个或多个小孔。通过调整溶化成泡沫层和氧气过滤，玻璃溶液经过第一流道分成泡沫层和溶清层，并进入转换区，转换区转换成过渡区，并进入转换区的玻璃溶液基本上已除去大部分泡沫，再进入澄清区即除去一部分泡沫。入口的小孔结构再吹结构再吹除再进入第一流道，出口的小孔结构除去一部分泡沫。

图2-26 JM公司浸没式燃烧技术的技术效果及相应技术方案

2.2.2 中国专利申请态势分析

2.2.2.1 专利申请现状

我国主要企业专利申请以玻璃纤维技术为核心，包含玻璃纤维配方、玻璃纤维生产设备及工艺、浸润剂配方及配制工艺、玻璃纤维下游产品等技术方向，具体如图2-27所示。

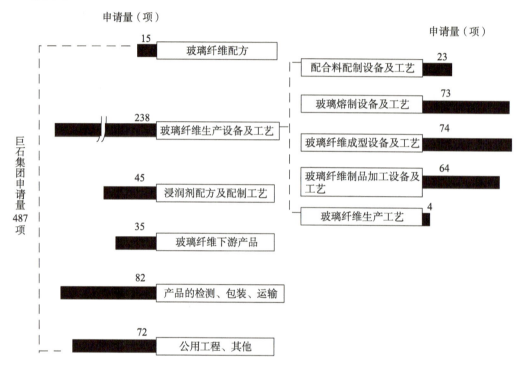

图 2-27　国内主要企业专利申请技术分支

其中，"玻璃纤维配方"是指以玻璃纤维配方为核心内容的专利申请。

"玻璃纤维生产设备及工艺"是指以整个玻璃纤维生产设备，或生产工艺为核心内容的专利申请。该技术方向的分支，如"配合料制备设备及工艺"是指与配合料制备设备及工艺相关的专利申请；其他分支类似。

"浸润剂配方及配制工艺"是指与浸润剂配方及配制工艺相关的专利申请。

"玻璃纤维下游产品"是指玻璃纤维下游产品及与其相关的工艺及设备的专利申请。其中，玻璃纤维下游产品包括玻璃纤维布、玻璃纤维增强材料、复合纤维等加工产品，但是不包括纱团、短切原丝、短切原丝毡等玻璃纤维制品。

"产品的检测、包装、运输"是指与玻璃纤维化学含量测定、质量检测、包装、物流运输相关的专利申请。

"公用工程、其他"中的"公用工程"是指与"三废"处理、供水、供电、供热、空调、余热利用等辅助设施相关的专利申请;"其他"是指除上述分类之外的其他专利申请。比如,申请号为201420461719.0的专利,介绍的是一种剪板机定位装置。该专利在玻璃纤维生产设备及工艺方面的技术方向不明显,故列入"其他"分支中。

2.2.2.2　技术构成分析

图2-28中列出了我国在各技术方向上已授权的发明专利和实用新型专利的数量,结合图2-27对国内主要企业在各技术方向上的专利申请作进一步分析。

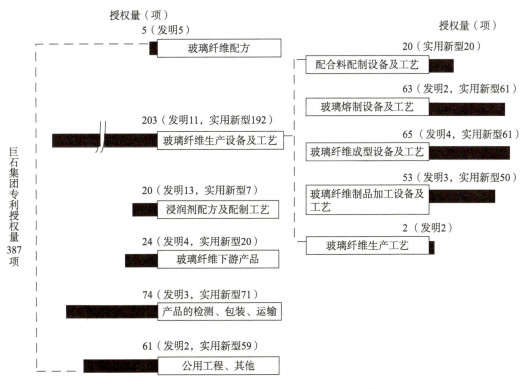

图 2-28　国内主要企业专利申请各技术分支已授权专利示意图

(1)"玻璃纤维配方"技术方向中,15项专利申请均为发明专利。

(2)"玻璃纤维生产设备及工艺"技术方向包括5个技术分支,以下分别分析这5个技术分支。

"配合料配制设备及工艺"技术分支中,包括3项发明专利申请和20项实用新型专利申请。技术主题包括一种纤维玻璃原料及配合料中COD值测定的试样处理方法,申请状态为审中，技术主题为气力输送的设备及方法、X射线荧光光谱法测定无碱玻璃配合料中总硫含量的方法。20项实用新型专利申请主要涉及配合料配制相关的系统和设备，如放料系统、料仓、螺旋输送机、快速配料设备、气力混合输送罐等。

"玻璃熔制设备及工艺"技术分支中，包括11项发明专利申请和62项实用新型专利申请。技术主题为池窑熔化部胸墙更换枪套砖的方法以及延长熔化部池底运行寿命的方法。实用新型专利主要涉及投料设备、池窑结构、燃烧系统、成型通路、辅助电熔系统、鼓泡装置、窑压测量等方面。

"玻璃纤维成型设备及工艺"技术分支中，包括7项发明专利申请和67项实用新型专利申请。技术主题为螺旋排线器制造工艺、通过漏板温度、拉丝流量调节玻璃纤维线密度和漏板应急系统。67项实用新型专利主要涉及漏板、冷却器、涂油装置、排线装置、拉丝机、分束器等方面；无效的6项实用新型专利主要是关于涂油盒、涂油槽、涂油电机、排线装置、冷却器、分束板。

"玻璃纤维制品加工设备及工艺"技术分支中，包括5项发明专利申请和59项实用新型专利申请。技术主题为织机用剪切装置、络纱蓬头自停装置和玻璃纤维在线短切机。实用新型专利主要涉及织机、络纱、烘箱、短切原丝、短切毡和烘箱等方面。

"玻璃纤维生产工艺"技术分支中，包括4项发明专利申请。技术主题为含氟废渣制造玻璃纤维的方法用于生产连续玻璃纤维产品的无碱玻璃及其生产工艺。

（3）"浸润剂配方及配制工艺"技术方向中，包括35项发明专利申请和10件实用新型专利申请。技术主题为超低吸树脂量短切无捻粗纱、直接无捻粗纱浸润剂、高性能喷射用无捻粗纱浸润剂、电子级玻璃纤维布处理剂等。实用新型专利主要涉及浸润剂的配制、储存装置、循环回收装置、流量控制装置等。

（4）"玻璃纤维下游产品"技术方向中，包括15项发明专利申请和20项实用新型专利申请。发明专利主要涉及玻璃纤维增强材料、玻璃纤维膨体纱、耐碱玻璃纤维、玻璃纤维布制造等方面，技术主题包括一种玻璃纤维增强阻燃性聚碳酸酯树脂组成物、一种玻璃纤维增强聚甲醛树脂复合材料、一种玻璃纤维增强聚苯硫醚树脂复合材料和玻璃纤维布纬斜校正装置等。实用新型专利主要涉及复合材料的试样制备与测试、玻璃纤维布生产相关设备等方面。

（5）"产品的检测、包装、运输"技术方向中，包括11项发明专利申请和71项实用新型专利申请。发明专利申请主要涉及玻璃纤维产品化学成分的测定、玻璃纤维产品质量检测以及卸筒运输装置等方面，技术主题为X射线荧光光谱混合压片法测定无碱玻璃化学成分的方法、玻璃纤维毡布双轴翻落验布机以及验布方法等。实用新型专利主要涉及纱团的检测、称量、运输、包装及包装纸管等。

（6）"公用工程、其他"技术方向中，包括7项发明专利申请和65项实用新型专利申请。发明专利主要涉及废丝、废气、废水、烟气余热的处理利用，公用工程的构建等方面。实用新型专利主要涉及"三废"的处理利用、余热利用、水电暖等辅助设施等方面。

2.2.3　玻璃纤维发展态势分析

2.2.3.1　关键技术分析

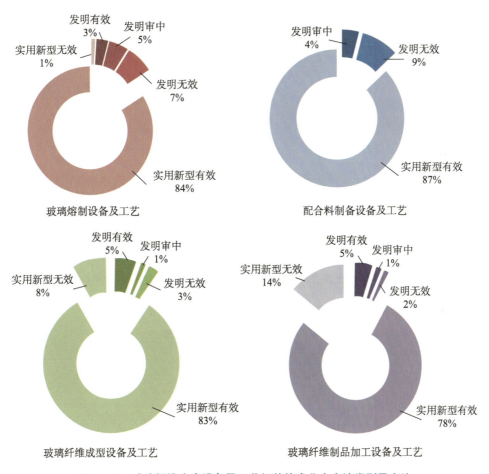

图 2-29　玻璃纤维生产设备及工艺相关技术分支申请类型及占比

图2-31列出了国内主要企业发明专利和实用新型专利的数量。从图2-31中可以看出，国内主要企业113项发明专利中，已获得授权的发明专利为38项，无效专利为29项，处于审中状态的专利申请为46项；374项实用新型专利中，有效的实用新型专利为

349项，无效专利为25项。

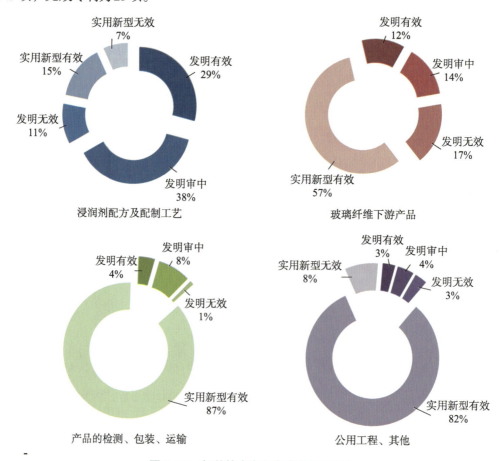

图2-30 相关技术方向申请类型及数量

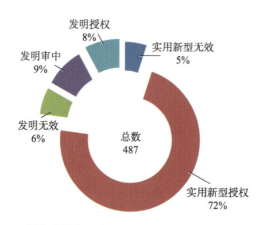

图2-31 国内主要企业发明/实用新型专利申请法律状态分析

　　从专利申请的技术内容分析，国内企业专利申请集中在"玻璃纤维生产设备及工艺"技术分支上，但该技术分支的专利申请以实用新型专利为主，偏重于对某个设备或设备的具体部件或者部分的改进，创造性相对较低，且实用新型并不经过实审，其稳定性比发明低。"玻璃纤维配方"和"浸润剂配方及配制工艺"技术分支则以发明为主，已获得授权的发明专利数共为18项，其中浸润剂相关专利占72%。在"玻璃纤维下游产品"技术分支中，大部分专利申请是关于玻璃纤维布的生产。其中涉及复合材料的专利申请较少，关于复合材料配方的专利申请共7项。"产品的检测、包装、运输"和"公用工程、其他"两个技术分支中，大部分专利申请与玻璃纤维的配方、工艺、设备等核心部分的技术相关性小，只有近10项专利申请与玻璃纤维的生产关联性较大，即产品检测技术，涉及玻璃纤维化学成分、短切原丝分散性、流动性及产品浸润剂油膜厚度测定等。

从专利布局上看，虽然国内企业的专利申请数量较多，但是其布局相对零散，专利之间没有进行组合、关联，并未形成以某一核心技术为中心、其他技术相组合的专利布局模式。相对零散的专利申请容易给竞争者的回避设计留下空间，这就可能使得核心技术没有形成完整的保护体系，未能达到更大程度的保护。

2.2.3.2　重点专利分析

对欧文斯康宁公司在中国申请的专利进行检索并对其专利申请所涉及的技术方向进行分类。检索及分类结果如表2-10所示。

表2-10　欧文斯康宁在中国的审中和有效状态下的专利申请列表

编号	申请号	申请日	名称	技术方向
1	200980156454.5	2009年12月21日	高性能玻璃纤维用组合物及由其形成的纤维	玻璃纤维配方
2	201380060017.X	2013年10月18日	用于制造纤维的玻璃组合物及方法	玻璃纤维配方
3	201180056847.6	2011年10月18日	生产高强度和高模量纤维的玻璃组合物	玻璃纤维配方
4	201180056844.2	2011年10月18日	生产高强度和高模量纤维的玻璃组合物	玻璃纤维配方
5	201180056849.5	2011年10月18日	高折射指数的玻璃组合物	玻璃纤维配方
6	201180037104.4	2011年6月30日	生产高强度和高模量纤维的玻璃组合物	玻璃纤维配方
7	201180037082.1	2011年6月30日	生产高强度和高模量纤维的玻璃组合物	玻璃纤维配方
8	201180037080.2	2011年6月30日	生产高强度和高模量纤维的玻璃组合物	玻璃纤维配方
9	201080040752.0	2010年8月4日	改善了模量的不含锂玻璃	玻璃纤维配方
10	200780048483.0	2007年12月21日	用于玻璃纤维棉制造的改进的冷却环	玻璃纤维成型设备
11	98811338.4	1998年11月5日	改进的用于形成无渗移的玻璃纤维卷装的方法和设备	玻璃纤维成型设备
12	201280025633.7	2012年4月19日	玻璃纤维成型操作中的固化监视与过程控制设备与方法	玻璃纤维成型设备及工艺

编号	申请号	申请日	名称	技术方向
13	200980156910.6	2009年12月21日	以直接熔化操作制造高强度玻璃纤维的方法及由此形成的产品	玻璃纤维生产工艺
14	200680046225.4	2006年12月12日	橡胶制品增强用玻璃纤维及其制造方法	玻璃纤维生产工艺
15	200680041104.0	2006年10月31日	在具有耐火材料衬里的熔炉中制造高性能玻璃纤维的方法及用该方法制成的纤维	玻璃纤维生产工艺
16	201280043816.1	2012年7月31日	上浆组合物及其使用方法	浸润剂配方
17	201280043815.7	2012年7月31日	上浆组合物及其使用方法	浸润剂配方
18	201080051943.7	2010年10月8日	用于生产隔热和非织造垫的生物基黏合剂	浸润剂配方
19	200680041114.4	2006年10月31日	高性能玻璃组合物、高性能玻璃纤维及其制品	玻璃纤维制品
20	200680038167.0	2006年8月18日	具有改善的高温湿抗拉强度的湿成形毡垫	玻璃纤维制品
21	200580036106.6	2005年10月19日	用于模塑大型复合结构的浸渍织物	玻璃纤维制品
22	200580017801.8	2005年5月24日	覆面纤维绝缘材料	玻璃纤维制品
23	201410474565.3	2006年6月27日	用于形成具有减小厚度的针刺离心玻璃隔离制品的方法	玻璃纤维制品加工工艺
24	201280058632.2	2012年10月1日	从纤维材料形成幅材的方法	玻璃纤维制品加工工艺
25	201280019475.4	2012年4月19日	用于在线确定玻璃纤维制品的固化状态的方法	玻璃纤维制品加工工艺
26	200680025329.7	2006年6月27日	薄的离心纤维化玻璃隔离制品和生产该制品的工序	玻璃纤维制品加工工艺
27	201180059776.5	2011年12月7日	确定玻璃纤维产品固化状态的控制方法	玻璃纤维制品加工工艺
28	201180059454.0	2011年12月7日	用于控制玻璃纤维绝缘体的制造中的水分的装置和方法	玻璃纤维制品加工设备
29	201180059458.9	2011年12月7日	用于控制玻璃纤维绝缘体的制造中的水分的装置和方法	玻璃纤维制品加工设备

　　欧文斯康宁公司在中国的专利申请涉及玻璃纤维配方、玻璃纤维生产工艺、玻璃纤维成型设备及工艺、浸润剂配方、玻璃纤维制品及其加工工艺等多个方面。其中，有近1/2的专利申请是关于玻璃纤维配方或浸润剂配方的，仅关于玻璃纤维配方的专利申请就占近1/3。另外，关于玻璃纤维制品及其加工工艺和设备的专利申请占比大于1/3。由此可以看出，欧文斯康宁公司在中国的申请定位为市场保护，对自身的玻璃纤维产品、玻璃纤维复合材料相关的配方及生产工艺进行专利布局，所以其在中国的专利申请主要集中在玻璃纤维配方、浸润剂配方和玻璃纤维制品及其加工工艺和设备上。

第 3 章　新型碳材料

碳是一种非金属元素，位于元素周期表的第二周期ⅣA族。碳是自然界中常见的元素之一，碳材料几乎包括了地球上所有物质具有的性质，如最硬—最软、绝缘体—半导体—超导体、绝热—超导热、吸光—全透光等。21世纪被称为"超碳时代"，为加快石墨烯、碳纤维等新材料的发展，国家多个部门出台了发展意见，如工业和信息化部、国家发展改革委、科技部联合发布的《关于加快石墨烯产业创新发展的若干意见》，国家发展改革委发布的《增强制造业核心竞争力三年行动计划（2018—2020年）》，制定了轨道交通装备等9个重点领域关键技术产业化实施方案，其中碳纤维被列入重点领域之一。

3.1　石墨

石墨是碳元素的一种同素异形体，也是碳元素的结晶矿物之一。其结晶格架为六边形层状结构，属六方晶系。由于这种特殊结构，使得石墨具备以下特殊性质：

（1）耐高温，熔点为3 850±50℃，沸点为4 250℃，超高温下热损失小；

（2）导电性好，比一般非金属矿高100倍；

（3）导热性好，超过钢、铁等金属材料；

（4）化学稳定性高，耐酸碱和各种有机溶剂的腐蚀；

（5）抗热震性强，温度突变时，石墨的体积变化不大，不会产生裂纹；

（6）韧性好，可碾成很薄的薄片。

由于石墨上述优异的物化性能，其制品的应用领域十分广泛。例如，在冶金行业，石墨制品用来制造石墨坩埚、冶金炉内衬；在电气行业，石墨制品用于生产碳素电极、电极碳棒等；在核工业领域，用于原子反应堆的中子减速剂和防护材料等。

天然石墨分为隐晶质（微晶）石墨和晶质（鳞片）石墨。天然微晶石墨经高温提纯后，可用于制备各向同性石墨制品，如核石墨、半导体石墨等；也可用于制备锂离子电池负极材料、高能电池正极导电剂等。天然鳞片石墨经提纯后，大片石墨可制备膨胀石墨、柔性石墨，并应用到散热材料、密封材料等中。细粉石墨则可以应用到与天然微晶石墨相同的应用领域中。

目前，国际石墨行业呈现稳定增长态势。石墨的应用绝大部分集中在美国、德国、日本等工业发达国家。这些国家每年的石墨消费量一直占世界总消费量的约30%。在技术发展方面，美国、日本、德国、法国的柔性石墨产业居世界领先地位。在锂离子电池正极材料、浸硅石墨等方面已形成产业，实力较强。

我国的石墨储量居世界首位，但国内石墨产业基本处于采选和初加工阶段，技术相对落后，产品以普通中高碳矿产品为主。美国、日本发达国家从我国廉价购买原料，经过深加工制成先进石墨材料再以极高的价格占领国际市场并返销我国。

随着国家新能源、新材料政策的逐步完善，石墨成为国家战略资源。利用天然石墨进行深加工的产品，如高纯石墨、超细（超薄）石墨、石墨烯等精细加工材料越来越受到重视。相关单位在国家科技攻关计划、自然科学基金、"863"计划、国家重点研发计划等国家科研项目资助下，在天然鳞片石墨改性方面取得了创新性技术成果，利用具有自主知识产权的创新性技术，研发了优质可膨胀石墨、多孔石墨、锂离子电池负极等新材料。同时，我国石墨烯复合薄膜的制备研究也取得了新进展。

由此可见，在国家政策、资金的大力扶持下，各企业以高新技术为动力，大力开发石墨深加工产品，将带动产业结构调整和产业升级，我国石墨行业也将进一步增强国际竞争力。

3.1.1　技术分解与数据分析

3.1.1.1　技术分解

石墨技术涉及诸多领域，总体来说，主要包括石墨提纯、石墨深加工、石墨应用3个方面的内容。石墨提纯工艺包括物理提纯、化学提纯、火法提纯；石墨深加工包括柔性石墨、等静压石墨、石墨烯；石墨应用包括在电极材料、导电材料、耐火材料、润滑材料、光伏材料、核能石墨上的应用。技术分解如表3-1所示。

表3-1　石墨领域技术分解

一级分支	二级分支	三级分支
石墨提纯	物理提纯	浮选法
	化学提纯	碱酸法
		氢氟酸法
	火法提纯	氯化焙烧法
		高温提纯法

一级分支	二级分支	三级分支
石墨深加工	深加工工艺	柔性石墨
		等静压石墨
		石墨烯
石墨应用	电极材料	锂离子电池负极材料
	导电材料	电极
		碳棒
	耐火材料	石墨坩埚
		镁铝碳砖
		冶金炉内衬
	润滑材料	石墨乳
	光伏材料	等静压石墨
	核能石墨	核反应堆中子减速剂

建立技术分解表的核心思路是"从面到线，从线到点"，按照从石墨领域的整体框架到框架内各个技术点的顺序，同时考虑各个技术点之间的逻辑关系，形成上述技术分解表。

3.1.1.2　数据分析

本研究采用了宏观数据分析与重点内容深入分析相结合的方式。通过对专利数据进行定量分析，得到宏观的分析结果；对重点关注的申请人及关键技术要点进行深入分析，得到其专利分布情况；将专利分析结果与产业实际相结合，得出相关结论。主要结论包括全球和中国范围内的石墨领域专利技术发展态势、行业内重要专利申请人的专利分布和技术分布、行业内关键技术的演进脉络和研究热点。

在本章的石墨提纯工艺专利分析部分，主要针对全球和中国范围内石墨提纯工艺相关专利的专利申请趋势、专利申请区域布局、技术构成、主要申请人等维度进行具体解析，以展现全球和中国范围内专利申请发展现状，同时对相关技术分支上的重点专利进行深入分析，并给出技术发展参考意见。

在本章的石墨深加工专利分析部分，主要针对全球和中国范围内石墨深加工相关专利的专利申请趋势、专利申请区域布局、技术构成、主要申请人等维度进行具体解析，以展现全球和中国范围内专利申请发展现状，同时对相关技术分支上的重点专利进行深入分析，并给出技术发展参考意见。

在本章的石墨应用专利分析部分，主要针对全球和中国范围内石墨应用相关专利的专利申请趋势、专利申请区域布局、技术构成、主要申请人等维度进行具体解析，以展现全球和中国范围内专利申请发展现状，同时对相关技术分支上的重点专利进行深入分析。

3.1.2　石墨提纯工艺专利分析

本章主要分析石墨提纯工艺在全球及中国的专利申请态势、浮选法专利技术、氢氟酸法专利技术以及高温提纯法专利技术。其中，全球专利申请态势分析主要涉及全球专利申请趋势、技术专利申请区域布局、技术构成分析以及主要申请人等方面；中国专利申请态势分析主要涉及中国专利申请趋势、技术构成分析、主要申请人和主要发明人等方面。

3.1.2.1　全球专利申请态势分析

石墨提纯工艺一般分为物理提纯、化学提纯和火法提纯。其中，物理提纯主要是浮选法；化学提纯主要是碱酸法和氢氟酸法；火法提纯主要是氯化焙烧法和高温提纯法。本章提纯工艺主要涉及上述提纯方法的分析。

1.专利申请趋势分析

将石墨提纯工艺相关专利文献按申请时间进行分析，全球专利申请量及不含中国专利的全球专利随时间的变化趋势如图3-1所示。

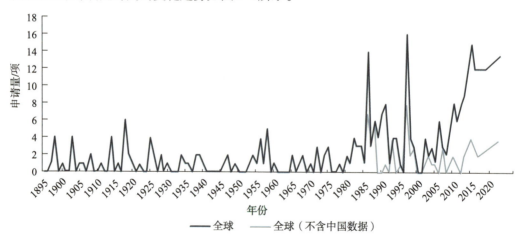

图3-1　石墨提纯工艺申请趋势

石墨提纯工艺相关的专利申请开始较早，1900年之前已有相关申请人对石墨的提纯技术进行研发与保护。由图3-1可知，1930年之前申请量相对集中。全球有大量的欧美国家对石墨提纯技术进行专利保护，其中法国、英国、美国、德国申请量较大，说明这4个国家石墨提纯技术相对发达，早期石墨提纯工艺领先世界；1955—1960年申请量出现了小幅增加。该阶段增加了印度、苏联、奥地利、西班牙等国家的专利文献；2000年之后，全球专利申请量出现了急剧增长的现象，对比不含中国数据的全球申请趋势可以发现，这一时期全球专利的变化主要是由中国专利量的急剧增长导致的。分析相应的检索数据可以发现，在该时期出现了大量申请人，其中，黑龙江科技大学、青岛广星电子材料有限公司专利申请量增长迅速。

如果不考虑中国专利申请量的影响，可以发现全球专利申请趋势一直相对平缓，1985—2000年出现了第二个申请量小幅增长阶段。分析相应检索数据发现，该阶段有部分专利涉及冶金废渣中亮片石墨的提纯工艺。2000年之后，除中国外的全球其他国家专利年申请量持续处于较低水平，年申请量不超过5项。

对石墨提纯工艺各分支的申请量变化情况进行分析，由于提纯工艺专利申请时间跨度较长，且申请量较少，为了更好地展现各分支变化趋势，以10年的间隔作为一个时间区间，统计各技术分支在每个时间区间内的累积申请量。将1898—2018年分为12个时间区间，物理提纯、化学提纯以及火法提纯的申请量随时间区间的变化趋势如图3-2所示。

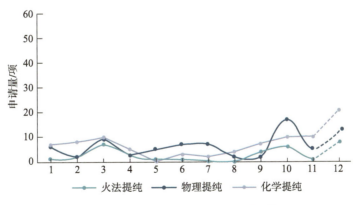

图 3-2　石墨提纯工艺各分支申请趋势

1898—1907年（横坐标为1），化学提纯和物理提纯申请量相当，但火法提纯申请量较小，说明早期的石墨提纯以物理法、化学法等提纯方法为主。在1937年之前（横坐标3之前），化学提纯的申请量持续领先其他技术分支，说明在该时期氢氟酸法以及碱酸法等化学提纯法应用相对广泛，火法提纯则呈增长趋势；1938—1977年（横坐标为5～8），火法提纯申请量领先其他方法，说明该阶段氯化焙烧法、高温提纯法的专利技术发展较为迅速，在1978年（横坐标为9）之后，化学提纯法相关的专利申请量持续增长，但火法提纯与物理提纯在1998—2007年（横坐标为11）经历了一次申请量下跌；2007年之后，3个分支申请量均快速增长，其中化学提纯法申请量的增长尤为迅速。

2.专利申请区域布局分析

通过前面关于申请趋势的分析，我们可以了解到石墨提纯相关技术专利申请量随时间的变化情况。在本节中，我们研究石墨相关专利文献的地域分布情况，通过对优先权地域及公开地域的分析，能够更直观地看到各个国家的专利输入及输出情况，以及各个国家的技术实力对比情况。

在本节的分析中，选取申请量排名前六的国家作为主要申请国，根据申请情况将中国、日本、美国、法国、德国和英国作为主要申请国。图3-3列出了上述国家在石墨提纯工艺领域作为专利目标国或来源国的申请情况。

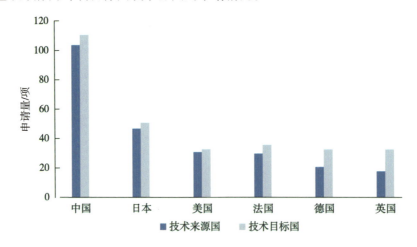

图3-3　石墨提纯工艺专利主要来源国及目标国申请量分布

目标国的专利申请来源主要有两种，一种是申请人在该国的专利申请；另一种是通过国际申请方式，进入该国的专利申请。来源国的专利申请则是指优先权国家为该国的专利申请。

由图3-3可见，在石墨提纯工艺领域，中国是最大的技术目标国与技术来源国，并且专利申请量远高于其他国家。这主要有两个原因：其一，我国石墨矿产资源丰富，各大企业与研究机构在该领域投入了较多的资金与精力，并取得了一定的成果；其二，近10年中国知识产权事业发展较快，企业及高校逐渐重视专利申请，针对研究成果积极申请专利保护。由图3-3还可以看出，中国作为技术目标国，绝大多数申请是来自本国申请，说明在石墨提纯领域其他国家对中国的专利输入较少。

作为技术目标国，日本是申请量排名第二的国家，并且其绝大部分专利是来自本国申请。美国、法国、德国和英国作为技术目标国专利申请量相当，其中，英国的专利申请接近1/2是来自其他国家的专利输入，说明英国是石墨提纯工艺领域比较重点的专利布局国家。

通过分析具体数据可知，欧洲专利局及世界知识产权组织的专利申请量不超过10项。

3.技术构成分析

本节通过对石墨提纯工艺相关的专利文献的技术方案进行分析，从而深层次地了解石墨提纯领域的技术构成。通过分析具体数据可知，石墨的提纯从原料上来看主要有两类：天然石墨的提纯及冶金废渣的石墨提纯（kish石墨）。图3-4列出了相关专利文献中不同石墨原料的占比。

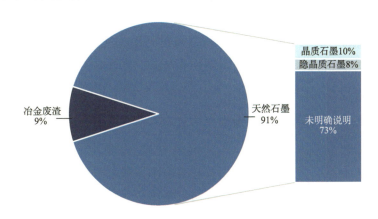

图 3-4　石墨来源构成分析

由图3-4可以看出，石墨提纯工艺有91%的专利文献涉及天然石墨的提纯，有9%的专利文献与冶金废渣中亮片石墨的提纯相关。通过进一步了解，涉及天然石墨提纯的专利文献中，约73%的专利文献并未明确说明石墨类别；在明确石墨类别的专利文献中，有10%涉及晶质石墨的提纯，有8%涉及隐晶质石墨的提纯。

目前，工业上石墨的提纯基本是天然石墨矿的选矿与纯化，但仍有少部分石墨的获取可通过纯化回收冶金废渣中的亮片石墨（kish石墨）来实现。

冶金废渣中的石墨的提纯工艺主要为物理法及物理法结合化学法。物理法是指通过物理方式回收石墨，主要包括研磨筛分、浮选法、磁选法和风选法等。物理法结合化学法主要是指冶金废渣经过上述物理方法处理之后，再使用硫酸、盐酸等混合酸提纯得到石墨。由于氢氟酸对环境污染较大，在该化学法的混酸中较少使用氢氟酸。其他方法主要为高温熔融法，通过高温熔化金属杂质，最终得到纯化的石墨。图3-5列出了上述各方法的申请量情况。

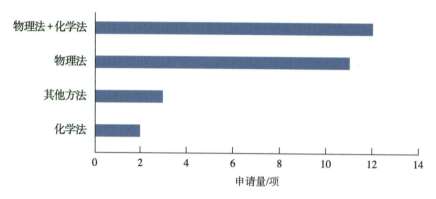

图3-5 冶金废渣石墨提纯技术构成

天然石墨提纯的工艺申请量大，且所涉及的石墨提纯技术与工业生产更为相关，所以该部分内容将进行重点研究。通过分析相关专利，并结合技术分解表，可得到技术构成如图3-6所示。由图3-6可知，天然石墨的提纯工艺可由一种或多种提纯方法组成。三大提纯技术分支中，化学提纯申请量最大，火法提纯次之，物理提纯申请量最少。

物理提纯即浮选法。该方法是利用石墨表面不易被水浸润的物理性质，使其与杂质矿物分离。全球范围浮选法相关专利在1937年之前以及1987年之后这两个时间段申请量较大。1937年之前申请量大，说明了浮选是较早的石墨提纯技术；1987年之后申请量大，主要是由于中国规范了专利申请制度，相关的中国专利申请量逐渐增大。

在物理提纯法中，由于部分杂质浸染在石墨中，即使细磨也不能完全解离，需要配合使用其他方法。浮选法常与化学提纯法结合使用，即浮选作为提纯第一步，后续可使用氢氟酸法或者碱酸法进一步提纯。其中，有两项专利采用了浮选法、碱酸法，最后用氢氟酸法的组合提纯工艺。另外，浮选法结合高温提纯法的申请量相对较少，仅有1项相关专利。

化学提纯含氢氟酸法、碱酸法，以及二者的结合使用方法。化学提纯法利用了石墨稳定性好。且其除氧化性的硝酸、浓硫酸外，不与一般的酸、碱等化学试剂反应的性质。氢氟酸法利用了氢氟酸与硅酸盐反应的化学性质，达到提纯石墨的目的。但是由于氢氟酸毒性较强，对设备腐蚀性大，因此有专利文献采用稀酸及氟化物来处理石墨杂质。碱酸法主要是使用氢氧化钠等碱及盐酸、硫酸等酸依次处理石墨矿，提纯石墨。

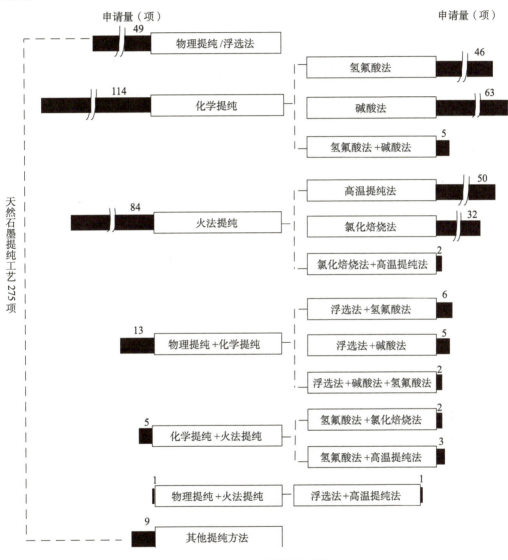

图 3-6　天然石墨提纯技术构成

化学提纯法中，碱酸法相关的专利申请量高于氢氟酸法。碱酸法涉及碱与酸对石墨的两步处理：首先石墨与碱熔融除杂，然后使用酸进行处理。针对这一方法的改进，可以将石墨与熔融碱的反应条件进行加压，还可以采取高温高压的碱溶液代替熔融碱。其次，氢氟酸法与碱酸法可结合使用，并且氢氟酸法还可与氯化焙烧法、高温提纯法结合使用，进一步提高石墨纯度。

火法提纯含高温提纯法、氯化焙烧法以及二者结合的使用方法。火法提纯利用了石墨化学性质稳定，且熔沸点高等性质。氯化焙烧法与高温提纯法均需要较高温度。其中氯化焙烧法还涉及氯化剂与石墨杂质的化学反应，生成气相或凝聚相的氯化物及络合物，再高温加热逸出提纯石墨；高温提纯法则直接高温加热石墨，使杂质溢出。高温提纯法专利申请量高于氯化焙烧法。该方法一般提纯批量较小且含碳量较高的石墨。有2项专利涉及氯化焙烧法与高温提纯法的结合使用。

有9项专利文献公开的技术方案未能归入上述方法中，故列为其他提纯方法。这9项专利均为中国专利，公开的提纯方法主要涉及液相法（使用强氧化剂及络合剂）、类似火法提纯的等离子体烧结法、辐射照射提纯石墨粉和使用硫酸氢胺提纯石墨等。

4.申请人分析

本节通过对不同申请人的专利申请量进行排序，选取申请量排名前十的申请人作为主要申请人。图3-7列出了主要申请人的排序。其中，浅蓝色表示天然石墨提纯的相关专利；深蓝色表示冶金废渣提纯的相关专利。由图3-7可知，住友金属工业公司主要涉及冶金废渣的石墨提纯工艺；哈比森沃克公司在天然石墨与冶金废渣两方面均有专利申请。

在天然石墨提纯领域，青岛广星电子材料有限公司有8项专利申请，均涉及碱酸法提纯石墨；德国高而富石墨股份有限公司涉及方法较多，有氢氟酸法、氯化焙烧法及火法提纯。

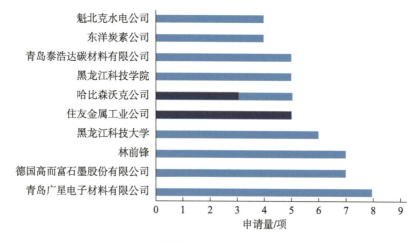

图3-7 石墨提纯工艺主要申请人及申请量

在冶金废渣提纯领域，申请量较大的申请人有住友金属工业公司、哈比森沃克公司。通过分析具体数据可知，冶金废渣提纯石墨工艺的申请人主要为钢铁公司，申请量不低于2项的还有弘和产业株式会社。申请量仅为1项的申请人中，日本申请人较多，有神户制钢、新日铁、川崎钢铁公司、兴和精工等；中国申请人有清华大学、安徽工业大学两个高校申请人，以及中钢集团和莱芜大山资源利用环保科技有限公司两个企业申请人。

3.1.2.2　中国专利申请态势分析

由于天然石墨的提纯与工业生产相关，并且冶金废渣的石墨提纯在中国的申请量较少，因此本节内容将针对天然石墨的提纯工艺在中国的专利申请情况进行分析，主要涉及中国的专利申请趋势、技术构成、申请人和发明人分析等方面。

1.专利申请趋势分析

将天然石墨提纯相关专利文献按申请时间及分支构成进行分析，申请量随时间的变化趋势及各技术分支分布情况如图3-8所示。

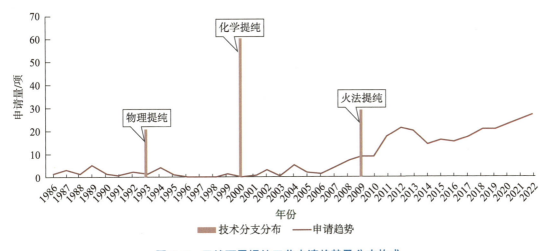

图 3-8　天然石墨提纯工艺申请趋势及分支构成

由图3-8技术分支分布部分可知，一方面，化学提纯的申请量远高于物理提纯及火法提纯，说明氢氟酸法及碱酸法在中国的申请量较大，其中青岛广星电子材料有限公司、青岛恒胜石墨有限公司针对碱酸法进行了大量的申请，故碱酸法申请量高于氢氟酸法；另一方面，物理提纯与火法提纯申请量相当，通过分析检索数据可知，火法提纯中的高温提纯法申请量高于氯化焙烧法。

由图3-8申请趋势部分可知，2003年以前，石墨相关专利处于较低水平。该阶段的申请人以高校及研究院为主。最早的专利是由化学工业部天津化工研究院及武汉工业大学在1987年申请的。这两项专利分别涉及碱酸法及浮选法这两种提纯方法。最早涉及隐晶质石墨提纯工艺的是湖南郴州白山石墨制品研制所于1991年进行的申请。该专利涉及碱酸法提纯工艺，具体是将碱烧和酸处理结合在一起，综合提纯隐晶质土状石墨。

2003年之后，石墨相关的专利处于较高水平；2007年之后，与石墨相关的专利申请量持续增长；特别是在2010年之后，增长速度明显加快。通过分析专利数据可知，2003年之后，企业申请人及个人申请数量明显增加，并且少数主要申请人集中申请了大量专利，导致申请量增加迅速。

为进一步研究石墨提纯工艺各分支的变化趋势，笔者通过图3-9列出了各分支随申请时间的变化。

由图3-9可知，在中国天然石墨提纯领域，1995—2003年，石墨提纯工艺的专利申请量较少。通过分析申请人可发现，1995年以前的专利申请人以高校及研究院为主，2003年之后的专利申请人则以企业或个人申请人为主，说明专利申请人由科研单位向企业或个人转化的过程中，出现了一段时期的专利申请空白期。天然石墨提纯工艺各分支的专利申请量均在2007年之后进入了快速增长期。具体情况是，化学提纯在1992年之前申请量最大，2004年达到了小高峰，2007年进入快速增长期；物理提纯在1994年之前有一定的专利申请量，1995年至2007年均没有相关申请，2008年之后申请量进入增长期；火法提纯在2007年之前仅有几项专利申请，2007年之后申请量进入快速增长期。

图3-9　天然石墨提纯工艺各分支申请趋势

2.技术构成分析

本节通过对中国天然石墨提纯工艺相关的专利文献进行分析，深层次地分析天然石墨提纯领域的技术构成。

由图3-10可知，天然石墨的提纯工艺使用的方法比较单一，涉及提纯方法组合的专利文献仅8项。组合法相关专利虽申请量少，但组合的类别较多。其中，浮选法、碱酸法和氢氟酸法三者的组合使用，以及氢氟酸法和高温提纯法的组合使用申请量均有2项，其他组合相关的专利仅均有1项。

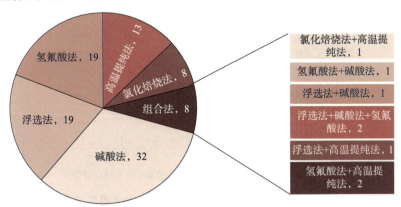

图 3-10　天然石墨提纯工艺技术构成（单位：项）

在各种提纯方法中，碱酸法申请量排名第一，浮选法及氢氟酸法并列第二，高温提纯法排名第三，氯化焙烧法申请量排名第四。该技术构成分布可在一定程度上反映我国石墨提纯工艺的现状，即化学提纯与物理提纯仍是应用相对广泛的两种方法。火法提纯中的氯化焙烧法、高温提纯法由于设备等因素导致其应用目前不如化学提纯法广泛。

3.申请人分析

本节以专利申请量及专利有效量为依据，选取申请量较大（当申请量一样时，再选取有效专利量较大）的申请人作为主要申请人。本节通过分析天然石墨提纯工艺及其3个分支的主要申请人，进一步了解该领域申请人分布情况。其中，颜色加深的部分表示已获得授权，且法律状态有效的专利数量。

天然石墨提纯工艺领域申请人较多，申请量为1项的申请人高达35个，故选取申请量为2项及以上的主要申请人为研究对象，其具体排名及专利申请、有效情况如图3-11所示。由图3-11可以看出，青岛广星电子材料有限公司、林前锋，以及青岛泰浩达碳材料有限公司申请量排名靠前。

洛阳市冠奇工贸有限责任公司专利申请量为3项，其中2项为液相提纯法（使用混酸、氧化剂及络合剂进行提纯），另1项为氢氟酸法—碱酸法—浮选法三者的反复提纯法。同样，所有专利均有效的还有湛江市聚鑫新能源有限公司，该申请人涉及提纯技术为浮选法及碱酸法。

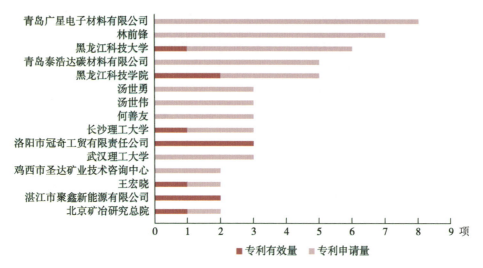

图 3-11　天然石墨提纯工艺主要申请人排名

化学提纯法同样选取申请量高于1项的申请人作为主要申请人，具体排名及专利申请、有效情况如图3-12所示。其中，除黑龙江科技大学之外，其他申请人是图3-11中所示的主要申请人，值得注意的是，申请量也均与图3-11保持一致，说明除黑龙江科技大学之外，青岛广星电子材料有限公司等主要申请人所有的专利申请均涉及化学提纯。

长沙理工大学、黑龙江科技大学和北京矿冶研究总院各有1项有效专利，其涉及技术分别为氢氟酸法、碱酸—络合法及碱酸法。

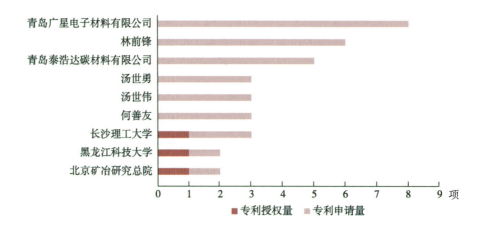

图 3-12　天然石墨化学提纯法主要申请人排名

物理提纯即浮选法申请人比较分散，其申请量均为2项或者1项。具体排名及专利申请、有效情况如图3-13所示。其中，武汉工业大学、武汉理工大学、鸡西市圣达矿业技术咨询中心，以及黑龙江科技大学均有2项专利申请涉及浮选法。通过分析具体数据可知，武汉工业大学2项专利分别于1987年及1988年申请，其他3个主要申请人专利申请时间为2013—2015年。

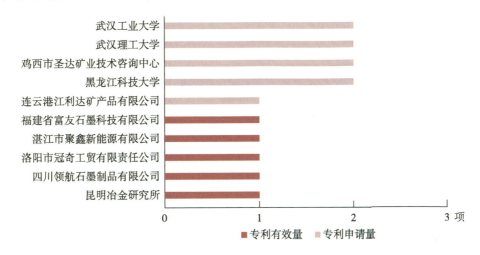

图 3-13　天然石墨物理提纯法主要申请人排名

在火法提纯领域，除黑龙江科技学院外，其他申请人均只有1项专利，具体排名及专利申请、有效情况如图3-14所示。火法提纯的主要申请人为黑龙江科技学院，有3项专利。其中，有2项专利涉及高温提纯法，1项涉及氯化焙烧法。

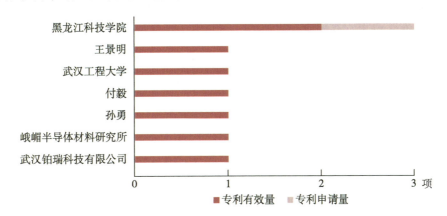

图 3-14　天然石墨火法提纯法主要申请人排名

在有效专利中，申请人付毅、王景明、孙勇作为共同申请人申请1项专利，该专利涉及隐晶质石墨的高温提纯技术。武汉工程大学及武汉铂瑞科技有限公司作为共同申请人申请1项专利，该专利涉及使用等离子体焰流的高温提纯法。峨嵋半导体材料研究所涉及的专利技术为氢氟酸法及高温提纯法组合的方法。

4.发明人分析

本部分以专利申请量为依据，选取申请量不低于3项的发明人作为主要发明人。主要发明人及其申请量及相关申请人的情况如图3–15所示。

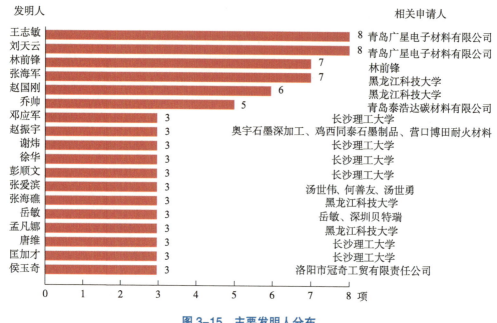

图3–15　主要发明人分布

从图3–15中可以看出，虽然黑龙江科技大学申请量最大，但其发明人相对分散。主要发明人有张海军、赵国刚、张海礁、孟凡娜，说明黑龙江科技大学从事石墨提纯工艺的研究人员较多，并未过多地集中为某个人。类似地，长沙理工大学涉及的发明人数量也较多，但所有相关的发明人均作为同一专利文献的共同发明人。

发明人赵振宇涉及的申请人数量较多，该发明人发明3项专利，分别涉及奥宇石墨深加工、鸡西同泰石墨制品及营口博田耐火材料3家公司。

发明人王志敏、刘天云的申请量最大，并且对应的申请人均为青岛广星电子材料有限公司。同时由前述分析可知，青岛广星电子材料有限公司的申请量也是位列第一。

3.1.2.3　浮选法专利技术分析

浮选法重点专利均涉及隐晶质石墨的提纯，隐晶质石墨中杂质包含在微小晶粒中，提纯难度较大。目前，隐晶质石墨的提纯研究相对晶质石墨较少，提纯方法很多仍借鉴晶质石墨；而浮选法在提纯隐晶质石墨方面相对成熟。

通过分析具体专利文献发现，隐晶质石墨的浮选提纯涉及单一的浮选提纯及浮选提纯结合化学提纯两个方面的内容。

1.单独使用浮选法进行提纯

单独使用浮选法进行提纯包括多次磨矿浮选作业。

单独使用浮选法主要涉及浮选药剂及添加剂选择、磨矿次数、浮选次数等内容。

例如，中南大学（申请号为CN201210581202.0）2012年申请的技术方案中添加了泥絮凝剂，经历多段再磨、再选，最终精矿经过磁选，以获得不同级别产品；湖南大学（申请号为CN201510338603.7）公开了一种通过添加氧化剂与有机插层剂同时获取石墨烯与高碳石墨的方法；辽宁工程技术大学（申请号为CN201510678581.9）通过少磨多浮的方式提高石墨固定碳含量；中国矿业大学（申请号为CN201510971039.2）在浮选的过程中结合了高紊流调浆，将矿浆进行分选且经过多段精选后得到精矿。

2.浮选法与化学法相结合

在隐晶质石墨提纯中浮选法与酸碱法相结合可提高碳含量。联合使用浮选法与酸碱法的方法主要涉及磨矿方式、磨矿尺寸及添加辅助活化剂等内容，在使用碱酸法处理之前，浮选后的石墨颗粒尺寸宜控制得较小。

例如，GRAFITBERGBAU KAISERSBERG（格拉费特伯格鲍·凯撒斯贝格）公司是奥地利首家无定型石墨的浮选厂，其对隐晶质石墨的提纯研究较早。该公司在1960年（申请号为AT316660）公开了浮选法与碱酸法的结合使用，其中添加了氟化物作为活化剂，最终提纯得到99%的高碳微晶石墨产品。日本KOKUEN KOGYO KK公司在1992年同样研究了浮选法与碱酸法结合提纯隐晶质石墨的方法（申请号为JP04189353）。该方法重点为湿磨石墨矿，控制平均粒径为0.5 μm，最大直径不超过1.0 μm。福建省富友石墨科技有限公司通过两次细磨精选后使用碱酸法提纯，得到石墨固定碳含量达到98.74%的高碳微晶石墨产品（申请号为CN200910112366.7）。

浮选法重点专利列表见表3-2。

表3-2　浮选法重点专利列表

申请号	申请年	名称	申请人
AT316660	1960	procedure for the processing micro-more crystalline, so-called more closely or erdigergraphites up to a carbon content of at least 99%	GRAFITBERGBAU KAISERSBERG

申请号	申请年	名称	申请人
CN2009l0112366.7	2009	微晶石墨产品的提纯与纯化制作新工艺	福建省富友石墨科技有限公司
CN201210581202.0	2012	一种低品位隐晶质石墨选矿提纯方法	中南大学
CN201510338603.7	2015	一种天然石墨矿剥离提纯方法	湖南大学
CN201510678581.9	2015	一种微晶石墨的选矿提纯方法	辽宁工程技术大学
CN201510971039.2	2015	一种隐晶质石墨的浮选方法	中国矿业大学

3.1.2.4　氢氟酸法专利技术分析

氢氟酸法属于化学提纯法，即使用氢氟酸溶解石墨中的硅酸盐杂质进而提纯石墨。其优点是除杂效率高，能耗较低；缺点是氢氟酸具有强毒性及腐蚀性，不仅在使用过程中需要有严格的防护措施，而且废水需严格处理。

氢氟酸法一直是石墨提纯工艺中的主要方法之一。其提纯体系由氢氟酸溶液扩展出气态氢氟酸体系、氟化氨盐与无机酸体系等多种体系。本小节通过对氢氟酸法相关专利文献的技术线路以及重点专利进行分析，深层次地分析氢氟酸法提纯领域的技术发展状况。

1.技术路线分析

本部分对氢氟酸法进行技术路线的研究，并绘制技术线路图。氢氟酸法的发展有两条主线，一是独立使用的氢氟酸法，二是氢氟酸法与其他方法相结合的组合法。根据具体的专利文献可知，组合法又涉及氢氟酸法与碱酸法组合、氢氟酸法与浮选法组合，以及氢氟酸法与高温提纯法的组合，具体情况如图3-16所示。

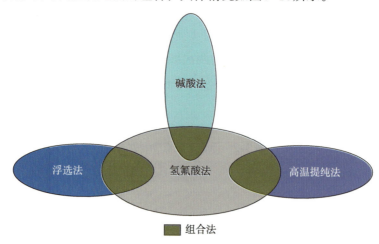

图3-16　氢氟酸法技术方案构成

氢氟酸法技术线路如图3-17所示，横轴为时间轴，划分为5个时间段。在1900年之前，就有关于氢氟酸提纯石墨的报道，所以将1900年之前设为一个时间段，此后间隔30年作为一个时间段。

氢氟酸法在1900年以前主要的申请人为个人申请人。在1899年个人申请人埃米尔·泰斯勒（Emil Teisler）就对氢氟酸、硫酸提纯石墨的方法进行了专利申请。硫酸的加入很好地解决了氢氟酸与金属氧化物形成沉淀的问题。氢氟酸体系得到了持续发展。1918年个人申请人埃尔科尔·里多尼（Ercole Ridoni）仍使用液态氢氟酸，同时结合使用硫酸、盐酸、硝酸等各种无机酸进行石墨提纯。

1930—1959年，氢氟酸体系开发出气态氢氟酸体系及氟盐与无机酸体系。1951年，德国高而富石墨股份有限公司提供了一种干法提纯思路（申请号为DEU0001413A）。该方法是在加热的炉中通入氟化氢气体，将硅酸盐杂质转变为氟化物，挥发除杂，并在该体系中，加入1%的氯化钠作为催化剂，以加速杂质的去除挥发。1953年，美国西南石墨公司使用硫酸、氟盐及弱碱（弱的苛性钠或者胺类物质）对石墨进行提纯（申请号为US38/110，653）。首先，将不纯石墨和浓度为75%的硫酸进行预处理得到石墨浆液；其次，加热浆液将杂质转化为水溶性盐和不溶性的硅酸，并且在该酸的预处理步骤中加入氟盐；再次，从处理后的浆液中分离石墨并洗涤石墨；最后，使用弱的苛性碱溶液处理预先酸处理的石墨浆液，并将其加热至沸腾，进行分离并洗涤石墨。

1960年之后，德国高而富石墨股份有限公司提供了一种多阶段重复使用氢氟酸进行提纯的方法（申请号为申请号DE3314018A），并且每个阶段需要使用氢氟酸和水持续搅拌24～48小时。该方法不仅可反复利用氢氟酸，而且能有效提高提纯效率。关西煤焦化工厂公开的技术方案（申请号为JP18822389A）中指出，使用氢氟酸溶液之前需对石墨进行充分的磨矿，其颗粒的直径不超过30 μm，再使用氢氟酸浸泡除杂。1990年之后，中国的专利申请最多，且氢氟酸法逐渐应用于隐晶质石墨的提纯。个人申请人汤世伟、何善友及汤世勇对使用氢氟酸溶液体系提纯微晶石墨（申请号为CN200410087882.6）进行了研究，将含碳量不小于80%的微晶石墨与氢氟酸和硫酸溶液一起加入反应釜中，加温到70～90℃搅拌浸渍7～9小时，最终洗涤干燥制得含碳量为99%的微晶石墨。

为得到更好的提纯效果，氢氟酸法常与其他提纯方法组合使用，如图3-16所示。较为常见的是氢氟酸法与碱酸法的组合、氢氟酸法与浮选法的组合以及氢氟酸法与高温提纯法的组合，其中氢氟酸与碱酸组合法相关的专利申请量最多。下面对上述组合

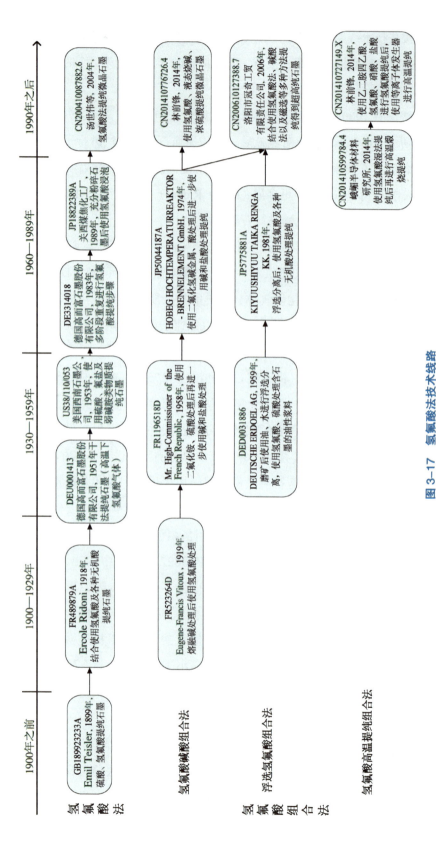

图 3-17　氢氟酸法技术线路

法进行分析。

　　氢氟酸法与碱酸法同属化学提纯法，都是通过化学试剂与石墨杂质反应到达提纯的目的，且多种化学试剂容易结合使用，故申请量较大。1919年，个人申请人尤金·弗朗西斯·维托（Eugene-Francis Vitoux）对关于氢氟酸法与碱酸法的组合进行了专利申请（申请号为FR523264DA）。该方法先使用碳酸钠、氯化钠和石灰的混合物与石墨混合加热至800℃，随后使用氢氟酸或氟化物加甲酸，并加入适量的硫酸对其进行进一步提纯，不仅可中和熔融步骤中的碱，还可进一步提纯石墨，提高石墨纯度。1958年，法兰西个人申请人则先使用二氟化铵、硫酸溶液处理石墨，即先进行氢氟酸提纯，溶解除去大部分硅酸盐杂质后，再使用碱和盐酸进一步处理，提纯石墨（申请号为FR1196518DA）。与该方法类似的还有在1974年进行申请的，申请号为JP50044187A的专利文献，同样以二氟化氢碱金属和酸作为氢氟酸来源，在较高温度下进行反应，最后以碱和盐酸进一步提纯。氢氟酸法、碱酸法的组合也被研究用于隐晶质石墨的提纯。2014年，个人申请人林前锋使用氢氟酸、液态烧碱及浓硫酸提纯微晶石墨（申请号为CN201410776726.4）。具体工艺流程如图3-18所示。首先在石墨原矿中加入生石灰和水并搅拌，再加入氢氟酸搅拌反应；然后经高温熔融并与烧碱反应，得到颗粒粉状物；再将颗粒粉状物冷却、洗涤，脱碱后，加入浓硫酸中发生反应，并脱酸使得pH值呈中性；最后过滤除杂后，将石墨加入NaOH溶液中进行混料，熔融焙烧后使用盐酸洗涤。该方法多次结合氢氟酸法与碱酸法，最终制得纯度为99.99%的石墨产品。

　　浮选法与氢氟酸法组合使用也相对常见，一般的组合方式为先进行浮选法提纯，将石墨提高至一定纯度后进行氢氟酸法处理。1959年，DEUTSCHE ERDOEL AG（德国石油股份公司）对该技术进行了专利申请（公开号DE1159404B）。该方法是将石墨磨矿后使用油、水进行浮选分离，再使用氢氟酸、硫酸处理含石墨的油性浆料。该方法使用氢氟酸直接处理油性浆料进而提纯石墨。1981年，日本企业KIYUUSHIYUU TAIKA RENGA KK也有相关专利申请（公开号JP57170812A）。在该专利文献公开的技术方案中，先将石墨磨至颗粒尺寸不超过6目，进行浮选法分离，再将石墨精矿使用氢氟酸及无机酸处理提纯。2006年，洛阳市冠奇工贸有限责任公司就浮选法、氢氟酸法以及碱酸法三者组合进行了专利申请，最终提纯得到超高纯石墨（公开号为CN1919729A）。

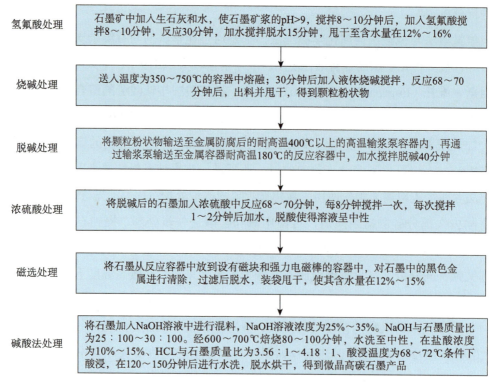

氢氟酸处理	石墨矿中加入生石灰和水，使石墨矿浆的pH>9，搅拌8～10分钟后，加入氢氟酸搅拌8～10分钟，反应30分钟，加水搅拌脱水15分钟，甩干至含水量在12%～16%
烧碱处理	送入温度为350～750℃的容器中熔融；30分钟后加入液体烧碱搅拌，反应68～70分钟后，出料并甩干，得到颗粒粉状物
脱碱处理	将颗粒粉状物输送至金属防腐后的耐高温400℃以上的高温输浆泵容器内，再通过输浆泵输送至金属容器耐高温180℃的反应容器中，加水搅拌脱碱40分钟
浓硫酸处理	将脱碱后的石墨加入浓硫酸中反应68～70分钟，每8分钟搅拌一次，每次搅拌1～2分钟后加水，脱酸使得溶液呈中性
磁选处理	将石墨从反应容器中放到设有磁块和强力电磁棒的容器中，对石墨中的黑色金属进行清除，过滤后脱水，装袋甩干，使其含水量在12%～15%
碱酸法处理	将石墨加入NaOH溶液中进行混料，NaOH溶液浓度为25%～35%。NaOH与石墨质量比为25：100～30：100。经600～700℃焙烧80～100分钟，水洗至中性，在盐酸浓度为10%～15%、HCL与石墨质量比为3.56：1～4.18：1，酸浸温度为68～72℃条件下酸浸，在120～150分钟后进行水洗，脱水烘干，得到微晶高碳石墨产品

图 3-18　专利 CN104495819A 的微晶石墨提纯工艺流程

氢氟酸高温提纯法组合法相关的专利文献较少，且以中国专利居多。具有代表性的是峨嵋半导体材料研究所和林前锋在2014年分别申请的专利。公开号为CN104355304A的专利公开的技术方案为以纯度为3N的工业碳粉为原料，然后依次经过湿法提纯碳粉、低温挥发和超高温煅烧步骤，制备出5N高纯碳粉。其中，湿法提纯碳粉是指采用一定浓度的盐酸、硝酸和氢氟酸混合提纯。公开号为CN104477888A的专利首先使用乙二胺四乙酸、氢氟酸、硝酸、盐酸等化学试剂处理石墨，然后使用等离子发生器产生4 500～5 000℃的高温区，进一步去除石墨杂质，最后冷却洗涤，脱水后得到高纯石墨。

2.重点专利分析

本部分主要对氢氟酸法的重点专利进行分析。

氢氟酸法的重点专利均涉及隐晶质石墨的提纯。目前，浮选法提纯隐晶质石墨相对成熟，氢氟酸法提纯隐晶质石墨仍在研究完善中。上文中详细地介绍了氢氟酸法的技术发展过程，可知氢氟酸法存在液态氢氟酸、气态氢氟酸，以及氟盐及酸3种反应提纯体系。下面对隐晶质石墨提纯领域氢氟酸法相关的重点专利进行分析。

由表3-3可知，氢氟酸法重点专利的申请人为汤世伟、何善友、汤世勇，长沙理工大学，夏华松，青岛泰浩达碳材料有限公司，林前锋。其中，申请人主要为个人申请人，并且个人申请人汤世伟、何善友、汤世勇申请了3项专利；林前锋有3项专利申请；高校申请人仅有长沙理工大学；企业申请人仅有青岛泰浩达碳材料有限公司。

申请人为汤世伟、何善友、汤世勇的专利文献。该申请人的专利文献于2004年同日申请，技术方案类似，均是采用氢氟酸与硫酸溶液进行石墨的提纯。具体是将石墨、氢氟酸与硫酸溶液一起加入反应釜中，加温到70～90℃，反应7～9小时，并控制石墨、氢氟酸与硫酸的比例关系，最后洗涤烘干得到提纯微晶石墨。

申请人夏华松的专利文献。该申请人所公开的技术方案与汤世伟等的类似，在处理石墨的混合酸中加入了硝酸。将石墨与氢氟酸、硝酸和硫酸一起加入反应釜中，加温到80～90℃之后搅拌浸渍反应2～3小时，洗涤沉淀提纯得到微晶石墨。

申请人为林前锋的专利文献。该申请人3项专利文献涉及不同的技术方案。申请号为CN201410727571.5的专利申请使用氢氟酸溶液及其他无机酸对石墨进行处理，随后再加入氧化剂和络合剂进一步处理，最后烘干得到石墨产品；申请号为CN201410775660.7的专利申请使用酸及氟化铵的氢氟酸体系进行石墨提纯；申请号为CN201410776726.4的专利申请则是结合了氢氟酸法与碱酸法，先使用碱处理石墨后加入氢氟酸，接着再加入烧碱反应，脱碱洗涤后加入浓硫酸反应，最后再使用碱溶液与酸溶液处理石墨，得到高纯度微晶石墨。

申请人为长沙理工大学的专利文献。长沙理工大学为高校申请人，含2项专利。申请号为CN201110355138.X的专利涉及可溶性氟盐、盐酸或硫酸的氢氟酸体系，将各物质与隐晶质石墨混合后放入反应容器中，加热搅拌浸渍，最后分离洗涤得到提纯微晶石墨。申请号为CN201210222958.6的专利主要涉及隐晶质石墨与聚合物复合吸波材料的内容，是使用氢氟酸及盐酸对隐晶质石墨进行反应提纯。

申请人为青岛泰浩达碳材料有限公司的专利文献。该申请人为企业申请人，且氢氟酸相关的重点专利仅有1项。提纯方法为使用氢氟酸与盐酸溶液对石墨进行提纯，并针对反应条件，对氢氟酸与盐酸的比例关系进行限定。

综合分析可知，隐晶质石墨领域氢氟酸法较多的是使用传统的氢氟酸及其他酸组成的混合酸溶液体系，氟盐与酸体系及气态氢氟酸体系相关的专利文献相对较少，并且氢氟酸与其他提纯方法的组合使用也相对较少。

表3-3　氢氟酸法重点专利列表

申请号	申请年	名称	申请人
CN200410087882.6	2004	高纯度石墨提纯工艺	汤世伟、何善友、汤世勇
CN200410087883.0	2004	微晶石墨提纯方法	汤世伟、何善友、汤世勇
CN200410087885.X	2004	微晶石墨提纯辅料的配方	汤世伟、何善友、汤世勇
CN201110355138.X	2011	一种天然隐晶质石墨的提纯方法	长沙理工大学
CN201210110737.X	2012	高纯度晶质石墨提纯工艺	夏华松
CN201210222958.6	2012	一种提高隐晶质石墨/聚合物复合吸波材料性能的方法	长沙理工大学
CN201310522387.2	2013	微晶石墨的纯化处理方法	青岛泰浩达碳材料有限公司
CN201410727571.5	2014	一种微晶石墨提纯方法	林前锋
CN201410775660.7	2014	一种微晶石墨提纯辅料及其制作方法	林前锋
CN201410776726.4	2014	一种微晶石墨产品的提纯与纯化制作方法	林前锋

3.1.2.5　高温提纯法专利技术分析

高温提纯石墨是将石墨置于惰性气体和保护气体中进行高温加热，使杂质溢出挥发，以达到提纯的目的。该方法对提纯设备要求较高，且使用的电加热技术要求严格，需隔绝空气避免石墨氧化。

下面对表3-4中的重点专利的技术方案进行具体分析。

（1）申请号为CN02139734.1的专利申请的技术方案主要为提纯隐晶质石墨。该提纯方法是将土状石墨经过预处理制作为炉芯，并在土状石墨外包裹保温材料，隔绝与空气接触。土状石墨与保温材料之间用遇高温后板结的碳素材料或遇高温后碳化的木质、竹质板材分开。目的是防止出炉时土状石墨与保温材料混料，降低产品的纯度。根据产品不同纯度要求将炉内温度提高到1 600～3 000℃，并保温0.5～12小时，杂质高温挥发之后进行冷却出炉。该方法通过保温材料，遇高温后碳化的碳素材料对隐晶质石墨形成包裹，有效地隔绝了空气，保证了石墨的纯度。

（2）申请号为CN200810031192.7的专利申请的技术方案主要涉及制备含碳量为99.99%～99.999%的高纯度石墨。该提纯方法采用分段气化杂质的方式进行提纯，将高温提纯过程分为低温、中温及高温3个阶段，并且在高温段中通入适量的HF和HCl气体，使难挥发杂质转变为低沸点的氟化物和氯化物，更易被气化排出。与其他高温提纯方法相比，该方法不仅可以排出不同沸点的杂质，还通过HF和HCl将高沸点的金属杂质转变为低沸点的卤化物，得到高纯石墨。

（3）申请号为CN201410231292.X的专利申请的技术方案主要涉及制备含碳量达99.99%的微晶石墨。该提纯方法采用电子束加热的方式进行高温提纯，电子束炉抽真空，真空度至少为10^{-4} mm Hg。与其他专利文献使用的电炉不同，该方法使用的是电子束炉。该装置是将高速电子动能转换为热能，对被加热物进行高温加热（加热温度至少为3 500℃）的真空熔炼设备，并采用逐级加热的方式，逐级除去石墨杂质。

（4）申请号为CN201410727149.X的专利申请的技术方案主要涉及制备含碳量为99.9992%～ 99.9996%的石墨。该提纯方法结合了化学法与高温提纯法，首先使用乙二胺四乙酸、氢氟酸、硝酸、盐酸等化学试剂处理石墨，然后使用等离子发生器产生4 500～5 000℃的高温区，进一步除去石墨杂质，最后冷却洗涤，脱水后得到高纯石墨。传统的高温提纯法需要建设大型电炉，电力资源浪费严重，同时需要不断通入惰性气体，成本高昂；本专利申请提供的技术方案结合化学法与火法，提纯纯度高，能耗较低。

表3-4　高温提纯法重点专利列表

申请号	申请年	名称	申请人
CN02139734.1	2002	一种提纯土状石墨的方法	李长鞍
CN200810031192.7	2008	高温法提纯天然石墨的制备工艺	陈怀军
CN201410231292.X	2014	石墨提纯方法	付毅、王景明、孙勇
CN201410727149.X	2014	一种天然石墨提纯方法	林前锋

3.1.3　石墨深加工工艺专利分析

本节主要分析石墨深加工方向全球及中国的专利申请态势，主要涉及石墨深加工全球及中国的专利申请趋势分析、技术构成分析、申请人分析、全球专利申请的区域布局分析，以及中国专利的发明人分析。

3.1.3.1　全球专利申请态势分析

本小节主要对石墨深加工全球专利的申请态势进行分析，包括专利申请趋势分析、专利申请区域布局分析、技术构成分析及申请人分析。

1.专利申请趋势分析

本部分主要分析石墨深加工全球专利的申请趋势，图3-19至图3-23分别列出了石墨深加工及其下级分支膨胀石墨、柔性石墨、等静压石墨、石墨烯的全球专利申请趋势。

膨胀石墨是采用化学或物理方法使天然鳞片石墨的片层间距显著扩张，不仅可以保持石墨自身的耐高温、耐腐蚀等性能，还具备更好的吸附性、催化性能、良好的回弹性及高导电性。全球有关膨胀石墨制备工艺的相关专利最早出现在1976年，由日立化成株式会社申请。1990年之前膨胀石墨制备工艺相关专利申请数量发展比较缓慢，专利年申请量最多不超过4项，且主要为日本申请人。由此可以看出，日本对于膨胀石墨的制备技术研究较早。1992年出现一个申请量小高峰，年申请量达到8项。并且分析数据发现，中国申请人在1992—1996年占据了专利申请的大部分。随后，虽申请量发展趋势仍比较缓慢，但是年申请量呈倍数增长，2006—2010年申请量有所回落，自2011年至今申请量呈快速增长，并于2013年达到最高24项。

柔性石墨是将膨胀石墨进一步轧制而得到的石墨材料。相关专利最早出现在1975年，在随后的35年间，相关专利申请量并不多，仅在1977年、1978年、1987年、1998年、2000年为两三项，其他年份只有1项专利申请或没有专利申请。由此可见，柔性石墨方向专利技术虽然开始较早，但一直处于一个缓慢发展阶段。直到2011年，有关柔性石墨的专利申请开始出现逐年上涨的趋势，但是申请量仍处于较低水平。

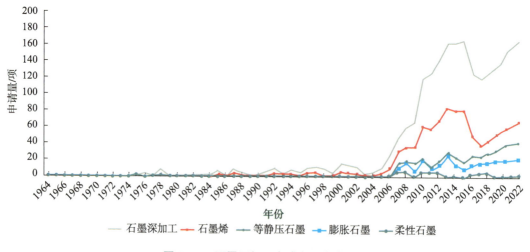

图 3-19　石墨深加工全球专利申请趋势

等静压石墨作为新型石墨材料，具有耐热性好、结构精密细致、均匀性好、热膨胀系数低等优异性能。1964年出现了关于等静压石墨的相关专利申请。该申请来自美国的大湖炭素公司。由此可见，美国是世界上最早研制和生产等静压石墨的国家。但在随后40年间，相关专利申请量并不多，主要以日本专利为主，且申请人基本为日本本土申请人，表明日本企业在等静压石墨方向的技术研发持续性比较强，技术水平世界领先。自2007年开始，等静压石墨的年申请量除在2011年出现明显下降外，均呈增长趋势，并且通过分析具体数据发现主要为中国专利。随着等静压石墨的应用领域越来越广泛，中国加大了对等静压石墨的研发力度，并取得了一定的进展。

2004年，石墨烯首次在实验室被制备出来。作为目前世界上已知的最薄也是最坚硬的纳米材料，具备优异的导电、导热，以及力学等诸多性能，石墨烯成为近10年的热门研究方向。其中，有关石墨深加工制备石墨烯的方法主要涉及氧化还原法、液相剥离法、石墨插层法等。从图3-19中可以看出，石墨烯分支的申请量远远高于其他技术分支。自2007年有关石墨烯制备的专利申请萌芽后，便迅速进入了爆发式增长，并保持快速增长的趋势。

2.专利申请区域布局分析

通过前面关于石墨深加工全球专利申请趋势的分析，可以了解石墨深加工相关技术专利申请量随时间的变化情况。在本节中，通过对石墨深加工各分支相关专利的优先权地域及公开地域的分析，可直观地看到各个国家相关专利输入及输出情况，以及各国家的技术实力对比情况。通过专利优先权地域可以分析专利技术来源国家，研究专利技术输出情况；通过专利公开地域可以分析专利技术分布国家/组织，研究专利技术输入情况。其中，WIPO的专利文献是指通过专利合作条约组织（大约有140个成员国）提出的国际专利申请；欧洲专利局的专利文献是指根据欧洲专利公约向欧洲专利局提出的欧洲专利申请。

图3-20列出了膨胀石墨全球专利申请的来源国申请量及分布国申请量情况。从图3-20中可以看出，膨胀石墨相关技术的专利来源国及专利分布国主要为中国、日本、韩国、美国。由此可见，这4个国家在膨胀石墨分支上具备较强实力，尤其是中国和日本在申请量上明显高于韩国、美国。此外，除欧洲专利局、WIPO的专利技术输入外，在欧洲的德国、奥地利，美洲的加拿大，以及大洋洲的澳大利亚均有所分布，表明膨胀石墨在全球较多国家和地区受到不同程度的重视。

如图3-21所示，柔性石墨的全球专利申请来源国主要为中国、日本、美国，柔性石墨相关技术基本掌握在这3个国家手里。通过专利分布国可以分析相关专利的技术流向，中国、日本、美国输入量最多，其中，日本的专利输入量和专利输出量相差较多，表明专利来源国比较注重柔性石墨专利技术在日本的保护。

先进无机非金属材料技术发展路径

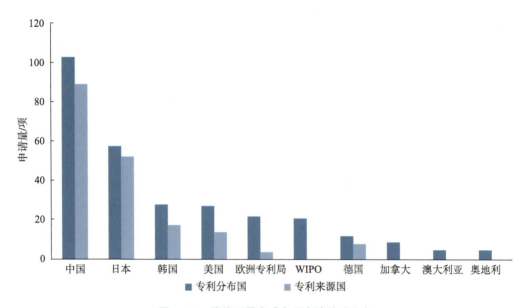

图 3-20　膨胀石墨全球专利申请地域分布

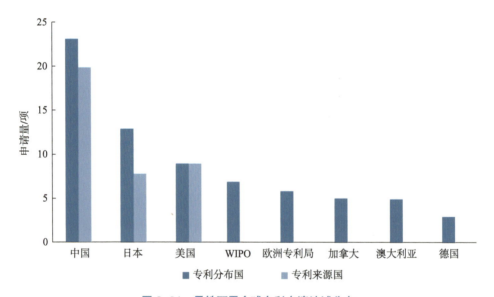

图 3-21　柔性石墨全球专利申请地域分布

如图3-22所示，在等静压石墨方向的全球专利来源国与专利分布国中，中国的专利申请量远远领先于排名第二、第三的日本和美国。虽然中国在等静压石墨方向的专利申请开始相对较晚，但是专利输出量与专利输入量均领先于其他国家。随着等静压石墨在化工、半导体、冶金等方向的应用日益广泛，中国在等静压石墨方向的研究上投入了相当大的精力，并取得了一定的发展。

在石墨烯方向的全球专利申请中，中国"一枝独秀"，专利输出量与专利输入量均

90

远远高于美国、韩国，由此可见，作为新材料板块在"十二五"规划中重要的战略性新兴产业，中国关于石墨烯的研发取得了巨大的发展，已成为石墨烯方向的专利申请大国。

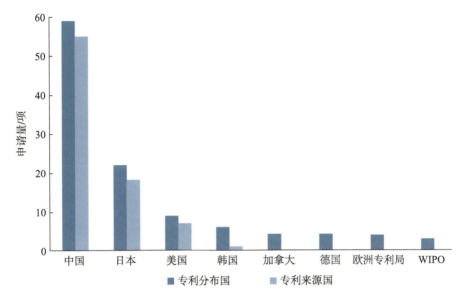

图 3-22　等静压石墨全球专利申请地域分布

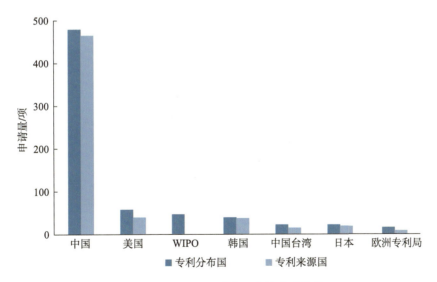

图 3-23　石墨烯全球专利申请地域分布

综合来看，在本节研究的石墨深加工领域——膨胀石墨、柔性石墨、等静压石墨，以及石墨烯方向上，中国均是最主要的专利来源国以及专利分布国，虽然中国的相关专利申请在20世纪90年代才开始出现，但是这仍然不能阻挡中国专利申请快速增长的势头。

3.技术构成分析

本部分主要针对石墨深加工领域全球专利的技术构成进行分析。由图3-24可以看到，石墨深加工下属分支中，石墨烯的专利申请量所占比重最大，达到66.70%。石墨烯虽然发展时间较短，但由于石墨烯优异的性能及应用领域的广泛性，使其成为近几年的技术研发热点。分析检索得到的数据发现，由石墨制备石墨烯的制备方法非常多样化，既可以通过氧化天然鳞片石墨得到体积膨胀的氧化石墨，剥离、还原制得石墨烯，也可直接将石墨进行插层处理、剥离，抑或制备石墨分散液超声剥离等。因为石墨烯的制备方法多种多样，使石墨烯在石墨深加工领域的专利申请量占据相当大的比重。

膨胀石墨应用广泛，可作为吸附材料、电极材料、阻燃材料等，在石墨深加工的专利申请中所占比例为20.22%。其一般采用化学氧化法制备，经浓酸或强氧化剂氧化、水洗后，高温制得膨胀石墨，也可以采用电化学方法进行氧化。专利申请的技术点多为低（无）硫、低温等。

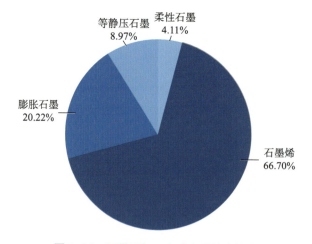

图3-24 石墨深加工全球专利技术构成

等静压石墨相关专利的申请量占比为8.97%。关于等静压石墨的专利绝大部分是将骨料粉磨与黏合剂、少量添加剂混捏，经等静压成型后，焙烧、浸渍、石墨化后，制得等静压石墨。其中，依据骨料的不同，相关专利申请主要分为以下3类：①以石油焦、沥青焦为主，不含有石墨组分；②骨料中包含天然石墨粉组分；③骨料中包含天然微晶石墨组分。

柔性石墨是膨胀石墨经进一步辊压所制得的新型碳材料，多用于密封材料、散热片等。与其他集中石墨深加工制品相比，柔性石墨的专利申请量最少，所占比例最小，为4.11%。

4.申请人分析

本部分主要针对膨胀石墨、柔性石墨、等静压石墨，以及石墨烯4个技术分支的全球专利申请的申请人进行分析。有些技术分支的专利申请人分布较为分散，并列排名的情况较多，因此，下面根据不同技术分支申请人的特点，选取不同个数的申请人数量进行分析。

图3-25列出了膨胀石墨方向全球专利申请人的排名情况。膨胀石墨选取申请量不低于3项的申请人进行分析。从图3-25中可以看出，申请量排名第一的申请人为日本的东洋炭素公司。其在1981—2011年均有相关专利申请，可以看出东洋炭素公司在膨胀石墨的制备领域具备较强的研发实力。排名第二的申请人为中国的青岛泰浩达碳材料有限公司，申请量为10项。分析数据发现，青岛泰浩达碳材料有限公司的专利申请时间集中在2013年，表明其成为该领域发展较快的企业。清华大学的专利申请主要集中在20世纪90年代，是中国较早开展膨胀石墨制备技术研发的申请人。SGL公司是全球领先的碳素石墨材料及相关产品的制造商，其关于膨胀石墨的专利申请量为6项。

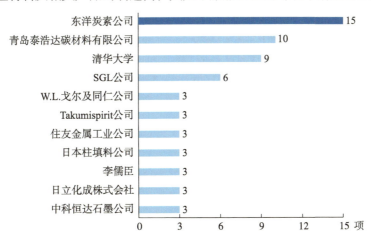

图 3-25　膨胀石墨全球专利申请人排名

图3-26列出了柔性石墨方向全球专利申请人的排名情况。在柔性石墨方面，由于申请量为1项的申请人较多，我们选取了申请量不低于2项的申请人进行排名分析。其中，日本碳素公司申请量排名第一，申请时间集中在1976—1978年，是较早对柔性石墨进行技术研发的申请人之一；在排名前五的申请人中，中国申请人占据三位，由此可见，中国对柔性石墨制备技术的研究相对较多。

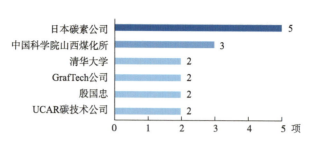

图 3-26　柔性石墨全球专利申请人排名

图3-27和图3-28分别列出了等静压石墨与石墨烯方向上的全球专利申请人排名情况。等静压石墨方向选取申请量不低于3项的申请人进行排名分析。申请量排名第一的申请人是日本的东海炭素公司。日本作为石墨深加工技术研发的强国，在等静压石墨发展的早期占据着主要申请人的地位。中国申请人的成长迅速，申请量排名第二到第五的申请人均来自中国，申请时间在2007年以后，说明中国在最近几年非常重视对等静压石墨技术的研究，并且取得一定进展。

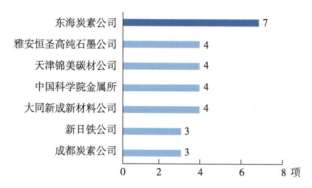

图 3-27　等静压石墨全球专利申请人排名

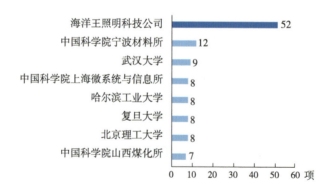

图 3-28　石墨烯全球专利申请人排名

石墨烯方向选取申请量不低于7项申请人进行排名分析。全球专利申请人均为中国本土申请人，说明中国在石墨烯的制备方面进行了巨大的投入。其中，海洋王照明科技公司的申请量远远领先于其他申请人。海洋王照明科技公司是近5年发展势头很强劲的专利申请企业。这表明其在石墨烯的研发上已经取得了一定的进展。其余申请人全部为高校或研究所，由此推测，目前有关石墨烯的研究依然主要集中在实验室阶段，并没有实现大规模量产。

由以上分析可知，日本在膨胀石墨、柔性石墨以及等静压石墨方向的技术研发开始较早，实力较强，而中国则后来居上，近些年的专利申请量持续增长。尤其是在石墨烯方向上，中国申请人的专利申请量在全球专利申请中排名靠前。

3.1.3.2　中国专利申请态势分析

1.专利申请趋势分析

中国有关石墨深加工领域的研究开始于20世纪80年代，对膨胀石墨与柔性石墨制备工艺的研究开展较早，而等静压石墨与石墨烯方向的研究均是2007年以后才开始有相关专利申请。

第一项有关膨胀石墨制备的专利申请出现在1985年。申请人为山东省北墅生建石墨矿。20世纪90年代，清华大学、李儒臣、石家庄长城新技术公司的相关申请比较活跃。其中，清华大学申请量最多，为7项。从图3-29中也可以看出，1991—1998年，有一定量的专利申请出现。这一期间的专利申请多为以电化学氧化方法制备膨胀石墨，且集中在1991—1995年。2003年之后，相关专利的申请量进入了相对稳定的增长期。近5年申请量出现了明显的增长，在此期间的专利申请多为以化学氧化法制备膨胀石墨。有关膨胀石墨的制备工艺技术经历了从电化学氧化法到化学氧化法的变迁。

中国有关柔性石墨的申请最早出现在1987年。在随后的20年间，申请量寥寥无几。2008年以后，申请量有了缓慢的增长，但总体申请量依然不高，即使在申请量最高的2013年，申请量也仅有3项。

中国关于等静压石墨的申请开始较晚，2007年才有了相关专利的申请。申请人分别为格拉弗技术国际控股公司和中国科学院金属研究所，各有两项专利申请。经历了短暂的萌芽期后，我国关于等静压石墨的申请就进入了一个比较快速的发展阶段，并且一直保持增长势头，到2014年，申请量达到12项。

石墨烯作为近10年研究的热点，自2008年开始，中国有关石墨烯的专利申请迅速进入爆发式增长阶段，每年的专利申请量均以几何倍数的速度增长，并且持续快速增长的势头。分析数据发现，2012年申请量达到顶峰。在2012年一年中，海洋王照明科技公司的申请量就达到36项。

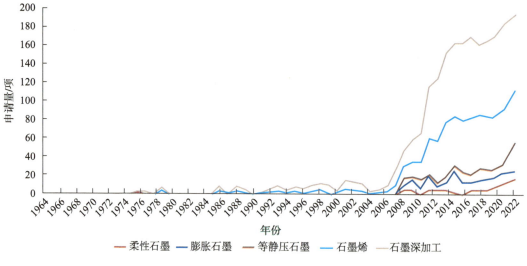

图 3-29 石墨深加工中国专利申请趋势

2.技术构成分析

本部分主要针对石墨深加工领域中国专利的技术构成进行分析。由图 3-30 可以看出，在石墨深加工中国专利申请的技术构成中，同样是石墨烯分支占据较大比重，达到72.15%。石墨烯的制备方法多样化，有石墨插层、化学剥离等，并且石墨烯性能优异，在光电、储能、环保、生物医药等多个领域广泛应用，使石墨烯分支的专利申请量远远多于其他几个分支。另外，中国专利技术构成中石墨烯分支的占比超过全球专利技术构成中石墨烯分支的占比，一方面，是由于在石墨烯方向上中国的专利申请量较多；另一方面，也表明申请人尤其重视在中国的石墨烯技术的专利保护。

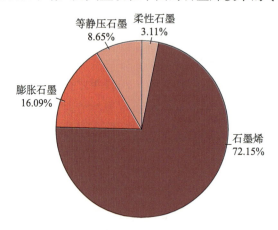

图 3-30 石墨深加工中国专利技术构成

膨胀石墨分支的占比为16.09%，主要制备方法为电化学氧化法和化学氧化法。在近些年的专利申请中，基本以化学氧化法制备膨胀石墨为主，等静压石墨、柔性石墨专利申请量占比较小。

3. 申请人分析

本部分主要针对膨胀石墨、柔性石墨、等静压石墨以及石墨烯4个技术分支的中国专利申请的申请人进行分析。

图3-31列出了膨胀石墨中国专利申请量在2项以上（含2项）的申请人排名情况，同时列出了专利申请的法律状态。排名第一的是青岛泰浩达碳材料有限公司，研究技术点主要为采用化学氧化法制备无（低）硫、低温可膨胀的膨胀石墨。由于其专利申请均在2013年，专利均在审查中，所以没有有效状态的专利。清华大学主要是以电化学氧化法制备膨胀石墨。排名第三到第十的申请人，申请量相差不多，基本采用化学氧化法，利用不同的氧化剂、插层剂制备膨胀石墨。其中，在早期的专利申请中，基本采用电化学氧化法制备，现在主要采用化学氧化法。

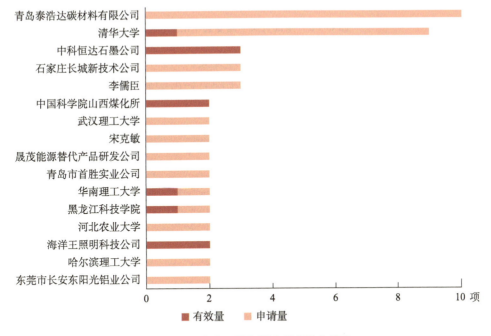

图 3-31 膨胀石墨中国专利申请人排名

柔性石墨专利申请的申请人分布比较分散，图3-32列出了柔性石墨方向中国专利的所有申请人。从图3-32中可以看出，中国科学院山西煤化所在柔性石墨方向的专利申请最多。但总的来说，中国柔性石墨专利申请并没有申请量比较突出的申请人；由专利数据可知,专利申请点也较为分散。

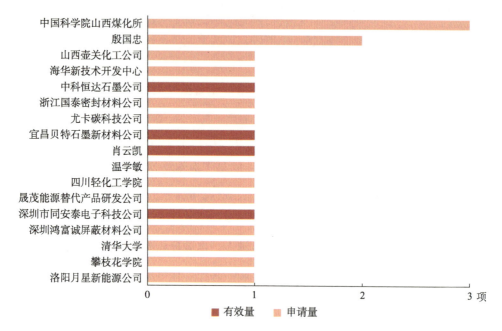

图 3-32 柔性石墨中国专利申请人排名

等静压石墨排名靠前的申请人主要是天津锦美碳材公司、大同新成新材料公司及上海杉杉科技公司。在等静压石墨方向上,中国专利申请的授权比例较高,可以看出中国对等静压石墨技术的保护比较重视。

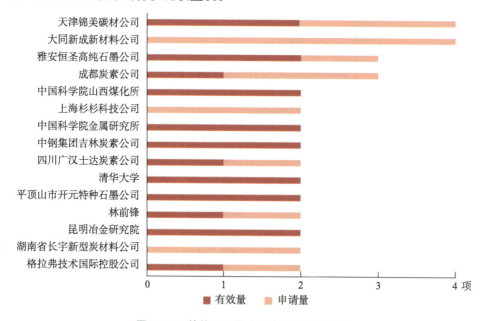

图 3-33 等静压石墨中国专利申请人排名

　　图3-34列出了石墨烯方向中国专利的申请人排名情况。海洋王照明科技公司的专利申请量遥遥领先，达51项，但是授权量比例较低。分析数据发现，海洋王照明科技公司的绝大部分专利申请时间均为2012年以后（含2012年），大部分专利在审查中。从专利申请量可以看出其对石墨烯领域的技术研发非常重视，发展较快，具备很强的实力。排名前十的申请人中，仅有海洋王照明科技公司及苏州斯迪克新材料公司为企业申请人，其余均为高校和研究所。这说明虽然石墨烯为近年来的研究热点，但是其技术研发主要处于实验室研发阶段，并未实现大规模生产。

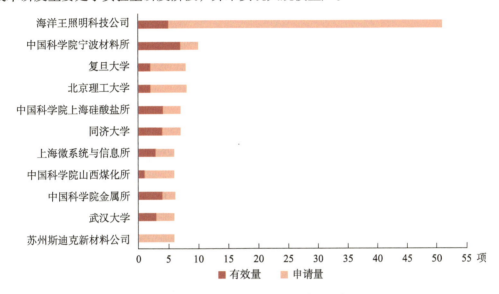

图 3-34　石墨烯中国专利申请人排名

4.发明人分析

　　本部分主要对等静压石墨以及石墨烯方向的专利发明人排名情况进行列表分析（见表3-5）。在等静压石墨方向上，选取申请量3项以上（含3项）的发明人进行分析，排名靠前的发明人基本分布在等静压石墨申请量居多的申请人企业中，如大同新成新材料公司、天津锦美碳材公司。这表明这两家企业在等静压石墨方向的研发实力较强。

表3-5　等静压石墨中国发明人排名

发明人	申请量/项	所属申请人
赤九林	4	大同新成新材料公司
臧文平	4	天津锦美碳材公司
张培林	4	大同新成新材料公司
张培模	4	大同新成新材料公司

发明人	申请量/项	所属申请人
祁进君	3	大同新成新材料公司
赵　旭	3	天津锦美碳材公司

在石墨烯方向上，选取申请量6项以上（含6项）的发明人进行分析。由表3-6可以看出，排名前五的发明人均来自海洋王照明科技公司，可见海洋王照明科技公司在石墨烯方向的研发实力处于绝对优势。其中，王要兵、周明杰的申请量明显多出其他发明人，表明这两人是海洋王照明科技公司的核心发明人。排名居后的发明人的申请量未超过10项，主要来自中国科学院各研究所，可见在院校类申请人中，中国科学院各研究所在石墨烯方向的研究实力相对较强。

表3-6　石墨烯中国发明人排名

发明人	申请量/项	所属申请人
王要兵	53	海洋王照明科技公司
周明杰	52	海洋王照明科技公司
袁新生	34	海洋王照明科技公司
钟辉	18	海洋王照明科技公司
吴凤	12	海洋王照明科技公司
谢晓明	7	中国科学院上海微系统与信息所
黄富强	7	中国科学院上海硅酸盐所
周旭峰	6	中国科学院宁波材料所
杨晓明	6	苏州斯迪克新材料公司
曲良体	6	北京理工大学
刘兆平	6	中国科学院宁波材料所
金闯	6	苏州斯迪克新材料公司
江绵恒	6	上海新池能源科技公司/中国科学院上海微系统与信息所

3.1.3.3　等静压石墨专利技术分析

1.等静压石墨专利技术功效分析

本部分主要对等静压石墨的专利申请进行技术功效分析。通过分析专利数据，可以看出相关等静压石墨的专利申请所要达到的有益效果主要为等静压石墨理化性能的提高及等静压石墨工艺生产线的改进。可实现以上改进的技术手段可概括为两种：一是对等静压石墨制备工艺进行优化与改进；二是对等静压石墨的原料，即骨料的组分进行改进。下面对相关等静压石墨专利的技术功效作进一步分析。

图 3-35 列出了等静压石墨制备工艺相关专利的技术功效。从图 3-35 中可以看到，对等静压石墨制备工艺进行优化与改进，主要可以从改进整个制备工艺流程、骨料磨粉工艺、焙烧工艺、浸渍工艺，以及石墨化工艺等方面入手；对应的技术效果分别是制备出的等静压石墨结构致密、均匀性好、各向同性高、密度高、机械强度高、成品率高等。其中，关于改进工艺流程与骨料磨粉工艺的专利申请居多。同时可以发现，改进等静压石墨的原料技术手段有研发新的骨料组分的配比，即组分改进；采用多孔骨料作为原料；采用高纯度原料；将原料进行改性处理及采用自焙性中间相炭微球作为原料。

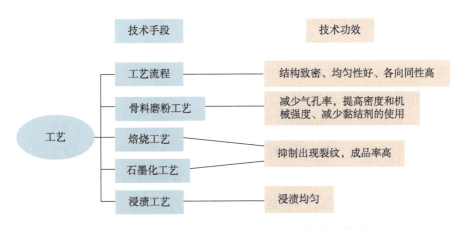

图 3-35　等静压石墨制备工艺相关专利的技术功效

通过组分的改进可以缩短生产周期，降低生产成本，同时生产的等静压石墨各向同性高、机械强度高。采用高纯度原料制备的等静压石墨一般具有很高的纯度。采用自焙性中间相炭微球为原料制备的等静压石墨一般结构精细致密、均匀性好（见图 3-36）。

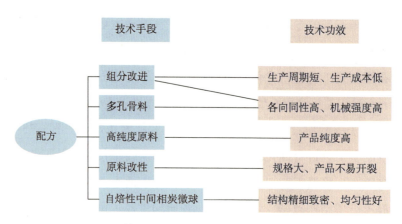

图 3-36　等静压石墨组方改进相关专利的技术功效

2.等静压石墨重点专利分析

本部分主要对等静压石墨的重点专利进行分析。

等静压石墨重点专利根据生产原料中的骨料进行分类，大致可以分为以下3类：

以天然微晶石墨为主要骨料，配以人造石墨、沥青焦、石油焦、中间相炭微球等组分共同构成骨料，与黏结剂混合磨粉、等静压成型、焙烧、浸渍、二次焙烧，最后进行石墨化处理。以天然微晶石墨为主要骨料的重点专利的申请号为CN200910023729.X、CN201110456649.0、CN201410221405.8。

其中，专利申请CN200910023729.X是最早以天然微晶石墨作为等静压石墨制备的主要骨料的专利申请。将骨料与黏结剂混合均匀，经过成型，然后进行焙烧，再经过浸渍和二次焙烧，最后进行石墨化处理的步骤。专利申请CN201110456649.0引用了专利申请CN200910023729.X，对其黏结剂的技术进行了改进，采用乳化沥青作为黏结剂，保证了沥青对骨料包覆的均匀性；且乳化沥青是完全水系的，无须使用有机溶剂，操作过程环保简便。使用天然微晶石墨作为主要骨料，可合理利用资源、成本低。

图3-37列出了专利申请CN200910023729.X和专利申请CN201110456649.0的工艺流程。

从图3-37中可以看出，专利CN200910023729.X和CN201110456649.0的工艺步骤基本一致，专利CN201110456649.0只是焙烧温度、二次焙烧温度及范围有所改变，同时公开了焙烧工艺的时长。

图3-38列出了专利CN201410221405.8的工艺流程。在工艺方面，骨料与黏结剂混合后采用轧片工艺来取代之前的干燥方法。在对混合料磨粉后，进行预成型工艺，然后再进行等静压成型。在经过焙烧、浸渍、二次焙烧后，对产品进行二次浸渍处理，

最后进行高温热处理，其中高温热处理的温度为 1 600～2 000℃，低于其他制备工艺中的石墨化温度，可缩短工艺周期，降低能耗。

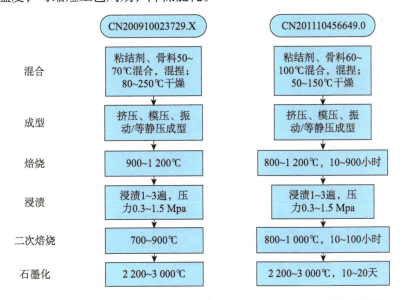

图 3-37　专利 CN200910023729.X 与 CN201110456649.0 的工艺流程

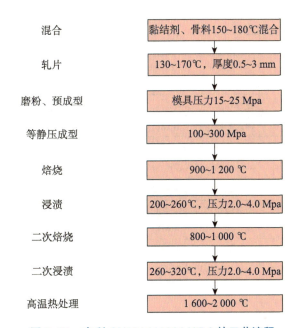

图 3-38　专利 CN201410221405.8 的工艺流程

骨料中包含一部分天然石墨粉，天然石墨粉与针状焦、煅后石油焦、沥青焦等组分混合，再混合表面活性剂，通过磨粉、等静压成型、焙烧等步骤。

以专利申请 CN201210475299.7 为例，骨料选用石墨粉、沥青焦粉、针状焦粉、中间相小球体、煤沥青，添加少量的表面活性剂、改性剂。通过研磨、混捏、振动成型、等静压成型，再经过焙烧、浸渍、二次焙烧、石墨化可得到产品。采用一次原料处理—成型的方法，与普遍被采用的二次焦处理原材料相比，具有制造周期短、能源消耗低等显著优点。其产品规格大、各向同性度优异、体积密度、机械强度、热导率高、电阻率、热膨胀系数低。

骨料中不包含天然石墨，常见的主要以沥青焦或石油焦为主要骨料，其他也有采用无烟煤、自焙性中间相炭微球、聚丙烯腈基碳纳米球，然后经过等静压石墨制备工艺的一系列步骤制得等静压石墨。表3-7详细地列出了等静压石墨重点专利的技术方案及技术效果。

表3-7　等静压石墨重点专利列表

申请号	申请年	名称	申请人
CN200910068842.X	2009	一种各向同性石墨的制备方法	天津锦美碳材公司
CN200910023729.X	2009	一种各向同性石墨制品及其制备方法	清华大学 郴州精工石墨有限公司
CN201010157654.7	2010	一种生产等静压石墨的工艺方法	四川广汉士达炭素公司 中国科学院山西煤化所
CN201110312218.7	2011	一种各向同性石墨的制备方法	上海理工大学
CN201110456649.0	2011	以乳化沥青作黏结剂的人造石墨制品及其制备方法	清华大学
CN201210035848.9	2012	特种石墨的制备方法	昆明冶金研究院
CN201210475299.7	2012	超大规格等静压石墨及其生产方法	成都炭素公司
CN201310084709.X	2013	一种等静压石墨的制备方法	四川广汉士达炭素公司
CN201410221405.8	2014	一种等静压微晶石墨制品的制备方法	林前锋
CN201410729581.2	2014	一种大规格等静压石墨制品的成型方法	大同新成新材料公司
CN201410784439.8	2014	锂电池用热等静压中间相石墨负极材料及其制备方法	上海杉杉科技公司
CN201510244925.5	2015	一种低电阻率各向同性石墨的制备方法	湖南省长宇新型炭材料公司
CN201510605775.6	2015	一种超细结构等静压石墨的制备方法	成都炭素公司

3.1.4　石墨应用专利分析

本节主要分析石墨应用方向全球及中国的专利申请态势，主要涉及石墨应用全球及中国专利的申请趋势分析、技术构成分析、申请人分析、全球专利申请的区域布局分析，以及中国专利的发明人分析。

3.1.4.1　全球专利申请态势分析

本小节主要对石墨应用全球专利的申请态势进行分析，包括专利申请趋势分析、专利申请区域布局分析、技术构成分析，以及主要申请人分析。

1.专利申请趋势分析

本部分主要对全球范围内石墨应用领域的电极材料、导电材料、耐火材料、润滑材料、光伏材料与核能石墨等技术分支进行专利申请趋势的分析。

图3–39为石墨应用部分不同分支的申请趋势。从图3–39中可以看出，电极材料的申请量自1995年以后，明显高于其他各分支的申请量。例如，电极材料分支在2013年的申请量达到了279项，是其他分支最大申请量的近6倍。由于电极材料在本章中指的是锂电子电池负极材料，石墨应用到锂离子电池负极材料上具有更好的充放电倍率性能、循环性能，以及更高的能量密度和功率密度。随着数码类产品软件、便携式电子设备、电动汽车的快速发展，锂离子电池负极材料可以更好地迎合市场的需求，所以发展较快，其相关申请量也比较多。在此需要说明的是，2014年，电极材料分支的申请量已经达到了244项；2018年的申请量约为150项。因此，预测石墨在电极材料方面的应用会是近几年的研究热点。

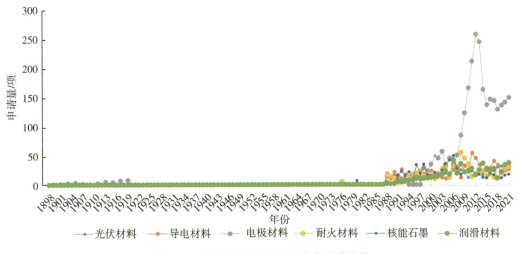

图 3–39　石墨应用部分不同分支申请趋势

1985年后，导电材料这一分支的申请量呈现明显的上升趋势，并且在2011年达到了最大申请量47项。另外，耐火材料分支的专利申请出现最早，即在1897年出现了第一项有关耐火材料的专利申请，但是此后申请量并没有明显上升；直到1980年后，才出现了类似于导电材料的上升趋势，并在2012年达到了最大申请量42项。润滑材料分

先进无机非金属材料技术发展路径

支与光伏材料分支的申请量变化趋势类似，不仅申请量少，而且申请的连续性不好。有关核能石墨这一分支的最早申请出现在1941年。1941—1955年，核能石墨的申请量少而不连续。例如，在1942年、1943年、1947—1952年有关核能石墨的专利申请量均为0项；1955—1970年，申请量呈现了先上升后下降的趋势；1970年后，申请量依然呈现少而不连续的趋势。

如图3-40所示，导电材料包括电极与碳棒两个分支。自有关碳棒的第一项申请出现至2014年，碳棒的整体申请趋势一直非常平缓，并且申请量非常少，最大年申请量不超过7项，2014年以后申请量缓慢上升；电极的申请量与碳棒的申请量相比，1985年以后出现了明显上升，自2008年之后申请量快速增长，表明电极相关技术的发展较快。

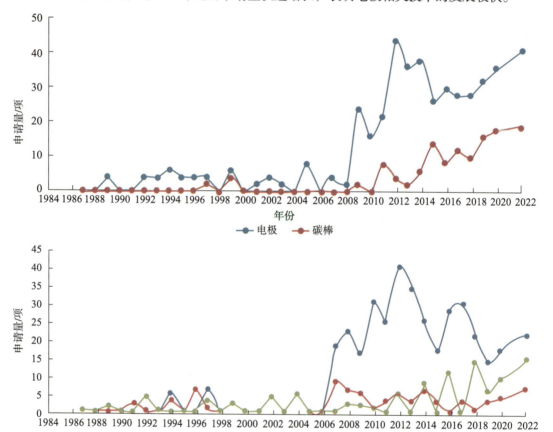

图3-40 导电材料与耐火材料各具体分支申请趋势

耐火材料包括石墨坩埚、镁铝碳砖、冶金炉内衬3个分支。其中，镁铝碳砖与冶金炉内衬的申请趋势基本一致，申请趋势均趋于平缓，并且申请量非常少。例如，镁铝碳砖的最大年申请量仅为9项，冶金炉内衬的最大年申请量仅为15项。石墨坩埚的申请量自2006年以来，明显超过镁铝碳砖与冶金炉内衬。

2.专利申请区域布局分析

图3-41为有关石墨应用部分的专利分布。其中，分布在中国的专利有1 907项，分布在日本的专利有1 417项，分布在美国的专利有595项，分布在欧洲专利局的专利有310项。

这4个不同国家/组织有关石墨应用于电极材料的专利申请都平均占据总申请量的75%左右，远远高于石墨应用于其他领域的专利申请占比。由此可见，上述4个不同国家/地区均非常重视石墨在电极材料上的应用，并且石墨应用于电极材料上的技术点主要集中在石墨外包覆其他材料、石墨与黏合剂（黏结剂）混合、石墨作为内壳材料等方面。

除电极材料这一分支均在各主要国家/地区占据相当高的比重外，导电材料、耐火材料在各主要国家/地区占据的比例均较大，表明导电材料、耐火材料为石墨较重要的应用领域。

此外，在美国，石墨在核能上的应用的申请量占比仅次于电极材料，表明美国更为重视石墨在核能应用领域的技术发展。需要注意的是，在欧洲专利场、美国、中国、日本4个国家/地区中，中国的石墨在核能应用领域的申请量占比是最低的。

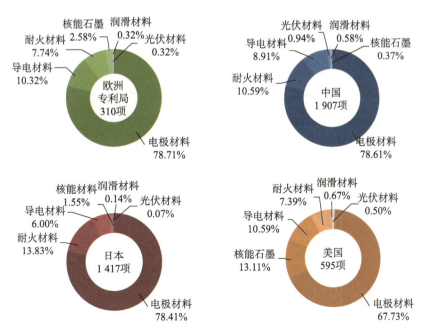

图 3-41　全球申请区域布局分析

3.技术构成分析

由图3–42可知，全球范围内，石墨应用于电极材料的申请量最多，占比为68.49%。电极材料具体指锂离子电池负极材料。锂离子电池的能量密度在很大程度上依赖于负极材料，碳材料作为锂离子电池负极材料的应用具有划时代的意义。其优势主要在于，具有接近于金属锂的氧化还原电子对的低电压、安全性高、结晶度高、提纯技术成熟、成本低的特点。并且通过分析检索到的专利数据发现，涉及的技术方案主要集中在石墨外包覆其他材料、石墨与黏合剂（黏结剂）混合、石墨作为内壳材料等方面。

耐火材料以13.82%的占比排在第二位。耐火材料作为高温工业生产发展中不可或缺的材料，可广泛应用于钢铁、建材、石化、电力、军工等国民经济的各个领域，是上述产业发展必不可少的基础材料。因此，预测耐火材料行业在未来相当长的时间内会保持良好的增长态势。

此外，耐火材料主要包含石墨坩埚、冶金炉内衬与镁铝碳砖3个具体分支的专利申请。从图3–42中可以看出，石墨坩埚占据耐火材料专利申请总量的绝大部分比例，为68.34%；其次为冶金炉内衬，占比为20.46%；最后为镁铝碳砖，占比为11.20%。

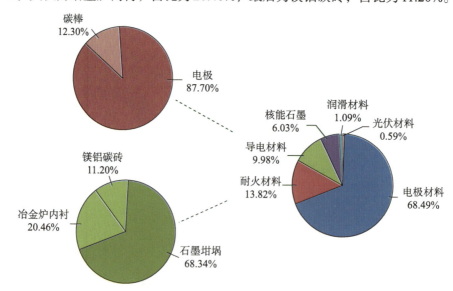

图3–42 全球范围技术构成

导电材料以9.98%的占比排在申请量第三位。石墨在电气工业中用途广泛，可用作电极、电刷、碳棒、碳管、水银整流器的正极、石墨垫圈、电话零件、电视机显像管的涂层等，其中以石墨电极应用最广。从图3–42中可以看出，电极申请量占比

（87.70%）远高于碳棒申请量占比（12.30%）。石墨电极应用广泛，在用于冶炼各种合金钢、铁合金时，通过电极产生电弧，可使温度升高到2 000℃左右，从而达到熔炼或反应的目的。此外，石墨电极作为电解槽阳极来电解金属镁、铝、钠，或作为电阻炉的炉头导电材料来生产金刚砂。

核能石墨以6.03%的占比排在第四位。润滑材料与光伏材料分别以1.09%与0.59%的占比排在第五位与第六位，申请量均较少。

4.申请人分析

本部分主要分析电极材料、导电材料、耐火材料、润滑材料、光伏材料与核能石墨六大技术分支的主要申请人申请量排名情况。图3-43至图3-45分别表示石墨应用领域不同分支的申请人排名。

由电极材料申请人排名可以看出，日本申请人占据绝对优势，排名前十的申请人中，有7位是日本申请人，并且排名前四的申请人都是日本申请人，分别为日本JFE化学公司、日本三洋电器有限公司、日本三菱化学有限公司与丰田汽车公司。由此可见，日本在此领域的研发实力很强，并积极保护其研究成果。中国仅有两位申请人进入了申请量排名前十，分别是排在第五位的上海杉杉科技公司与排在第八位的深圳市贝特瑞（见图3-43）。

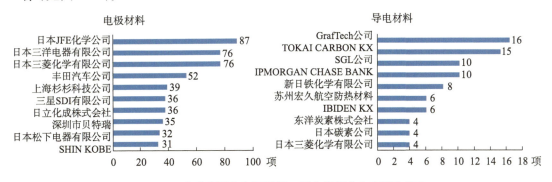

图 3-43　全球范围内电极材料、导电材料分支申请人排名

由导电材料申请人排名可以看出，有日本、中国、德国与美国4国申请人进入了排名前十。日本申请人依然占据绝对优势，排名前十的申请人中有6位来自日本，分别为东海炭素公司、新日铁化学有限公司、IBIDEN KK、三菱化学株式会社、日本柱填料公司与东洋炭素株式会社。由此可见，日本非常重视石墨在导电材料这一领域的发展。此外，申请量排名前十的申请人中，有两位申请人来自美国，排名均较靠前，分别是排在第一位的GrafTech公司与排在第三位的SGL公司；来自中国的申请人仅有一位，为

排在第7位的苏州宏久航空防热材料。从图3-43中可以看出，相较于美国、日本，中国需要加强在此技术分支上的研发投入。

由耐火材料申请人排名可以看出，排在前十位的申请人依然以日本申请人为主，因为有6位日本申请人进入前十，并且排在前五位的申请人均来自日本，分别是IBIDEN CO., LTD、东洋炭素公司、住友金属工业公司、AKECHI CERAMICS KK与日立化成株式会社。中国有3位申请人进入申请量排名前十，分别是排在第六位的周兵、排在第七位的江苏华宇与排在第八位的上海杰姆斯（见图3-44）。虽然与日本相比我国申请人在此技术分支上的申请量排名略微逊色，但是近些年也取得了一些可喜的成绩。自2001年以来，在钢铁、有色、建材、石化等高温工业高速发展的强力拉动下，耐火材料行业保持着良好的增长态势，我国已成为世界耐火材料生产和出口大国，耐火材料产量约占全球的65%。

图3-44　全球范围内耐火材料、润滑材料分支申请人排名

润滑材料、光伏材料与核能石墨3个分支的申请量比上述前3个分支的申请量少，故选取排名前五的申请人进行分析。由润滑材料申请人排名可以看出，有关石墨应用于润滑材料领域的专利申请人国别较为分散，排名前五的申请人分别来自4个不同的国家。排在第一位的申请人是来自罗马尼亚的INSTITUTUL POLITEHNIC，排在第二位的申请人是来自印度的印度科学和工业研究理事会（CSIR），排在第3位的DAISHIN

FRAME KK与排在第四位的FAITH NIIICHI，K.K.均来自日本，排在第5位的是来自美国的通用汽车。

由光伏材料申请人排名可以看出，中国申请人占据绝对优势，排在前五的申请人均来自中国，分别是大同新成新材料公司、成都炭素公司、平顶山市开元特种石墨公司、四川广汉士达炭素公司与雅安恒圣高纯石墨公司（见图3-45）。这表明我国对于这一领域的高度重视并相应取得了一些成果。但是从整体来看，各个公司的申请量均不高，由此推测石墨应用于光伏材料的技术研究还处于研究初期。

由核能石墨申请人排名可以看出，排在前五位的申请人分别来自英国、法国与日本。其中，来自英国的申请人包括排在第一位的英国原子能机构、排在第二位的核电站有限公司与排在第四位的英国电器有限公司；排在第三位的法国原子能委员会是来自法国的申请人，排在第五位的三菱重工是来自日本的申请人。由于核工业涉及国家机密，并且会因为各个国家的政策不同而对于该领域的专利公开程度有所不同，因此图3-45中表示的申请人专利申请量排名代表的不一定是实际情况。

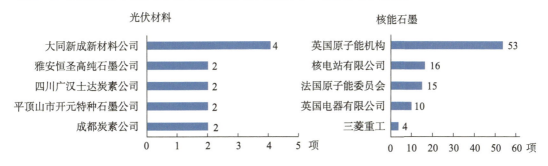

图3-45　全球范围内光伏材料、核能石墨分支申请人排名

无论是从申请趋势、专利申请区域布局、技术构成还是从申请人排序分析中均可以看出，石墨应用于电极材料这一分支的申请量非常大，一方面说明这是目前全球范围内的研究热点，另一方面说明全球范围内的众多企业参与其中，因此下面对电极材料这一分支作进一步分析。

从图3-46中可以看出，在1990年以前，只有日本三洋电器有限公司一家企业涉及此方面的研究，但是一直到1990年以后，日本三洋电器有限公司在该技术分支上的专利申请才逐渐多起来。日本JFE化学公司在该技术分支上的专利申请出现较晚，但是在2000年以后持续进行专利申请，并且总体申请量较大。日本三菱化学有限公司在该技术分支上的专利申请仅晚于日本三洋电器有限公司，并且至今一直持续进行相关专利申请。丰田汽车公司与上海杉杉科技公司的专利申请态势类似，首次进行该技术分支上的专利申请较晚，并且前期的申请连续性不好，后期申请连续并且专利申请量有所增加。越来越多的公司选择进入此领域并且进行长时间的研究。从图3-46中可以看出，石墨应用于电极材料这一领域越来越受到重视，并且在未来有关此领域的技术深度与广度还会进一步增加。

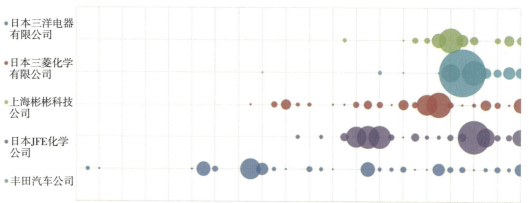

图 3-46　电极材料分支申请量排名前五的公司的申请趋势

3.1.4.2　中国专利申请态势分析

1.专利申请趋势分析

本部分主要对中国范围内石墨应用部分的电极材料、导电材料、耐火材料、润滑材料、光伏材料与核能石墨等分支进行申请趋势的分析。

由图3-47可以看出，中国范围内电极材料的申请趋势与全球范围非常类似，同样是在1995年以后，申请量明显高于其他各分支的申请量；2008年后，进入快速发展阶段。分析检索数据发现，有相当部分的专利涉及动力电池方面的应用，随着混合动力汽车（HEV）、电动汽车（EV）或插电式混合动力汽车（PHEV）等新一代新能源汽车产业的发展，作为电动汽车的核心部件——动力电池的需求量剧增，也促使相关方面的专利申请量出现了快速增长。

从图3-48中可以看出，中国范围内，耐火材料与导电材料的申请趋势相类似。首先，两个技术分支上的首次专利申请均出现较早。例如，与导电材料相关的第一项申请出现在1986年，与耐火材料相关的第一项申请出现在1987年。其次，在首次专利申请后的相当长一段时期内，专利申请量非常少。最后，2005年以后，申请量均呈现快速增长趋势。两个技术分支的不同之处在于耐火材料的申请量高于导电材料。例如，

2011年，耐火材料达到最大申请量为34项，导电材料同样达到最大申请量，仅为25项。润滑材料、光伏材料与核能石墨的申请趋势类似，三者均呈现小幅的波动上升趋势，但申请量依然非常少。例如，润滑材料的最大申请量仅为3项，光伏材料的最大申请量仅为5项，核能石墨的最大申请量仅为2项。

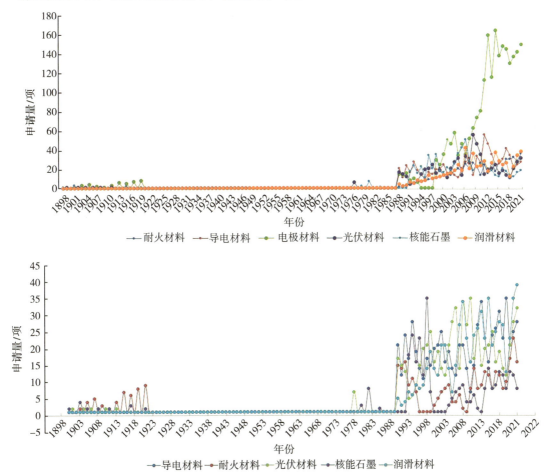

图 3-47　石墨应用部分不同分支申请趋势

图3-48表示耐火材料与导电材料各具体分支的申请趋势。耐火材料涉及石墨坩埚、镁铝碳砖、冶金炉内衬3个子分支的申请趋势。其中，镁铝碳砖与冶金炉内衬的申请趋势基本一致，均趋于平缓，并且两个子分支上总体申请量非常少。例如，镁铝碳砖的最大年申请量仅为3项，冶金炉内衬的最大年申请量仅为5项。只是首次专利申请出现的时间不同。例如，镁铝碳砖的首次专利申请出现在2008年，冶金炉内衬的首次专利申请出现在1987年。与镁铝碳砖、冶金炉内衬子分支不同，石墨坩埚子分支的申请量在2005年以后快速上升。通过数据分析可知，中国范围内，导电材料的专利申请主

要由中国籍申请人提出。导电材料涉及电极与碳棒两个子分支的申请趋势。自有关碳棒的第一项申请出现至今，碳棒的整体申请趋势一直非常平缓；直到2013年以后才略有上升的趋势，并且整体申请量非常少。电极的申请量趋势与碳棒相比增长迅速，说明我国相关企业也跟随全球的大趋势对电极进行了大量的投入，并且取得了相应研究成果。

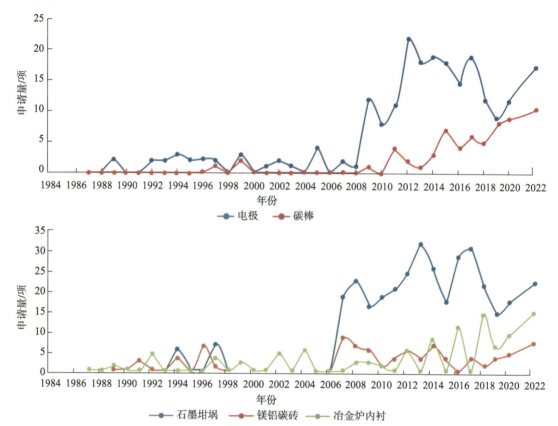

图3-48 导电材料与耐火材料各具体分支申请趋势

2.技术构成分析

由图3-49可知，中国范围内技术构成比例排在前三位的顺序与全球范围内技术构成比例排在前三位的顺序完全一致，只是占据总申请量的具体占比不同而已。电极材料的申请量占比排在第一位，为74.37%，涉及技术为锂离子电池负极材料。其采用的石墨类材料具有较低的锂嵌入/脱嵌电位、合适的可逆容量且资源丰富、价格低廉等优点，是比较理想的锂离子电池负极材料。由其制备出的锂离子电池具有比能量高、比功率大、自放电少、使用寿命长及安全性好等优点，已成为目前各国发展的重点。申请前期主要应用于电子产品市场，虽然近年来需求趋于饱和，但是由于交通工具领域消费的快速增长，尤其是基于新能源汽车规划生产能力，预计到2020年电动汽车产量将达到140万辆左右。随着中国电动汽车销量的大幅增长，锂离子电池市场正进入黄金期，所以有关石墨电极材料方面的专利在技术构成中占据主要地位。

耐火材料排在第二位，占比为13.02%；导电材料排在第三位，占比为10.37%。由此可以推测出，无论是在全球范围内还是在中国范围内，关于石墨应用于电极材料是目前及未来研究的热点技术。

排在第二位的耐火材料的数据主要涉及石墨坩埚、冶金炉内衬与镁铝碳砖3个子分支的专利申请数据。由图3-49可以看出，与全球申请量占比类似，在中国范围内，石墨坩埚同样占据耐火材料专利申请总量的大部分比例，为86.46%；其次为冶金炉内衬，占比为9.38%；最后为镁铝碳砖，占比为4.17%。这是因为石墨坩埚具有良好的热导性、耐高温性、化学稳定性、较好的抗急热急冷应变性、较强的抗酸碱腐蚀性。

排在第三位的导电材料的数据主要涉及电极与碳棒两个子分支的专利数据。从图3-49中可以看出，电极申请量占据导电材料申请总量的88.89%，而碳棒的占比仅为11.11%。这是因为碳棒成型后的烧结温度只有1 000℃，没有进行石墨化过程，可能限制了其在许多领域的应用。

光伏材料、润滑材料与核能石墨分别以1.22%、0.75%与0.27%的占比排在第四位、第五位与第六位，占比均较低。

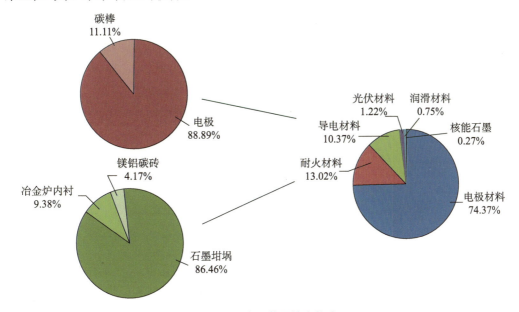

图 3-49　中国范围技术构成

先进无机非金属材料技术发展路径

3. 申请人分析

本部分主要分析中国范围内电极材料、导电材料、耐火材料、润滑材料、光伏材料与核能石墨六大分支的申请人排名情况。图3-50至图3-52分别为石墨应用领域不同分支的申请人排名示意图，从图中可以看出每个公司的申请量与有效量。

由电极材料申请人排名可以看出，中国申请人占据绝对优势，排在前五的申请人均为中国申请人，分别为上海杉杉科技公司、深圳市贝特瑞、深圳市比克电池有限公司、宁波杉杉新材料科技有限公司与比亚迪股份有限公司（见图3-50）。在电极材料分支排在第一位的上海杉杉科技公司的总申请量为37项，总有效量为10项。上海杉杉科技公司的申请中有7项是涉及电动汽车用锂离子电池，研发目的主要是能更好地满足电动汽车锂电池对高能量密度负极材料的使用要求。深圳市贝特瑞的主要研发方向集中在如何提高电池的高倍率放电性能、比容量及高低温循环性能。深圳市贝特瑞的大部分专利申请的应用方向均涉及锂离子电池在电动汽车上的应用。

图3-50　中国范围内电极材料、导电材料分支申请人排名

由导电材料申请人排名可以看出，排在前五位的申请人也均来自中国，但总体申请量非常少，即使是排在第一位的南通扬子碳素股份有限公司的申请量也仅有7项（见图3-50）。通过分析南通扬子碳素股份有限公司的专利申请，发现其技术方案大部分是

对石墨电极进行表面改性或表面喷涂进而提高石墨电极的抗氧化性与耐腐蚀性。排名前五的中国申请人中有3个是公司申请人,分别为南通扬子碳素股份有限公司、苏州宏久航空防热材料与新郑市东升炭素有限公司,另外两位分别为南京理工大学和区晓帆。

由耐火材料申请人排名可以看出,排在前五位的申请人依然均为中国申请人,并且总体申请量很小,排在第一位的是个人申请人周兵,其余4位申请人均为公司,分别为江苏华宇、上海杰姆斯、西格里特种石墨与无锡中强电碳有限公司。即使排在第一位的申请人的申请量也仅有8项,说明目前在该技术领域的研发成果较为有限(见图3-51)。

由润滑材料申请人排名可以看出,排在前五位的申请人均为中国申请人,并且申请量非常少,均为1项,除清华大学外,其余4位均为公司:山东省南墅石墨矿、青岛古宇石墨有限公司、恒天海龙股份有限公司与郴州市发源矿业有限公司(见图3-51)。

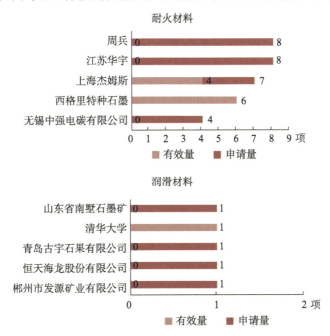

图 3-51　中国范围内耐火材料、润滑材料分支申请人排名

由光伏材料申请人排名可以看出,排在前五位的申请人均为中国申请人,申请量依然非常少,从中推测出我国在此领域的发展可能处于初级研究水平(见图3-52)。由核能石墨申请人排名可以看出,排在前五位的申请人的申请量均为1项,并且目前均没有有效专利(见图3-52)。

另外,通过分析上述6个技术分支的申请人申请量排名情况,可以看出,目前申请量排名靠前的申请人均为中国申请人。这表明国外申请人尚未在石墨应用领域在中国进行全面的专利布局，建议中国申请人抓住这一有利机会，尽快在中国进行相关技术的专利布局。

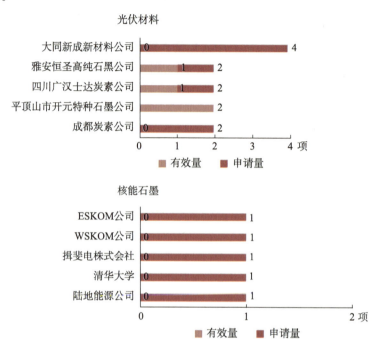

图3-52 中国范围内光伏材料、核能石墨分支申请人排名

4.发明人分析

本部分主要对石墨应用领域的电极材料、导电材料、光伏材料与耐火材料4个分支的发明人进行分析。由于润滑材料与核能石墨两个分支的发明人申请专利的数量仅为1项，不具有代表性，故不作具体分析。

由电极材料分支发明人排序可以看出，排在前五位的发明人分别来自3家公司，排在第一位的岳敏与排在第四位的黄友元同属一家公司——深圳贝特瑞，说明深圳贝特瑞在电极材料领域具有较强的研发实力，属于中国在此领域的领头羊企业，同样推测出发明人岳敏与黄友元可能为企业研发的主力；排在第二位的发明人田东的专利申请的申请人为深圳斯诺实业；排在第三位的发明人乔永民与排在第五位的发明人丁晓阳的专利申请的申请人为上海杉杉科技公司（见图3-53）。

由导电材料分支发明人排序可以看出，排在前五位的发明人分别来自3家公司。排在第一位的发明人刘明与排在第四位的发明人杨晓智同属一家公司——南通扬子碳素股份有限公司；排在第二位的发明人陈照峰与排在第三位的发明人聂丽丽同属一家公司——苏州宏久航空防热材料；排在第五位的发明人区晓帆是以个人名义进行专利申请的（见图3-53）。

由光伏材料分支发明人排序可以看出，排在前五位的发明人同属一家公司——大同新成新材料公司（见图3-53）。

由耐火材料分支发明人排序可以看出，排在前五位的发明人分别来自5个不同的公司。排在第一位的发明人周兵的专利申请的申请人为江苏华宇，并且此发明人的申请量远远高于排名第二的发明人，因此推测江苏华宇在此领域科研实力较为雄厚，周兵也可能是其研发团队的核心力量。排在第二至第五位的发明人的申请量则相差不大，为5项或4项（见图3-53）。

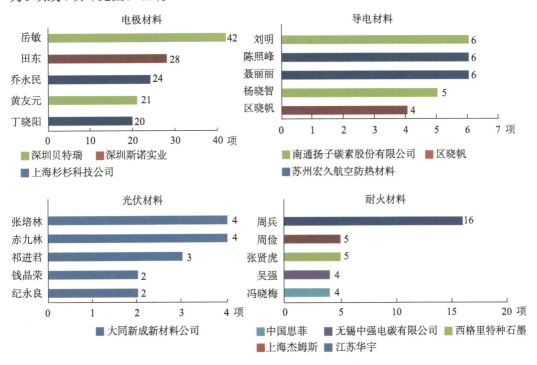

图 3-53　石墨应用领域不同分支发明人排名

3.1.4.3　锂离子电池负极材料应用重点专利分析

本小节主要对锂离子电池负极材料的重点专利进行分析，选取出相关重点专利。其中，应用方向主要关注锂离子电池负极材料在新能源汽车方向上的应用。图3-54列出了锂离子电池负极材料重点专利的技术方案分类情况。

由图3-54可以看出，在重点专利中，锂离子电池负极材料的制备工艺主要包括以下4种。

（1）石墨外包覆有包覆材料。负极材料采用石墨粉颗粒外包覆一层包覆材料的技术方案居多。其中，包覆材料以有机物热解碳、低晶度碳材料、无定形碳为主，也有非石墨类碳材料、高分子聚合物等材料。制备工艺一般为将石墨粉与包覆材料混合，进行碳化或石墨化处理，或者使用喷雾干燥进行干燥处理，从而得到锂离子电池负极材料。

（2）石墨与黏合剂混合。由石墨粉与黏合剂混合后，进行烘干处理，制得锂离子电池负极材料。石墨粉以天然石墨粉居多，黏合剂为羧甲基纤维素钠、水性多元共聚乳液等。

（3）石墨作为内壳材料，外壳为在石墨表面均匀分布、原位生长的碳纳米管和/或碳纳米纤维，再经纯化和退火处理，得到锂离子电池负极材料。

（4）石墨与黏结剂、导电剂按照一定比例混合，将混合制得的浆料抽真空、过筛。导电剂是天然鳞片、微晶石墨、导电炭黑或乙炔黑。该技术方案的相关专利数量相对较少。

通过分析重点专利数据可以看出，石墨在锂离子电池负极材料的应用基本上是以天然石墨为主，混合包覆材料、黏合剂、导电剂等，经干燥或热处理后制得负极材料。技术手段并不复杂，建议可以通过选用新的外包覆材料、开发新的黏合剂等方式来对现有技术进行改进。

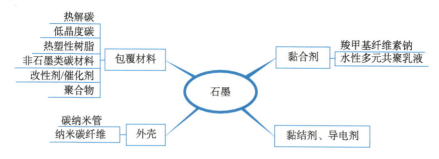

图3-54　锂离子电池负极材料重点专利的技术方案分类

在应用方向上，石墨作为锂离子电池负极材料应用到新能源汽车上，需要其制备的锂离子电池具有高能量密度、循环性能稳定，以及使用寿命长等优点。

表3-8列出了锂离子电池负极材料重点专利。

表 3-8　锂离子电池负极材料重点专利列表

申请号	申请年	名称	申请人
CN200610020272.3	2006	一种锂离子电池负极用锡碳复合电极材料及制备方法	深圳市比克电池有限公司
CN200610061625.4	2006	锂离子动力电池复合碳负极材料及其制备方法	深圳市贝特瑞电子材料有限公司
CN200810066054.2	2008	锂离子动力电池	深圳市贝特瑞
CN200810141672.9	2008	锂离子电池负极的石墨粉及其制备方法	深圳市贝特瑞
CN200910200589.9	2009	一种锂离子电池的负极材料及其制备方法	上海杉杉科技公司 宁波杉杉新材料科技有限公司
CN201010257813.0	2010	锂离子动力与储能电池用复合负极材料及其制备方法和电池	深圳市贝特瑞
CN201110111003.9	2011	一种聚酰亚胺电容电池及其制作方法	深圳市惠程电气股份有限公司
CN201110260019.6	2011	锂离子电池负极材料及其制备方法、锂离子电池	深圳市贝特瑞
CN201210518178.6	2012	一种锂电池负极材料及其制备方法	上海杉杉科技公司
CN201410056215.5	2014	核壳结构的动力锂离子电池负极材料及其制备方法	新乡市赛日新能源科技有限公司
CN201410372907.0	2014	一种锂离子电池硅/石墨复合负极材料的制备方法	北京科技大学
CN201410727983.9	2014	锂离子电池负极材料及其制备方法和应用、锂离子电池	上海杉杉科技公司
CN201510029036.7	2015	一种锂离子电池负极片及其制备方法、锂离子电池	深圳市比克电池有限公司
CN201510184862.9	2015	一种水系锂（钠）离子电池混合负极材料	复旦大学
CN201510823424.2	2015	一种锂离子电池导电基材及其制备方法	陕西德飞新能源科技集团有限公司 高光斌
CN201510941975.9	2015	一种具有过充保护功能的锂离子电池	上海航天电源技术有限责任公司
CN201510967705.5	2015	一种锂离子电池硫基负极材料及其应用	苏州大学
CN201610832224.8	2016	一种空心硅基复合材料、制备方法及包含该复合材料的锂离子电池	深圳市贝特瑞
CN201610074462.7	2016	一种新能源汽车专用安全型锂离子电池	山东康洋电源有限公司

3.1.4.4　电极应用重点专利分析

石墨电极主要以石油焦、针状焦为原料，煤沥青作结合剂，经煅烧、配料、混捏、压型、焙烧、石墨化、机械加工而制成。根据其质量指标高低，可分为普通功率、高功率和超高功率。从技术方案来看，石墨电极涉及在冶金、电炉与电火花领域的应用。相关技术方案可参见图 3-55，石墨电极应用重点专利列表则见表 3-9。

图 3-55　石墨电极技术方案具体分支

表3-9　石墨电极应用重点专利列表

申请号	申请年	名称	申请人
CN200780024397.6	2007	用于低CTE石墨电极的针状焦的制备方法	格拉弗技术国际控股公司
CN201510316327.4	2015	一种防止石墨电极氧化侵蚀的方法	四川都江堰西马炭素有限公司
CN89107740.5	1989	耐高温抗氧化涂料	中国建材研究院高技术陶瓷研究所
CN200710021302.7	2007	炼钢用石墨电极联结接头胶黏方法	南通江东碳素股份有限公司
CN03133313.3	2003	用石墨电极对钛合金材料表面电火花放电强化处理的方法	沈阳黎明航空发动机（集团）有限责任公司

下面对重点专利的技术方案进行具体分析。

（1）申请号为CN200780024397.6的专利申请的技术方案涉及以煤焦油馏分为原料制备用于石墨电极的针状焦的方法。该石墨电极具有较低的热膨胀系数。本技术方案在制备针状焦的过程中从原料中去除提高CTE的固体成分时，既不需要添加剂，也不需要高温氢化步骤。具体包括下述步骤：①在压力下加热煤焦油馏分，得到原焦；②煅烧原焦，形成低热膨胀系数针状焦；③碾磨针状焦；④将经碾磨的针状焦与煤焦油黏结剂沥青进行混合，形成混合物；⑤挤出该混合物，形成生电极；⑥焙烧生电极，形成经焙烧的电极；⑦对经焙烧的电极进行石墨化，形成低热膨胀系数石墨电极。使用本方法不会过度消耗氢气和热能，或者不需要使用极高的压力，因此在一定程度上节省了成本。

（2）申请号为CN201510316327.4的专利申请的技术方案涉及防止石墨电极氧化侵蚀的方法。现有技术中，由于在石墨化炉内的电极四周会覆盖一层保温料冶金焦粉，而且为了其拥有优良的保温性能，保温料的颗粒度通常会将比较细与比较粗颗粒的冶金焦粉混在一起。这样落在电极与电极空隙内的冶金焦粉，小的颗粒在底部，大的颗粒在上部，会导致电极上端气流不通，使石墨化过程中形成的有害气体与金属反应高温升华后得到的气化物不能够分散流出，只能够沿着电极流动，导致电极表面出现爬虫状的金属氧化物，对电极形成腐蚀。尤其在电极与电极的接触面上，由于通道窄小气体流通受阻，更容易被侵蚀。这也是尽量减少每根石墨电极之间的接触点的原因。该发明所提供的技术方案通过在电极与电极的空隙处填充 3～12 mm 的冶金焦粉，并填满整个空隙，这样金属氧化物的气化物通过大颗粒粉末之间进行分散流出，金属氧化物也会附着在大颗粒的冶金焦粉上，不会附着在电极上，从而实现石墨电极的保护，避免了石墨电极的腐蚀，切实延长了电极的使用寿命。

（3）申请号为 CN89107740.5 的专利申请的技术方案涉及耐高温抗氧化涂料。石墨电极在电炉炼钢和熔制耐火材料等高温氧化气氛中，损耗很大，因此需要采用涂覆耐高温抗氧化涂料的方法来保护石墨电极以延长其使用寿命。一般耐高温抗氧化涂料由耐高温材料组成，但由于气密性差、易剥落等效果不显著。也有采用耐高温材料与低熔点物质混合而成的涂料，但成本较高，不适宜大规模应用。本技术方案通过添加玻璃粉、金属氧化物、有机黏结剂、二氧化硅与含硼物质制成涂料，能有效克服易剥落和成本高等缺点。

（4）申请号为 CN200710021302.7 的专利申请的技术方案涉及炼钢用石墨电极联结接头胶黏方法。目前，电炉炼钢时，石墨电极是通过接头和电极孔螺纹部旋合，实现电极与电极间连续对接。但在电磁力和机械振动的作用下，接头和电极孔联结部位经常会发生松弛现象，造成的折损、脱落损耗约占炼钢用石墨电极总消耗的30%。以往为防止接头和电极孔联结松弛，通常采用在接头上打孔，然后嵌入沥青等材料，通过电极发热而使沥青等材料流入电极和接头联结间隙处，从而起到胶黏作用的方法。但因其胶黏剂的量以几十克为限度，加之只能渗透到联结螺纹部位的一小部分，因此效果有限。本技术方案是把用于加工接头的石墨坯料，在加工前用沥青浸渍，把作为胶黏剂的沥青浸渍入坯料内部，然后用它来加工成接头，以克服现有方法胶黏剂的量偏少和渗透部位小的缺点，达到防止石墨电极接头和电极孔联结部位松动的目的。

（5）申请号为 CN03133313.3 的专利申请的技术方案涉及用石墨电极对钛合金材料表面电火花放电强化处理的方法。目前，对钛合金材质的零件进行表面强化处理多采用RC充放电，弛张式电火花涂覆装置，以硬质合金材料作为电极，对工件表面进行溶涂溶渗处理。但上述方法的电流利用率和生产效率低，加工工艺参数不稳定，容易形成电弧放电，烧伤零件表面，影响使用效果，严重时还有报废零件的情况。本技术方案采用石墨电极放电、产生电火花，使钛合金表面同石墨电极发生原位化合反应，生

其制作工艺与传统工艺相同。但是，本发明与传统方案相比，废弃铝镁碳砖原料占整个配方的30 wt%～80 wt%，远远超出了传统配方中的废弃铝镁碳砖含量，从而有效改变了废弃耐火材料掩埋、铺路或降级使用的典型处理方式，因此，有效地降低了生产成本，并在一定程度上保护了环境。

（2）申请号为CN200910154688.8的专利申请的技术方案主要是镁铝碳砖的制备工艺，该工艺与传统的制备工艺相比的主要区别为：传统工艺中，是把所有原料混合之后再进行之后的混炼、成型与热处理等后续步骤；本方案中是先将其中两种原料（高铝矾土、电熔镁砂）进行混合，其余原料分批次加入到之前已混合的原料中。本方案生产的镁铝碳砖在钢铁企业的炉外精炼钢包和不锈钢浇注钢包使用，使用寿命分别在30次左右和800次左右，完全能够满足炼钢需要的钢包使用寿命，而且成本低廉，可以大量生产。

（3）申请号为CN201320410875.X的专利申请的技术方案主要为镁铝碳砖用作钢包包沿的一种结构设计。一般炼钢生产过程中对钢包包沿的主要要求有两点：①能压紧钢包渣线砖，防止渣线砖的脱落及砖缝扩大；②缓冲钢包工作衬高温膨胀应力。目前，钢包包沿结构基本采用水平挡板加包沿料组合而成。此类包沿结构具有一系列缺点。例如，压紧力弱，附着在水平挡板的包沿料很容易分离、脱落、损坏，进而导致包壁、挡板的烧毁。而本方案的设计结构简单、压紧力强、渣线砖不易脱落、砌筑效率高，可有效缓冲工作衬高温膨胀应力。本方案的设计结构具体参见图3-57。

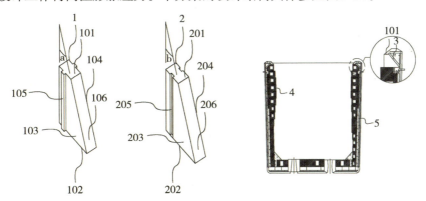

图 3-57　钢包包沿的结构示意图

（4）申请号为CN201310564876.4的专利申请的技术方案所使用的原料为回收铝镁碳砖颗粒、棕刚玉、97电熔镁砂、亚白刚玉、铝粉、石墨与树脂。本方案所记录的制作工艺与传统工艺相同。本方案与申请号为CN200810231107.1的专利申请的方案相比，相似之处在于，方案的原料中都含有废弃的镁铝碳砖；方案设计的出发点为废料循环利用、节约成本与环境保护。其不同点在于，除废弃的镁铝碳砖外其他原料是不同的。

（5）申请号为CN201320410873.0的专利申请的技术方案主要为镁铝碳砖应用于转炉出钢口的结构设计。目前，国内外转炉出钢口的构造几乎是由分段座砖、填料、分段管砖砌筑而成，特别是转炉出钢口部位砌砖，经常遭受高温熔钢的冲刷，寿命很短，一般在40~60炉次。寿命的长短直接影响转炉冶炼周期、炼钢生产率和挡渣效果，进而影响钢质量。另外，转炉出钢口采用分段做砖、填料及分段管砖的技术路线存在操作复杂、工作效率低等缺陷。但采用本方案可克服上述缺陷。本方案的设计结构具体参见图3-58。

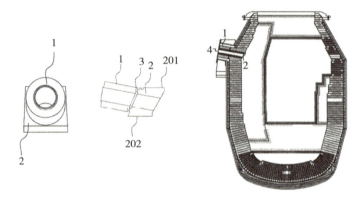

图3-58　转炉出钢口的结构示意图

3.1.4.6　等静压石墨应用重点专利分析

等静压石墨是20世纪60年代发展起来的一种新型石墨材料，具有一系列优异性能。例如，等静压石墨的耐热性好，在惰性气氛下机械强度随着温度的升高而升高，在2 500℃左右时达到最高值；结构精细致密，均匀性好；热膨胀系数较低，具有优异的抗热震性能；各向同性；耐化学腐蚀性强；导热性能和导电性能良好；具有优异的机械加工性能。因此，等静压石墨不仅在冶金、化学、电气、航空及原子能等领域得到广泛应用，而且随着科学技术的发展应用领域还在不断扩大。

本小节主要分析等静压石墨相关重点专利，表3-11是等静压石墨分支的重点专利列表，从技术方案上看涉及制作配方与制备工艺，相关技术方案参见图3-59。其中，关于制作配方的专利申请均涉及大规格与超大规格等静压石墨的生产。

表3-11　等静压石墨重点专利列表

申请号	申请年	名称	申请人
CN201110339831.8	2011	大规格细颗粒各向同性等静压石墨	雅安恒圣高纯石墨公司
CN201210475299.7	2012	超大规格等静压石墨及其生产方法	成都炭素公司
CN201210472834.3	2012	一种高密度各向同性等静压石墨圆形空芯坯料的生产工艺	雅安恒圣高纯石墨公司
CN201210257886.9	2012	一种高硬度等静压石墨及其制备方法	天津市贝特瑞新能源科技有限公司
CN201310084709.X	2013	一种等静压石墨的制备方法	四川广汉士达炭素公司
CN201310524396.5	2013	等静压石墨的生产方法	青岛泰浩达碳材料有限公司
CN201510820753.1	2015	一种等静压各向同性石墨的制备工艺	巴中意科炭素有限公司
CN201510605775.6	2015	一种超细结构等静压石墨的制备方法	成都炭素公司

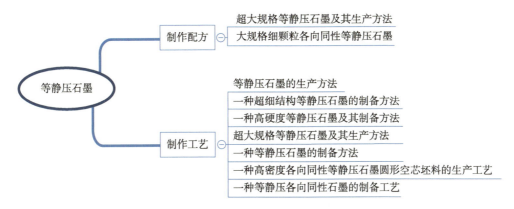

图 3-59　等静压石墨技术方案具体分支

与石墨电极生产工艺不同，等静压石墨需要结构上各向同性的原料，将原料磨制成更细的粉末。应用冷却等静压成型技术，焙烧周期较长。为了达到目标密度，需要进行多次浸渍—焙烧循环，石墨化的周期也要比普通石墨长得多。具体生产工艺流程参见图3-60。

等静压石墨的另外一种生产方法是用中间相炭微球为原料，先将中间相炭微球在较高温度下进行氧化稳定化处理，然后等静压成型，最后进一步焙烧和石墨化。

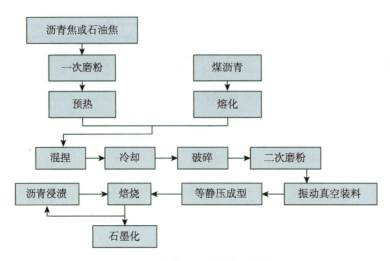

图 3-60　等静压石墨生产工艺流程

下面对表3-11中的重点专利的技术方案进行具体分析。

（1）申请号为CN201110339831.8的专利申请的技术方案主要为制作等静压石墨的配方。与其他专利的技术方案相比，该配方比传统配方增加了多种原料。例如，其他方案主要以石油焦、沥青胶或两者的混合物与煤沥青混合作为原料；本方案的原料为石油焦、石墨粉、增碳剂、细粉、改质沥青与添加剂，通过上述原料制成大规格等静压石墨。该等静压石墨配方的有益效果为可实现 ¢ 900大规格石墨产品的生产，强度、密度及弹性性能好，机械性能理化指标优良；石墨材料中气孔率低，材料品质好，结构均匀、细腻且体积密度较高等。

（2）申请号为CN201210475299.7的专利申请的技术方案不仅涉及等静压石墨配方，还涉及其制作工艺。该技术方案中的配方与申请号为CN201110339831.8的专利申请的配方均包含多种原料，如沥青焦粉、针状焦粉、石墨粉、中间相小球体、煤沥青、表面活性剂与改性剂。在制作工艺上，与传统的制作工艺相似，即将原料研磨、混捏，等静压成型，焙烧、浸渍、二次焙烧，最后石墨化，得到最终的产品。该技术方案的有益效果为采用一次原料处理—成型方法。与目前国内普遍采用的二次焦处理原材料相比，其具有制造周期短、能源消耗低等显著优点。经本方案生产的规格在Φ700×700 mm以上的等静压石墨产品具有各向同性度优异，体积密度、机械强度、热导率高，电阻率、热膨胀系数低的特点。

（3）申请号为CN201210472834.3的专利申请的技术方案涉及等静压石墨的形状，即把配制好的石墨生坯粉料放入液压机专用空心模具中，进行成型，之后经历抽真空、压制（压力为150～180 Mpa）、焙烧、浸渍、石墨化等步骤制成成品。该技术方案的优势在于，通过使用不同规格的液压机专用空芯模具，可以生产多样化的规格和品种，因此用户可根据不同的需求生产得到多样化的石墨圆形空芯坯料。该技术方案的有益效果为密度高，最终各向同性等静压石墨圆形空芯坯料的密度可达1.87～1.90 g/cm²；内外密度均匀，坯料内圈与外圈的密度差在1%以内。

（4）申请号为CN201210257886.9的专利申请的技术方案的配方除含有传统的石油焦与沥青焦之外，还增加了炭黑与中间相炭微球。其制作工艺与传统的制作工艺相似，但省略了混捏、反复浸渍和焙烧等工序。该技术方案的优势在于，充分利用了中间相炭微球的自黏性，不需要额外添加黏结剂，因此有效地克服了因填料与黏结剂之间的体积收缩差异而导致的气孔率较高、结构均匀程度差、机械强度较低等缺陷。该技术方案的有益效果为减小孔隙率从而提高体积密度和抗弯强度，并改善原料细粉的流动性和压制性，制得的石墨材料具有结构致密、均匀性好、机械强度高等特点。

（5）申请号为CN201310084709.X的专利申请的技术方案就是传统的等静压石墨的制作工艺。即将石油焦与沥青焦粉碎至10～15 μm的颗粒，再与煤沥青的磨粉进行混合，并经过后续的混捏、凉料、破碎、磨粉、等静压成型、焙烧、浸渍与石墨化一系列步骤，最终制成成品。该技术方案的有益效果为制得的石墨材料具有结构精细致密、均匀性好、力学性能优异、耐磨、各向同性等特点。

（6）申请号为CN201310524396.5的专利申请的技术方案的原料主要为石油焦、沥青焦与煤沥青黏合剂的混合物。其制备工艺与传统工艺的不同点主要体现在，该技术方案严格控制焙烧过程中的参数。具体为炉内温差 < 20℃，加热过程升温速度 < 1℃ /h，并最终加热到3 000℃直接进行石墨化；再将石墨化制品放入卤素气体中加热到2 000℃，挥发除掉杂质。该技术方案的有益效果为石墨化后，制品的体积密度、导电率、导热率及抗腐蚀性能得到大幅度提升，机械加工性能也得到了改善；生产工艺简单，容易实现批量化生产。

（7）申请号为CN201510820753.1的专利申请的技术方案涉及等静压石墨的制备。具体是先将原料粉碎至4～8 μm的颗粒，之后经过磨粉、预成型、焙烧、浸渍、再焙烧的步骤制成半成品，然后将该半成品进行第二次粉磨，再进行等静压成型、焙烧、浸渍、焙烧等步骤，最后进行石墨化得到成品。该技术方案的有益效果为制得的石墨材料高强度、各向同性、无裂纹、均匀性好，且与现有技术制得的制品相比，成品率、体积密度、抗折强度和抗压强度各项性能指标均较高。

（8）申请号为CN201510605775.6的专利申请的技术方案涉及生产超细结构的等静压石墨。其制作工艺与传统方案的不同之处在于，为了制作超细结构的等静压石墨，对原料的破碎粒径、浸渍所用物质以及石墨化的升温速率与升温最高达到的温度范围等做了具体的限定。例如，要求将原料粉碎到1 mm以下，粉碎至5～10 μm，用作浸渍处理的物质为低喹啉中温煤沥青。在进行石墨化时，升温速率为5～10℃/h，升温最高达到的温度范围为1 000～1 200℃。该技术方案的有益效果为结构致密、均匀性好、机械强度高、各向同性度高、生产成本低、生产周期短等。

3.1.5　发展态势与建议

3.1.5.1　石墨提纯工艺专利态势

首先，石墨提纯工艺相关的专利申请开始较早，在1900年之前已有相关专利申请。如果不考虑中国专利申请量的影响，石墨提纯领域全球专利申请趋势一直相对平缓。1930年以前，有大量的欧美国家对石墨提纯技术进行专利保护，其中以法国、英国、美国、德国为主。1955—1960年，主要增加了印度、苏联、奥地利、西班牙等国家的专利文献。该阶段申请量出现了小幅增加。2000年之后，由于中国专利量的急剧增长，导致全球专利申请量出现了急剧增长的现象。通过分析各分支申请趋势可以看出，早期的石墨提纯以物理法、化学法等提纯方法为主，在1937年之前化学提纯的申请量持续领先其他技术分支。1938—1977年，火法提纯申请量领先其他方法。该阶段氯化焙烧法、高温提纯法的专利技术发展较为迅速。受中国专利影响，在2007年之后，3个分支申请量均快速增长，其中化学提纯法申请量的增加尤为迅速。

其次，就全球专利申请区域布局来看，中国、日本、美国、法国、德国和英国是主要申请国。其中，在石墨提纯领域中国专利申请量最大，且绝大多数申请来自本国申请，其他国家对中国的专利输入较少。位于申请量第二的国家是日本，同样绝大部分专利来自本国申请。美国、法国、德国和英国作为技术目标国的专利申请量相当，但是，英国的专利申请接近1/2是来自其他国家的专利输入，说明英国是石墨提纯工艺领域比较重点的专利布局国家。

再次，就技术构成来看，石墨的提纯从原料上来看主要有两类：天然石墨的提纯及冶金废渣的石墨提纯（kish石墨）。但石墨的提纯主要为天然石墨的提纯，所占比例高达91%。天然石墨的提纯工艺可由一种或多种提纯方法组成。在三大提纯技术分支中，化学提纯申请量最大，火法提纯次之，物理提纯申请量最少。其中，石墨提纯工艺仍是以单一提纯方法为主，组合法虽然涉及组合形式较多，但申请量仍相对较少。相对而言，在单一提纯方法中，碱酸法申请量最大，高温提纯法、浮选法及氢氟酸法三者申请量相当，氯化焙烧法最少；在组合提纯方法中，浮选法与氢氟酸法组合、浮选法与碱酸法组合这两种申请量相对较大。

最后，就主要申请人来看，在冶金废渣的石墨提纯领域，申请量较大的申请人有住友金属工业公司、哈比森沃克公司。在天然石墨提纯领域，申请量较大的申请人有黑龙江科技大学（申请量包括黑龙江科技学院申请量）、青岛广星电子材料有限公司、德国高而富石墨股份有限公司；个人申请人林前锋专利申请量较大。其中，黑龙江科技大学涉及浮选法、碱酸法、氯化焙烧法、高温提纯法等多种方法；青岛广星电子材料有限公司涉及碱酸法提纯石墨；德国高而富石墨股份有限公司涉及方法较多，有氢氟酸法、氯化焙烧法及火法提纯；个人申请人林前锋主要涉及隐晶质石墨的提纯，其提纯方法包括浮选法、氢氟酸法、碱酸法和高温提纯法等。

3.1.5.2　石墨深加工工艺专利态势

首先，就申请趋势来看，膨胀石墨、柔性石墨、等静压石墨方面均在二十世纪六七十年代出现了相关专利申请。早期申请人以日本企业为主，可以看出日本在石墨深加工相关方面研究较早，实力较强。在膨胀石墨、柔性石墨技术分支上，中国的专利申请均比全球专利申请晚10年左右。在这两个方向，全球与中国的相关专利申请一直处于相对缓慢的增长态势，并未出现明显的快速增长时期。在等静压石墨技术分支上，中国在2007年才有相关专利的申请，比全球最早的等静压石墨的专利申请晚了40年。但是仅经历短暂的萌芽期，就进入了一个比较快速的发展阶段，并且一直保持增长势头。在石墨烯技术分支上，由于石墨烯是在2004年才被首次制备出来的，专利申请出现较晚。中国与全球的专利申请趋势类似，从开始有相关专利的申请出现，就直接进入了爆发式增长阶段。每年的专利申请量均以几何倍数的速度增长，并且一直保持快速增长的势头。

其次，就全球专利申请区域布局来看，在膨胀石墨技术分支上，中国、日本、韩国、美国为主要的技术来源国；在专利分布国中，有欧洲的德国、奥地利，美洲的加拿大及大洋洲的澳大利亚，表明膨胀石墨在全球较多国家和地区受到不同程度的重视。在柔性石墨及等静压石墨技术分支上，中国、日本、美国既是主要的专利来源国，又是主要的专利分布国。在石墨烯技术分支上，中国的专利输出与专利输入远远高于其他国家，从中可以看出，中国关于石墨烯的研发取得了巨大的发展，已成为石墨烯方向的专利申请大国。

再次，就技术构成来看，无论是全球还是中国，石墨烯技术分支均占据了比较大的比重，所占比例分别为66.70%和72.15%。其他技术分支在全球和中国的排序相同，依次为膨胀石墨、等静压石墨、柔性石墨。

最后，就重点申请人来看，在膨胀石墨技术分支上，排名靠前的申请人为东洋炭素公司、青岛泰浩达碳材料有限公司及清华大学。在柔性石墨技术分支上，日本碳素公司专利申请量居首位，其次为中国科学院山西煤化所、清华大学等。在等静压石墨技术分支上，东海炭素公司、雅安恒圣高纯石墨公司以及天津锦美碳材公司排名靠前。在石墨烯技术分支上，排名靠前的均为中国申请人，由此可见，中国在石墨烯的制备方面进行了巨大的投入。其中，海洋王照明科技公司的申请量远远领先于其他申请人，海洋王照明科技公司也是近5年发展势头很强劲的专利申请企业，表明其在石墨烯的研发上已经取得了一定的进展。

3.1.5.3 石墨应用专利态势

首先，就申请趋势来看，全球和中国的申请趋势较为一致，均是电极材料申请量最大，近年来申请量迅速增长；其次是耐火材料和导电材料申请量较大。就中国申请趋势而言，耐火材料和导电材料申请量上升趋势更加明显，且耐火材料申请量上升速度高于导电材料。究其原因，一方面石墨应用于导电材料与耐火材料的应用范围广，效果显著，并且对其研究均取得了一些进展；另一方面，不仅中国企业积极发展导电材料与耐火材料的相关研究，国外的一些企业也看准中国市场，并在中国进行相应的专利布局。不论是全球还是中国，石墨应用在润滑材料、光伏材料与核能石墨3个领域的申请量变化趋势都呈现量少且不连续的特点。

其次，就全球专利申请区域布局来看，石墨应用方面的专利申请在中国的申请量最大，其次是日本、美国和欧洲专利局。其中，中国、日本的申请量远超过美国和欧洲专利局。美国石墨应用总申请量虽然不如中国、日本高，但是，美国在核能应用上的申请量最高。

再次，就技术构成来看，不论是全球还是中国，石墨应用于电极材料这一技术分支都占据了相当大的比重。例如，在全球范围内其占比为68.49%，在中国范围内其占比为74.37%。其中，电极材料主要涉及锂离子电池负极材料。作为储锂主体的锂离子电池负极材料，在充放电过程中实现锂离子的嵌入和脱出。因此，负极材料的研究对锂离子电池技术的发展起着决定作用，并且正是由于碳材料的出现解决了金属锂电极的安全问题，从而直接促进了锂离子电池的应用。

最后，就主要申请人来看，通过对全球范围内的申请人申请量排名进行分析发现，在电极材料、导电材料与耐火材料三大分支中，日本申请人均占据绝对优势。由此可见，日本在上述3个技术分支上的研发实力较强，并注重专利布局。其中，日本三菱化学有限公司与日立化成株式会社均在至少两个技术分支中投入了较大力度的研发。日本三菱化学有限公司在电极材料与导电材料两个分支的申请量均排到了前十位；日立化成株式会社在电极材料与耐火材料两个分支的申请量均排到了前十位。通过对中国范围内的申请人申请量排名进行分析发现，在电极材料、导电材料、耐火材料、润滑材料与光伏材料中，中国申请人均占据绝对优势。

3.1.5.4 发展建议

通过对石墨提纯工艺、石墨深加工、石墨应用的全球及中国专利态势的分析，对未来石墨技术研究的方向给出以下建议。

1.关于石墨提纯工艺

分析现有技术可知，隐晶质石墨的浮选法包括单一浮选提纯和浮选组合法两方面内容。其中，单一的浮选法包括多次磨矿浮选作业，涉及技术内容主要为浮选药剂及添加剂选择、磨矿次数和浮选次数等。建议加大对上述技术内容的研究，通过尝试引入不同的浮选剂、调节磨矿方式与浮选方式，达到提高石墨纯度的目的。在浮选组合法中浮选法常与碱酸法相结合，涉及的主要内容为磨矿方式、磨矿尺寸及添加活化剂（氟化物）等。单纯使用浮选法对石墨的纯度有一定局限。建议加大浮选组合法的研究，特别是浮选法与化学法的结合使用，以争取占据尽可能多的空白点。

隐晶质石墨的氢氟酸法使用的主流体系是氢氟酸及其他酸组成的混合酸溶液体系，一方面，氟盐与酸体系及气态氢氟酸体系相关的专利文献相对较少，建议针对该部分进行专利申请并进行专利布局。另一方面，氢氟酸法与其他提纯方法的组合使用也相对较少，如氢氟酸法与浮选法、碱酸法的组合，氢氟酸法与火法的组合等。例如，将气态氢氟酸提纯体系与火法提纯结合使用，建议加大氢氟酸组合提纯法的研究，并积极申请专利保护。

针对隐晶质石墨的高温提纯法公开的相关专利较少。现有的高温提纯技术对设备要求较高，产生高温的设备主要为石墨化电炉、等离子发生器、高温感应炉（带有脉冲中、高频电感应加热源）、电子束炉等。一方面，可尝试改进高温设备，结合调整提纯工艺，如设置多个温度区间，分级提纯等；另一方面，建议加强高温提纯法与其他提纯方法组合使用的研究。

2.关于等静压石墨生产工艺

通过对相关专利技术的分析可以发现，等静压石墨专利的技术点比较分散，技术手段主要可以分为对制备工艺的改进及对制备原料的改进。从制备原料上，大致可以分为骨料以天然微晶石墨为主、骨料中包含天然石墨粉、骨料中不包含天然石墨骨料；在所要达到的技术功效上，以制备结构致密、均匀性好、各向同性高、机械强度高、密度高的等静压石墨制品为主。制备工艺涉及混捏、成型、浸渍、焙烧、石墨化处理等多个工艺步骤，每一个工艺步骤的工艺参数也各有不同。所要达到的技术功效主要为结构致密、密度高、均匀性好、各向同性高、机械强度高、成品率高。

3.关于石墨烯制备工艺及其应用

石墨烯制备工艺方面的专利主要包括氧化还原法、石墨插层法等制备方法。虽然化学气相沉积法申请量远大于氧化还原法，但是近两年来，氧化还原法的申请量增长速度大于化学气相沉积法。因此，预测氧化还原法可能是未来重点研究的石墨烯制备方法。

石墨烯应用主要有储能领域、光电领域、环保领域及生物医药领域，其中，储能领域占比最大，其次为光电领域，环保领域与生物医药领域位列其后。储能领域和光电领域中的高速电子器件、锂离子电池、超级电容是专利申请较集中的技术分支。这些技术分支也是近几年研究的热点方向。在对石墨烯在锂离子电池负极材料、超级电容器应用方面的技术功效分析中可以看出，技术手段基本以石墨烯与不同的材料进行复合，包括碳纳米管、金属氧化物、聚合物等，以实现锂离子电池或超级电容器导电性能、倍率性能、循环性能等方面上性能的提高。另外，通过对专利数据的分析，可以预测石墨烯复合电极材料，即通过石墨烯材料改善锂电池正负极材料的电化学性能；石墨烯导电材料，即将石墨烯材料作为锂电池的导电添加剂，来改善锂电池充放电性能、循环稳定性和安全性，可能是重点研究的技术点。

4.关于石墨在电极材料上的应用

电极材料应用涉及的技术方案主要集中在石墨外包覆其他材料、石墨与黏合剂（黏结剂）混合、石墨作为内壳材料等方面。可以从上述技术点入手进行技术研发和专利布局。

3.2　石墨烯

石墨烯（graphene）是一种由碳原子以sp^2杂化轨道组成的六角形呈蜂巢晶格的平面薄膜，只有一个碳原子厚度，是目前世界上已知最薄、最坚硬的纳米材料。自2004年在实验室被成功制备出来以来，经过10多年的发展，石墨烯的研究已经取得了重要的进展。

石墨烯具有优异的导电、导热，以及力学等诸多性能，被广泛地应用在光电、储能、生物医药等领域。其特性具体如下：

（1）几乎完全透明，光吸收率仅2.3%；

（2）导热系数高达5 300 W（m·K），高于碳纳米管和金刚石；

（3）常温下电子迁移率超过15 000 cm^2（V·s），高于碳纳米管或硅晶体；

（4）目前世界上电阻率最小的材料；

（5）能够在常温下观察到量子霍尔效应；

（6）结构非常稳定，内部的碳原子之间的连接很柔韧；

（7）质地牢固坚硬，为目前已知测量过的强度最高的物质；

（8）具有双表面结构特性，可进行官能团修饰。

由于上述优点，石墨烯被应用在集成电路电子器件、场效应晶体管、透明导电电极、导热材料、超级电容器等多个方面。由于石墨烯具有可修改的化学功能，可被应用于细菌侦测与诊断器件；由石墨烯制备的氧化石墨烯过滤膜，拥有较高的渗透选择性，可以淡化海水；将石墨烯应用于相机感光元件，有望彻底颠覆未来的数位感光元件技术发展。

目前，世界上比较主流的石墨烯制备方法有外延生长法、化学气相沉积（CVD）法和氧化石墨还原法等。化学气相沉积法和氧化石墨还原法已经实现了石墨烯的规模化生产。化学气相沉积法比其他制备方法更容易实现大尺寸的稳定量产化，但面临石墨烯层数可控性差等问题，会大幅降低石墨烯的质量；氧化石墨还原法操作简单，但所用原料存在毒性，会造成污染，同时存在层数不可控、所制备石墨烯存在缺陷的问题。所以，石墨烯的大规模、低成本、可控制备，是影响石墨烯应用的重要研究方向。

经过10多年的发展，虽然主要科技强国关于石墨烯的研究投入、相关文章和发明专利都成倍增长，但整体上并没有实现工业化发展和石墨烯产品的普及。我国现阶段石墨烯生产技术水平虽有了较大提高，仍不能大量量产，但作为新材料板块在

"十二五"规划中重要的战略性新兴产业,中国已成为石墨烯行业的专利申请大国。在中国政府政策的大力扶持下,中国石墨烯发展需要将基础理论研究与应用研发相结合,由实验室走向工业化,由概念转化为产品,使石墨烯真正能惠及人类。

3.2.1 技术分解与数据分析

3.2.1.1 技术分解

石墨烯技术涉及诸多领域,总体来说,包括石墨烯、石墨烯及其复合物的应用。石墨烯包括石墨烯制备方法、改性石墨烯,以及石墨烯复合薄膜,其中,石墨烯制备方法包括机械剥离法、化学气相沉积法等多种制备方法,改性石墨烯主要分析金属掺杂、基团化。石墨烯及其复合物应用广泛,不仅涉及生物医药、光电、储能、环保等多个领域,而且每一个应用领域均涵盖多个应用方向,因此石墨烯及其复合物的应用涉及大量的技术分支,如表3-12所示。

表3-12 石墨烯领域技术分解

一级技术分支	二级技术分支	三级技术分支	四级技术分支
石墨烯	石墨烯制备方法	机械剥离法	—
		化学气相沉积法	—
		氧化还原法	—
		外延生长法	—
		液相剥离法	—
		石墨插层法	—
		其他方法	—
	改性石墨烯	金属掺杂	—
		基团化	—
	石墨烯复合薄膜	—	—
石墨烯及其复合物的应用	生物医药领域	药物载体	靶向药物输运载体
		生物检测	DNA和蛋白质检测
			生物传感器
		肿瘤治疗	—
		细胞成像	—
		人工肌肉/机器人	导电弹性体

一级技术分支	二级技术分支	三级技术分支	四级技术分支
石墨烯及其复合物的应用	光电领域	石墨烯传感器	石墨烯场效应晶体管型生化传感器
		高速电子器件	探测器
			激光器
			调制器
			场效应晶体管
		触摸屏	—
		电子封装	封装材料
		柔性印刷电路	—
		透明电极	薄膜太阳能电池
			发光二极管
	储能领域	超级电容	电极材料
		锂离子电池	复合电极材料（正、负极）
		储氢/甲烷	导电添加剂
			石墨烯功能涂层
			催化剂载体
		燃料电池	催化剂载体
			电极材料
	环保领域	吸附材料	石墨烯气凝胶材料（吸附重金属、染料、有机溶剂）
			石墨烯海绵（污水处理）
		催化材料	石墨烯载体
		过滤材料	—
		绿色家装	环保涂料
	智能穿戴领域	智能加热	—
		眼镜	—
		智能手环/手表	—
		智能理疗护腰	腰带
		石墨烯发热膜	—
	其他领域	导电材料	导电碳浆（碳材料：石墨烯、碳管等）
		导热材料	散热膜等
		润滑剂	—
		复合塑料	—
		复合涂料	—
		复合纤维	—
		石墨烯复合橡胶	增强、吸附、屏蔽等
		石墨烯复合屏蔽材料	石墨烯电缆

3.2.1.2 数据分析

在石墨烯全球专利态势分析部分，主要针对全球范围和日本、韩国、美国范围的专利申请趋势，全球范围石墨烯、石墨烯及其复合物的应用的专利技术生命周期、专利申请区域布局、专利技术主题分布等维度进行具体解析，以展现全球范围内石墨烯领域的专利申请发展现状，并对这种现状的原因和性质进行深入的分析。

在石墨烯中国专利态势分析部分，主要针对中国范围石墨烯领域的专利申请趋势、专利技术生命周期、技术构成、申请人，以及江南石墨烯研究院的专利态势进行分析。

在三星公司石墨烯技术专利布局分析部分，主要针对三星公司石墨烯技术的专利申请趋势、专利申请布局、技术构成、重点专利技术进行分析。

3.2.2 全球专利申请态势分析

3.2.2.1 专利申请趋势分析

根据石墨烯领域技术分解表，将石墨烯领域分为石墨烯和石墨烯及其复合物的应用两大技术分支。石墨烯技术分支主要涉及石墨烯制备方法、改性石墨烯和石墨烯复合薄膜等技术内容；石墨烯及其复合物的应用技术分支主要涉及石墨烯及石墨烯复合物在生物医药、光电、储能、环保等多个领域应用的技术内容。

2004年，曼彻斯特大学物理学家使用特殊胶带剥离，首次得到石墨烯。自此之后，石墨烯相关的专利申请量持续增长。将石墨烯技术分支及石墨烯及其复合物的应用技术分支相关的专利文献分别按申请时间进行分析，申请量随时间的变化趋势如图3-61所示。

由图3-61可以看出，石墨烯和石墨烯及其复合物的应用两个技术分支申请量变化趋势大体相似。两个技术分支在2008年之前申请量均较低；2008年之后申请量得到了较快增长，基本上年申请量较上一年有约1倍的增幅，并且石墨烯及其复合物的应用技术分支的增长速度远高于石墨烯技术分支。石墨烯及其复合物的应用技术分支的申请量在2009年之后持续增长，2013年年申请量突破1 000项之后，在2014年到达峰值，此后略有小幅下降，但仍在1 000项附近。

此外，石墨烯及其复合物的应用技术分支的申请量一直高于石墨烯技术分支，二者申请量之间的差距在2009年之后越来越大，可以看出石墨烯及其复合物在应用方面得到更多的研究和发展。

从图3-61中还可看出，石墨烯自2004年被发现以来，申请量整体处于增长趋势，2010年之后处于高速发展期，2009—2012年增长速度逐渐加大，2012—2022年增长速度稍有下降，但申请量仍维持较高水平。

图 3-61　石墨烯全球申请量变化趋势

上述内容是针对全球专利申请量进行的整体趋势分析，下面将针对日本、韩国及美国的专利申请量变化趋势进行详细分析。

1.日本

日本在石墨烯领域的专利申请量较少，具体申请量随时间的变化趋势如图3-62所示。

首先，分析石墨烯技术分支。由图3-62可知，该技术分支整体申请量较低，2009年之前增长缓慢，2009—2010年申请量由10项大幅上升为38项，2011年到达峰值，2011年之后申请量有下降趋势。

图 3-62　石墨烯日本申请量变化趋势

先进无机非金属材料技术发展路径

其次，分析石墨烯及其复合物的应用技术分支。从图3-62中可知，该技术分支的专利申请开始时间较早，但是后续的专利申请量相对全球申请量处于较低水平。与全球情况类似，该分支的申请量一直高于石墨烯分支，但是申请量差距较小。该趋势线在2005—2007年、2009—2012年这两个时间段的申请量有明显的增长过程，特别是在2009—2012年申请量大幅增加，并于2012年达到峰值。

2.韩国

韩国在石墨烯领域整体的专利申请量高于日本，各技术分支申请量随时间的变化情况如图3-63所示。

从图3-63中可知，两个技术分支的申请量变化趋势相似，2008年之前专利申请量较少，发展缓慢，2008—2012年两个技术分支均处于快速发展期，并于2012年同时到达峰值。石墨烯及其复合物的应用技术分支的申请量一直高于石墨烯技术分支的申请量，并且到2012年，随着时间的增长，两个技术分支的申请量差距也越来越大。此外，石墨烯及其复合物的应用技术分支的申请量增长速度高于石墨烯技术分支的增长速度。

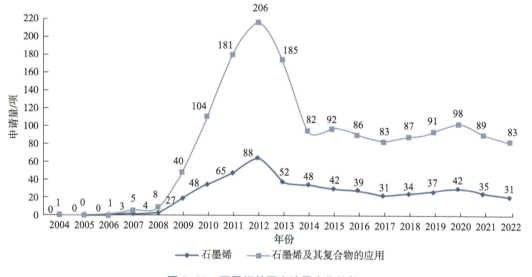

图3-63 石墨烯韩国申请量变化趋势

3.美国

美国石墨烯领域专利技术分支申请量随时间的变化情况如图3-64所示。

其中，石墨烯技术分支的申请量变化趋势相对平缓，2007—2012年处于石墨烯技术发展期，并且在2012年到达峰值。石墨烯及其复合物的应用技术分支的发展过程包括两个阶段：2004—2009年为缓慢发展期，2009—2012年为迅速发展期（其中2010—

2011年小幅增长）。在迅速发展期，申请量由40项急剧上升，并在2012年到达峰值。此外，从图3-64中可以看出，两个技术分支申请量的差值随着时间呈现增大—减小—增大—减小的变化过程。

图 3-64　石墨烯美国申请量变化趋势

通过对石墨烯领域专利申请量变化趋势的分析可以看出，在全球范围内，石墨烯及其复合物的应用技术分支上的专利申请量均大于石墨烯技术分支上的专利申请量。这表明全球主要国家对石墨烯的研究重点是石墨烯及其复合物的应用。这也是石墨烯技术未来发展的主要技术方向。

3.2.2.2　专利技术生命周期分析

本小节采用技术生命周期图法分析石墨烯领域石墨烯技术分支及石墨烯及其复合物的应用技术分支的发展情况，图3-65为石墨烯及其复合物的应用技术分支的专利申请量与专利申请人随时间的变化情况，图3-66为石墨烯技术分支的专利申请量与专利申请人随时间的变化情况。

根据图3-65所示的曲线，可将石墨烯及其复合物的应用技术分支的技术生命周期划分为下述两个阶段。

（1）2004—2008年，该阶段专利申请量和申请人数量较少，年度申请人及年度申请量均处于较低水平。该阶段虽然有小幅度的增长，但整体上技术发展缓慢，属于石墨烯及其复合物的应用技术的导入期。

（2）一方面，2008—2018年，申请人数量及专利申请量以较快的速度持续增加。其中，2010年年度申请量为200项，2011年超过400项，2012年超过800项，3年时间申请量实现翻倍增长。另一方面，2010—2018年，申请人由不足150个增加至超过1 800个，说明2010年之后该技术得到了广泛的关注，大批申请人积极介入。2008—2022年属于石墨烯及其复合物的应用的快速发展期。

图 3-65　石墨烯及其复合物的应用分支技术生命周期曲线

图3-66所示的石墨烯分支技术生命周期曲线与图3-65所示的石墨烯及其复合物应用分支技术生命周期曲线类似，因此，可将其划分为以下两个阶段。

（1）2004—2008年，专利申请量和申请人数量较少，技术发展缓慢，属于石墨烯技术导入期。

（2）2008—2018年，申请人数量及专利申请量以较快的速度持续增长，属于石墨烯技术快速发展期。

图 3-66　石墨烯分支技术生命周期曲线

3.2.2.3　专利申请区域布局分析

通过前面关于申请量变化趋势及技术生命周期的分析，可以了解石墨烯相关技术专利申请量随时间的变化情况。在本小节中，我们主要研究石墨烯相关专利文献的地域分布情况，通过对优先权地域及公开地域的分析，能够更直观地看到各个国家的专利输入及输出情况及各个国家的技术实力对比情况。在本小节的分析中，选取中国、日本、美国、韩国、欧洲专利局和世界知识产权组织作为目标地域。选择理由是中国、日本、美国和韩国是申请量居前四位的国家，欧洲专利局以及世界知识产权组织则可以反映专利技术的国际申请情况。图3-67、图3-68分别列出了主要申请国在石墨烯领域不同技术分支上作为专利目标国或来源国的申请情况。各目标地域的专利申请量分布情况如图3-69所示。

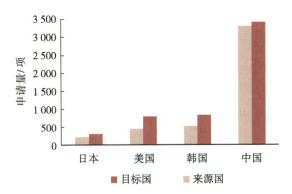

图 3-67　石墨烯及其复合物的应用技术分支主要来源国—目标国申请量分布

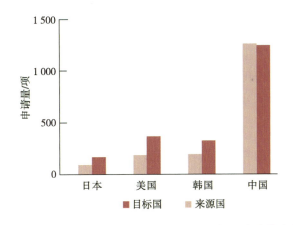

图 3-68　石墨烯技术分支主要来源国—目标国申请量分布

下面结合图3-67、图3-68和图3-69对四大主要申请国和两大主要申请组织的申请量进行综合分析。

1.中国、日本、美国、韩国4国专利申请地域构成分析

目标国的专利申请来源主要有两种：一种是申请人在该国的专利申请；另一种是通过国际申请方式，进入该国的专利申请。

由图3-67、图3-68可以看出，在石墨烯领域，中国是最大的技术目标国与技术来源国，且专利申请量远远高于其他国家。这表明，石墨烯相关技术的研究得到了政府的支持，中国各大企业与研究机构在该领域投入大量的资金与精力，获得了一系列的成果，并将技术成果进行专利保护。从图3-67中还可以看出，中国作为技术目标国，几乎所有的专利申请均来自本国申请，说明在石墨烯领域其他国家对中国的专利输入较少。在石墨烯技术分支领域，中国作为来源国的申请量高于作为目标国的申请量，说明中国作为技术来源国，在海外有一定的专利申请。

由图3-67、图3-68可以看出，在石墨烯领域，韩国与美国分别为申请量排名第二、第三的国家，且专利申请量大体相当。韩国与美国的专利申请接近1/2是来自其他国家的专利输入，说明韩国与美国是石墨烯技术领域比较重要的专利布局区域。日本技术输出量与技术输入量均相对较低，但其他国家对日本仍有一定的专利输入。

2.欧洲专利局以及世界知识产权组织专利申请构成分析

目标地域为世界知识产权组织的专利文献是指通过专利合作条约组织（大约有140个成员国）提出的国际专利申请。从图3-69中可以看出，该目标地域与石墨烯技术分支相关的申请量为240项，与石墨烯及其复合物的应用技术分支相关的申请量为524项，表明有超过750项的专利申请通过国际申请进入其他国家，说明石墨烯领域技术活跃度较高。目标地域为欧洲专利局的专利文献是指根据欧洲专利公约向欧洲专利局提出的欧洲专利申请。其中，石墨烯申请量为121项，石墨烯及其复合物的应用申请量为277项，表明在欧洲的英国、德国等30多个成员国中，石墨烯占有一定的市场。

图3-69具体列出了作为目标地域，各个国家或组织在石墨烯及石墨烯及其复合物的应用这两个分支上的具体申请量的分布情况。从图3-69中可以看出，石墨烯及其复合物的应用技术分支上的专利申请量远远高于石墨烯技术分支上的申请量，并且各个目标地域中两技术分支的申请量占比基本相同。

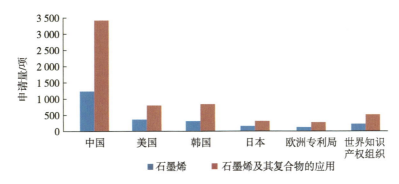

图 3-69　主要地域石墨烯、石墨烯及其复合物的应用分支具体申请量分布

3.2.2.4　技术主题分布分析

国际分类号（IPC）是使用国际分类法对专利文献进行分类而得到的分类号。该分类号的分类原则是功能性为主、应用性为辅。当一件专利涉及不同类型的技术主题时，则根据多个技术主题进行多重分类，给出多个分类号。本小节对石墨烯及其复合物的应用技术分支和石墨烯技术分支相关专利文献的分类号进行统计，给出技术主题分布情况。

1.石墨烯及其复合物的应用技术分支技术主题分布

分类号由部—大类—小类—大组—小组构成。本部分统计石墨烯及其复合物的应用技术分支相关的专利文献的分类号，取专利数量分布较集中的分类号进行分析，分析方式为将分布较为集中的分类号进行标准化，如将分类号"G01N27/327"标准化为"G01N"（由部—大类—小类构成），得到专利文献在小类上的技术主题分布情况。表3-13列出了各分类号代表的含义。

表3-13　分类号含义索引（一）

分类号	含义
A61P	化学物或药物制剂的特定治疗活性
G01N	借助于测定材料的化学或物理性质来测试或分析材料
B01J	化学或物理方法，如催化作用、胶体化学；其有关设备
B82B	通过操纵极少量原子或分子或其集合而形成的纳米结构；其制造或处理
B82Y	纳米结构的特定用途或应用；纳米结构的测量或分析；纳米结构的制造或处理
C01B	非金属元素；其化合物
C02F	水、废水、污水或污泥的处理
C08K	使用无机物或非高分子有机物作为配料

分类号	含义
C09D	涂料组合物；填充浆料；化学涂料或油墨的去除剂；用于着色或印刷的浆料或固体
C23C	对金属材料的镀覆；表面扩散法、化学转化或置换法对金属材料的表面处理；真空蒸发法、溅射法、离子注入法或化学气相沉积法的一般镀覆
D01F	制作人造长丝、线、纤维或带子的化学特征
H01B	电缆、导体、绝缘体、导电、绝缘或介电材料的选择
H01G	电容器；电解型的电容器、整流器、检波器、开关器件、光敏或热敏器件
H01L	半导体器件
H01M	用于直接转变化学能为电能的方法或装置，如电池组

（1）全球技术主题分布分析。在全球技术主题分布分析中，选取专利数超过50项的分类号进行统计。进行标准化之后，统计结果如图3-70所示。

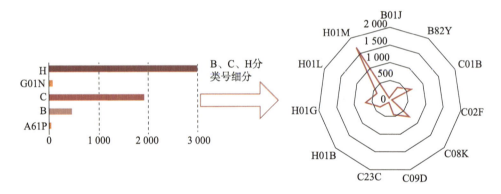

图3-70　石墨烯及其复合物的应用全球技术主题分布（单位：项）

石墨烯及其复合应用的主要分类号涉及A、B、C、G、H 5个大部。由图3-70可以看出，A、G两个分类号专利数少，且仅涉及A61P和G01N两个小类。其中，A61P是涉及生物医药领域应用的，G01N是涉及光电领域的，特别是石墨烯传感器方面的应用。

B、C、H 3个分类号（部）的专利数量较多且涉及多个小类。由图3-70可知，分类号H01M的专利数量最多，超过1 500项。该分类号主要涉及储能领域应用，特别是锂离子电池、燃料电池等应用。专利数量超过500项的还有H01G、C08K和C01B，主要涉及电容器、石墨烯复合材料等方面的应用，说明全球专利主要涉及锂离子电池、燃料电池、电容器、传感器、复合材料和生物医药领域。

（2）韩国、美国、日本3国技术主题分布分析。在主要国家技术主题分布分析中，选取各个主要国家专利数超过15项的分类号进行统计。进行标准化之后，统计结果如图3-71所示。

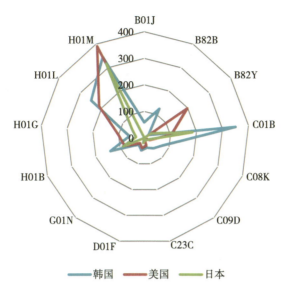

图 3-71　石墨烯及其复合物的应用韩国、美国、日本 3 国技术主题分布（单位：项）

从图3-71中可以看出，韩国和美国的技术主题覆盖面较广，日本次之；并且分类号H01M是3个国家均主要涉及的分类号，说明在韩国、美国、日本3个国家中，石墨烯及其复合物的应用均注重储能领域的应用，特别是锂离子电池、燃料电池等的应用。

首先，分析韩国专利技术分布情况，专利数超过200项的分类号还有C01B、H01L，主要涉及非金属元素及其化合物，半导体器件；其次，超过100项的分类号有B82B、H01B，主要涉及纳米结构的制造或处理、电缆或介电材料。

其次，分析美国专利技术分布情况，专利数超过200项的分类号还有B82Y、H01L，主要涉及纳米结构的用途或应用及半导体器件。

最后，分析日本专利技术分布情况，日本专利技术分布范围较窄，专利数较大的分类号还有C01B和H01B，主要涉及非金属元素及化合物、电缆或介电材料。

2.石墨烯技术分支技术主题分布

对石墨烯技术分支相关的专利文献的分类号进行分析，选取专利数量分布较集中的分类号进行分析，得到专利文献在小类上的技术主题分布情况。表3-14列出了各分类号代表的含义。

表3-14 分类号含义索引（二）

分类号	含义
B01D	分离
B01J	化学或物理方法
B01J19/08	利用直接应用电能、波能或粒子辐射的方法；其所用设备
B05D	对表面涂布液体或其他流体的一般工艺
B32B	层状产品，即由扁平的或非扁平的薄层构成的产品
B82B	通过操纵极少量原子或分子或其集合而形成的纳米结构；其制造或处理
B82B3/00	通过操纵单个原子、分子或极少量原子或分子的集合的纳米结构的制造或处理
B82Y	纳米结构的特定用途或应用、纳米结构的测量或分析、纳米结构的制造或处理
C01B31	碳及其化合物
C08J	加工、配料的一般工艺过程
C08J5/18	薄膜或片材的制造
C08K	使用无机物或非高分子有机物作为配料
C08L	高分子化合物的组合物
C23C16	通过气态化合物分解且表面材料的反应产物不留存于镀层中的化学镀覆，如化学气相沉积（CVD）工艺
C30B	单晶生长、共晶材料的定向凝固或定向分层、单晶或均匀多晶材料及其制备
H01B	电缆，导体，绝缘体，导电、绝缘或介电材料的选择
H01L	半导体器件
H01M4	电极

（1）全球技术主题分布分析。在全球技术主题分布分析中，选取专利数超过15项的分类号进行统计。进行标准化之后，统计结果如图3-72所示。

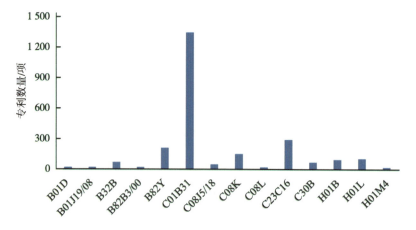

图3-72 石墨烯全球技术主题分布

图3-72列出了石墨烯技术分支专利分布比较集中的分类号，其中部分小类分类号含有单一的更加细分的分类号，则以其细分分类号代替。

石墨烯技术分支中，专利数最多的分类号是C01B31。该分类号表示碳及其化合物。专利数次之的分类号是C23C16。该分类号涉及化学气相沉积工艺。再次是B82Y和C08K，主要涉及纳米结构的制造或处理，使用无机物或非高分子有机物作为配料。图3-72表明，在石墨烯技术分支中，全球专利主要涉及石墨烯的制备方法，特别是化学气相沉积法及石墨烯复合薄膜。

（2）韩国、美国、日本3国技术主题分布分析。在韩国、美国、日本3个主要国家的技术主题分布分析中，选取各个主要国家专利数超过3项的分类号进行统计。进行标准化之后，统计结果如图3-73所示。

从图3-73中可以看出，与石墨烯及其复合物的应用技术分支的情况类似，韩国和美国的技术主题覆盖面较广。分类号C01B31在3个国家中专利数均居首位，其含义为元素碳；其化合物、技术主题均涉及含单质碳的石墨烯。

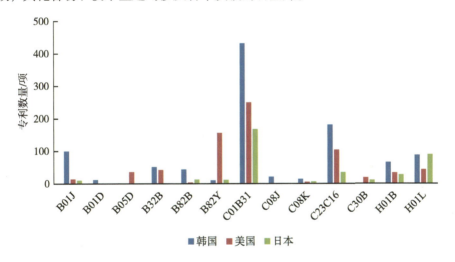

图 3-73 石墨烯韩国、美国、日本3国技术主题分布

首先，分析韩国专利技术分布情况。专利数较多的分类号有C23C16（专利数接近200项）、B01J、H01L和H01B，主要涉及石墨烯改性、半导体器件和石墨烯复合薄膜，说明韩国专利重点涉及化学气相沉积法制备石墨烯。

其次，分析美国专利技术分布情况。专利数较多的分类号有B82Y和C23C16，主要涉及纳米结构的用途或应用及化学气相沉积法，说明美国专利重点涉及石墨烯的制备方法及化学气相沉积法制备石墨烯。

149

最后，分析日本专利技术分布情况。在日本的专利技术分布中，专利数较多的分类号还有H01L和C23C16，主要涉及半导体器件及化学气相沉积法制备石墨烯。

3.2.2.5 技术构成分析

上一小节主要通过专利分类号对技术主题的分布进行分析。分类号是从功能和应用的角度对专利文献进行分类。为了获取更加深入的信息，需要分析各技术分支上的技术构成情况。因此，本小节通过对石墨烯领域相关专利文献的技术方案进行分析，深层次地分析石墨烯领域的技术构成情况。

1.石墨烯及其复合物的应用技术分支技术构成分析

石墨烯及其复合物的应用技术分支包括多个技术领域的应用，主要有生物医药领域、光电领域、储能领域、环保领域、智能穿戴领域和其他领域。

图3-74列出了石墨烯及其复合物的应用技术分支的技术构成情况。从图3-74中可以看出，其他领域占比第一，为35.62%；储能领域占比第二，为29.36%；光电领域占比第三，为18.32%；环保领域与生物医药领域占比分别为9.75%和6.65%；智能穿戴领域占比最小，仅为0.30%。

进一步分析各个领域的分支细分情况，其他领域主要涉及导电材料、导热材料、润滑剂、复合塑料、复合纤维、复合涂料、石墨烯复合橡胶和复合屏蔽材料技术子分支。各子分支的占比情况如图3-74所示。其中，占比最大的3个技术子分支为导电材料、复合涂料和复合纤维，所占比例分别为23%、22%和21%；其次是导热材料，占比为12%；石墨烯复合塑料、复合橡胶、润滑剂、复合屏蔽材料占比较小且比例基本相同，分别为7%、6%、5%、4%。

储能领域的技术子分支为超级电容、锂离子电池、储氢/甲烷和燃料电池。其中，储能领域中49%的专利申请是关于锂离子电池的；超级电容相关的申请量次之，比例高达33%；再次为燃料电池，比例为14%；储氢/甲烷领域的应用最少，仅为4%。

光电领域的技术子分支较多，最主要的三大技术子分支为高速电子器件、透明电极和触摸屏，占比分别为51%、24%和19%；石墨烯传感器为4%；电子封装和柔性印刷电路各占1%。高速电子器件含探测器、激光器、调制器和场晶体管。此类器件的占比超过该应用领域的1/2，说明在光电领域应用中此类电子器件为技术研究重点。

环保领域技术子分支较少，其中催化材料分支和绿色家装分支占比相当，分别为39%和36%，吸附材料占16%，过滤材料占9%，说明石墨烯作为催化载体和吸附材料的应用研究得到较多关注。

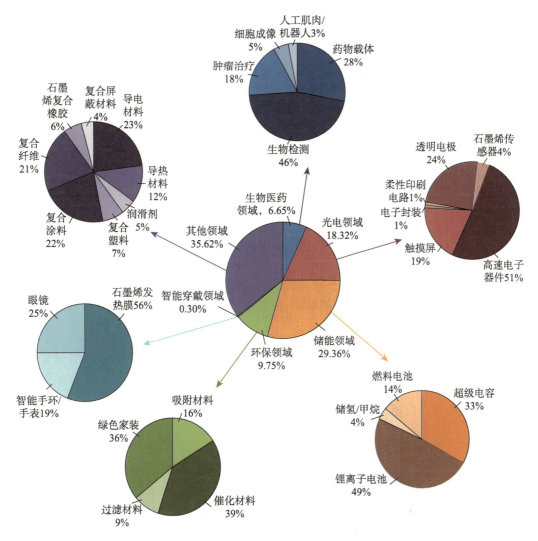

图 3-74　石墨烯及其复合物的应用技术分支技术构成

生物医药领域中，生物检测技术子分支占比最大，为46%，药物载体和肿瘤治疗次之，分别为28%和18%；占比较小的细胞成像和人工肌肉/机器人，分别为5%和3%。生物检测的子技术分支为生物传感器，以及DNA和蛋白质检测，说明石墨烯涉及检测、治疗等多个方面，在生物医药领域应用广泛。

石墨烯在智能穿戴领域应用较少，总量仅有0.30%，主要涉及石墨烯发热膜、智能手环/手表和眼镜三个方面的应用。

基于图3-74，列出申请量占比较多的技术子分支，如图3-75所示。这些技术子分支涉及其他领域中的导电材料、复合涂料、复合纤维；储能领域中的锂离子电池、超级电容；光电领域中的高速电子器件、透明电极、触摸屏；环保领域中的催化材料、绿色家装；生物医药领域中的生物检测、药物载体、肿瘤治疗。这些技术子分支在石墨烯及其复合物的应用技术分支中申请量占比较高，为当前研究的热点技术。

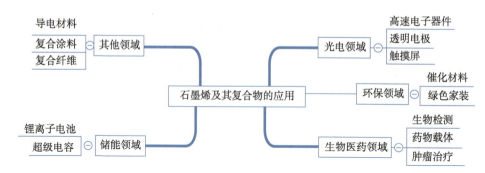

图 3-75 石墨烯及其复合物的应用技术分支中主要子分支

2.石墨烯技术分支技术构成分析

石墨烯技术分支主要包括石墨烯制备方法、改性石墨烯和石墨烯复合薄膜。各技术分支的构成及占比情况如图3-76所示。

从图3-76中可以看出，石墨烯制备方法所占比例最大，高达75%；石墨烯复合薄膜和改性石墨烯占比大体相当，分别为14%和11%。这表明石墨烯的制备方法为石墨烯技术分支的重点内容。

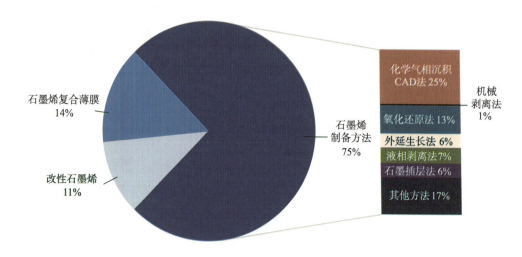

图 3-76 石墨烯分支技术构成

石墨烯制备方法包括机械剥离法、化学气相沉积法、氧化还原法、外延生长法、液相剥离法、石墨插层法以及其他方法几个技术子分支，具体构成情况如图3-76所示。由图3-76可知，化学气相沉积法目前为石墨烯制备的重点方法，专利申请量占石墨烯技术分支申请总量的25%；作为最早制备石墨烯方法的机械剥离法占石墨烯技术分支申请总量的1%。在其他制备方法中，氧化还原法，占石墨烯技术分支申请总量的13%；外延生产法（6%）、液相剥离法（7%）和石墨插层法（6%）占比大体相当；另外，17%的份额是技术特征不明显的其他方法。这表明石墨烯量产的需求促进了石墨烯制备方法的进步，即由最初的机械剥离法发展到化学气相沉积法、氧化还原法等制备方法。

3.2.3　中国专利申请态势分析

本节主要分析石墨烯领域在中国的专利申请态势，主要包括专利申请趋势分析、专利技术生命周期分析、技术构成分析，以及申请人分析。通过以上各方面的分析试图揭示石墨烯领域在中国的演进状况，并进一步预测未来在中国的发展前景。

3.2.3.1　专利申请趋势分析

如图3-77所示，石墨烯与石墨烯复合物在中国是一个比较新兴的材料。中国自2007年开始才有了第一件关于石墨烯的专利申请；2007年，同样出现了关于石墨烯复合物的专利申请。自此以后，有关石墨烯和石墨烯复合物的中国专利申请量一直处于稳步增长的状态。

英国曼彻斯特大学的安德烈·海姆教授和康斯坦丁·诺沃肖洛夫教授通过从石墨薄片中剥离出了石墨烯而荣获2010年诺贝尔物理学奖。此项诺贝尔物理学奖将石墨烯正式带入人们的视线。在这一时期，中国政府也出台了一系列支持包括石墨烯在内的新材料的政策。例如，2012年，在工信部发布的《新材料产业"十二五"发展规划》中，首次明确提出支持石墨烯新材料发展；2014年，科技部"863"计划纳米材料专项使石墨烯研发正式进入国家支持层面；2015年，国家发展改革委、工信部和科技部三部门联合发布的《关于加快石墨烯产业创新发展的若干意见》中，明确提出将石墨烯打造为先导产业，并提出到2020年形成完善的石墨烯产业体系。通过国家对石墨烯领域的重视程度、扶持力度以及市场的广阔发展空间，可以预计有关及其复合物的中国专利申请在相当长的一段时期内将继续增加。

从专利申请量上看，关于石墨烯复合材料的专利申请量高于关于石墨烯的专利申请量。自2009年起，两者申请量之差逐年增大；2014年，两者之差达到最大值758项。究其原因，一方面与石墨烯的独特优势及应用领域众多有关，例如，其在锂电池、触控屏、半导体、光伏、航天、军工、LED等众多领域皆可以广泛应用；另一方面与我国的石墨烯行业发展特点有关。与欧美重点研究石墨烯的导电、导热、制备方法等不同，我国对于石墨烯的研究大多集中在复合材料、材料制备等领域。

图 3-77　石墨烯与石墨烯复合物的应用的申请量变化趋势

3.2.3.2　专利技术生命周期分析

1.石墨烯技术分支专利技术生命周期分析

图3-78为石墨烯技术分支（主要是石墨烯制备方法）在中国的专利技术生命周期，即在石墨烯领域，中国专利申请量与专利申请人随时间推移而变化的曲线。

在2012年以前，专利申请人数和专利申请量增长都非常缓慢，年度最大申请量仅为5项，年度申请人数也仅为5个。

自2012年至今，石墨烯技术进入快速发展期。从图3-78中可以看出，专利申请量和申请人数增长迅速，并且相关资料显示，由于2010年的诺贝尔物理学奖和2012年我国提出支持石墨烯新材料发展的明确指示，这一时期石墨烯技术专利申请人数量和专利申请量出现了快速增长局面。

目前，石墨烯制备方法主要有机械剥离法、化学气相沉积法、氧化还原法、外延生长法、液相剥离法，以及石墨插层法等。然而上述方法对于需要样品质量完美、产量巨大和成本巨低的工业化生产而言，都具有一定缺陷。例如，机械剥离法虽然可以保证上乘质量的样品，并保证发挥其最大的电子与机械特性，但制作样品的过程费时费力费钱，因此仅停留在实验室及研究机构的小试阶段。又如，化学气相沉积法产生的"一片"石墨烯并不是从一点上生长出来的一片，而是由多个点同时生长产生的。其中存在的问题是没有办法保证多个点长出来的小片能完整对齐。于是，这些畸形环不但分布在边缘，还存在于每"一片"这样做出来的石墨烯内部，成为结构弱点，因此不能展现石墨烯的最佳特性。

基于上述分析，可以预测，石墨烯的产业化还需要新方法的推进，所以，相关的专利申请在未来相当长的一段时期内还会继续增加。

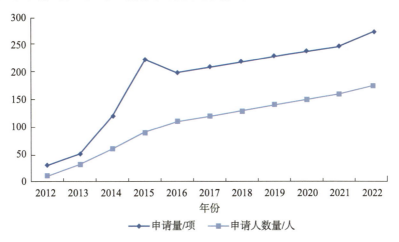

图 3-78　石墨烯技术分支专利技术生命周期

2.石墨烯及其复合物的应用技术分支专利技术生命周期分析

图3-79为石墨烯及其复合物的应用技术分支在中国的专利技术生命周期，即石墨烯及其复合物的应用技术分支中国专利申请量与专利申请人随时间推移而变化的曲线。

在石墨烯及其复合物的应用技术的导入期，专利申请人数和专利申请量增长都非常缓慢，年度最大申请量仅为24项，年度申请人数也不超过20个。

自2008年至今，石墨烯及其复合物的应用技术进入了快速发展期。从图3-79中可以看出，专利申请量和申请人数增长迅速。石墨烯复合物发展如此迅猛，一方面与石墨烯材料本身有关，石墨烯具有导电性强、可弯折、机械强度好等诸多优势，不仅在电极材料、电子芯片、透明导电膜、散热材料等领域已取得一些成果，还存在石墨烯理疗保暖产品、石墨烯内暖纤维制成的服装、石墨烯防弹衣、石墨烯防静电轮胎等潜在应用领域，并且随着石墨烯制备水平的发展和石墨烯应用技术水平的发展，石墨烯材料必将能够应用在更多的下游产品和领域中。

另一方面与我国对石墨烯领域独特的发展方式有关，与欧美重点研究石墨烯的导电、导热、制备方法等不同，我国对于石墨烯的研究大多集中在复合材料、材料制备等领域。因此，我国在石墨烯及其复合物的应用方面的发展更为迅猛，在一定程度上可以预测，在未来相当长一段时期内，我国在石墨烯及其复合物的应用技术分支方面的专利申请量将进一步增加。

图 3-79　石墨烯及其复合物的应用技术分支专利技术生命周期

3.2.3.3　技术构成分析

1.石墨烯技术构成分析

从图3-80中可以看出，改性石墨烯、石墨烯复合薄膜和石墨烯制备方法为石墨烯部分的3个分支。其中，石墨烯制备方法占据最大的比例，其专利申请量为其他两部分总和的4倍。因为改性石墨烯与石墨烯复合薄膜两个技术分支的发展依赖于石墨烯制备方法，在完美石墨烯片层上进行改性或者复合更能发挥石墨烯的特性，因此出现了石墨烯制备方法占据最大比例的局面。

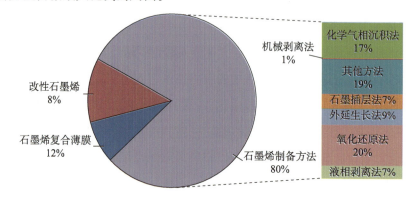

图 3-80　石墨烯技术分支的技术构成分析

同时，从图3-80中还可以看出，在石墨烯的众多制备方法中，氧化还原法与化学气相沉积法占据绝对优势。其原因是，这两种方法是实现石墨烯大面积与规模化生产的主要方法，所以成为企业与高校研究与使用较多的方法。

2.石墨烯及其复合物的应用技术构成分析

如图3-81所示，在石墨烯及其复合物应用的技术分支中，除了其他领域这一分支，储能领域以30.28%的占比居首位，光电领域则次之，占比为15.54%。

从图3-81中还可以看出，储能领域十分关注对锂离子电池的研究。这与市场的需求结构有直接关系。一方面，电动汽车因其环保无污染的优点而被人们广泛接受，因此发展前景乐观。另一方面，电子产品具有巨大市场规模。上述两大块需求市场将带动石墨烯电池未来巨大的市场需求。因此，锂离子电池成为目前的研究热点也就不足为奇。

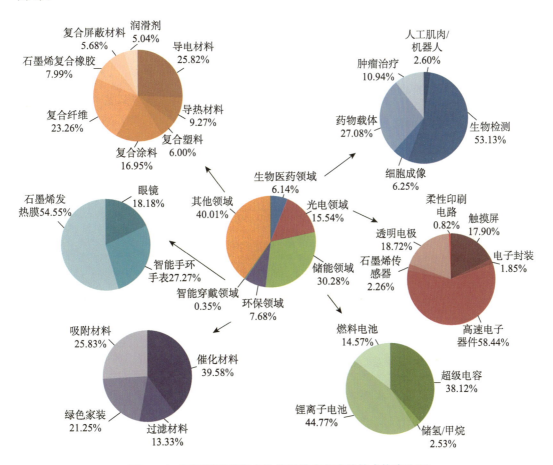

图 3-81　石墨烯及其复合物应用技术分支的技术构成分析

3.2.3.4　申请人分析

1.申请量排名分析

本部分通过对不同申请人的专利申请量进行排序，挑选出申请量排名靠前的申请人，以便分析中国的申请人构成状况。图3-82为石墨烯技术分支与石墨烯及其复合物的应用技术分支申请人排序，并且颜色加深的部分表示已获得授权的专利数量。例如，海洋王照明科技公司在石墨烯技术分支的专利申请总量为77项，已获得授权的专利有9项。

图3-82上图为石墨烯技术分支的申请人排序。从图中可以看出石墨烯领域的专利申请情况。其中，中国申请人占据绝对优势，申请量排名前五的申请人均是中国申请人，并且位居第一的海洋王照明科技公司是唯一一位企业申请人，其他4位申请人均为大学或研究所。

图 3-82　石墨烯技术分支与石墨烯及其复合物的应用技术分支申请人排序

图3-82下图为石墨烯及其复合物的应用技术分支的申请人排序。同样选取申请量排名前五的申请人，其中上海大学与北京化工大学并列第五位。有关石墨烯及其复合物的应用技术分支的申请人及其排名情况与上述石墨烯技术分支的申请人情况基本类似，排在第一位的依然是海洋王照明科技公司，其他几位申请人均以大学作为申请人。

通过上述分析可以看出，石墨烯领域专利申请中，无论是石墨烯技术分支还是石墨烯及其复合物的应用技术分支，中国申请人均占据绝对优势。

2. 主要申请人申请量变化趋势及专利技术构成分析

通过上文分析可以看出，海洋王照明科技公司无论是在石墨烯技术分支还是在石墨烯及其复合物的应用技术分支的申请量排名都居首位，所以本部分对重点申请人——海洋王照明科技公司的申请量趋势及技术构成进行分析。 图3-83与图3-84分别为海洋王照明科技公司的申请量趋势与技术构成。

由图3-83可以看出，海洋王照明科技公司自2013年起开始申请石墨烯领域专利，申请量逐年递增，并且有关石墨烯及其复合物的应用技术分支的专利申请量一直高于石墨烯技术分支的专利申请量。结合图3-84可以看出，海洋王照明科技公司对石墨烯及其复合物的应用的研究主要集中在超级电容方面，占比为43.43%，相当于此公司接近一半的精力集中在超级电容上；其次为锂离子电池，占比为13.64%；除此之外，对石墨烯及其复合物的研究还涉及导电材料、导热材料、复合纤维、薄膜太阳能电池和发光二极管，但对上述分支的研究力度较小，其占比之和不足5%。

图 3-83 海洋王照明科技公司的申请量趋势

对石墨烯技术分支的研究则主要集中在石墨烯制备方法上。海洋王照明科技公司采用了多种制备石墨烯的方法，其中使用最多的为石墨插层法，占比为9.60%；其次为占比相当的氧化还原法和化学气相沉积法。在制备石墨烯的过程中，还结合了液相剥离法等其他方法。

从上述分析中可以看出，海洋王照明科技公司采取石墨烯与复合物研究并重的方式，并且对复合物应用产品的研究非常集中，主要是超级电容器和锂离子电池，说明该公司非常注重核心产品的研发并对其进行周密的专利布局。

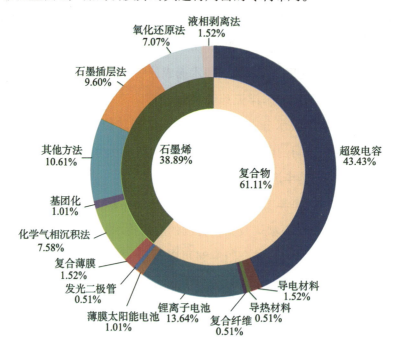

图3-84 海洋王照明科技公司的技术构成

3.2.4 重点申请人专利布局分析

下面将针对三星公司石墨烯技术的专利申请状况进行重点分析，主要涉及专利申请趋势分析、专利申请布局分析、技术构成分析及重点专利技术分析。

3.2.4.1 专利申请趋势分析

首先对三星公司石墨烯技术的专利申请量变化趋势进行分析。其中，三星公司在石墨烯行业的专利申请量共1 022项。将这些专利申请进行技术分支的划分，主要分为石墨烯、石墨烯应用及其他3个分支。图3-85分别列出了三星公司在石墨烯行业的专利申请总量及各技术分支的专利申请量的变化趋势。其中，技术分支中的"其他"包含的专利申请指的是不能被分到石墨烯及石墨烯应用技术分支的专利。

由图3-85可以看出，三星公司自2010年开始，申请量出现了快速增长，并在2015

年申请量达到最高值231项。石墨烯技术分支相关的专利申请量变化趋势相对比较平缓；石墨烯应用技术分支的专利申请量变化趋势与申请总量的变化趋势类似，均是从2010年开始出现明显的快速增长；其他技术分支的专利申请量总体比较少，申请趋势平缓，基本上处于缓慢增长的状态。

图 3-85　三星公司专利申请量的申请趋势

3.2.4.2　专利申请布局分析

本小节将针对三星公司在各个国家/地区/组织的专利申请分布进行分析。图3-86为三星公司石墨烯技术相关专利申请在各个国家/地区/组织的分布情况，同时分别列出了在各个国家/地区/组织的专利申请中，其技术分支——石墨烯、石墨烯应用及其他所占的比重。

由图3-86可以看出，三星公司在石墨烯行业主要在图中8个国家/地区/组织进行了专利申请。作为技术输出国，三星公司在本国的专利申请数量最多，有393项，其次依次为美国、中国、日本，在德国的专利申请最少，只有1项。从三星公司的专利申请地域分布可以看出，三星公司尤其重视石墨烯相关技术在美国的保护。

在各国家/地区/组织专利申请的技术构成上，基本上以石墨烯应用分支的占比最高，只有在世界知识产权组织的专利申请中，石墨烯分支的专利数量偏多。

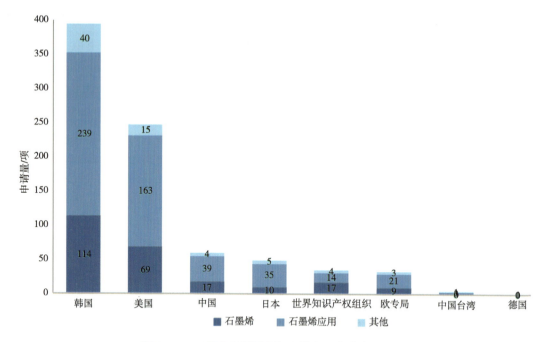

图 3-86　三星公司石墨烯行业的专利申请地域分布

3.2.4.3　技术构成分析

本小节主要针对三星公司在石墨烯行业所申请专利的技术构成情况进行分析。如图 3-87 所示，三星公司在石墨烯行业的专利申请的技术构成包含石墨烯、石墨烯应用及其他。石墨烯主要涉及石墨烯的制备工艺、改性等；石墨烯应用涉及石墨烯在光电、储能等领域的应用；其他主要指属于石墨烯行业，但不属于石墨烯及石墨烯应用的专利申请，如关于设备等的专利申请。

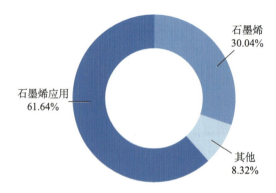

图 3-87　三星公司专利申请的技术构成

由图 3-87 可以看出，三星公司在石墨烯行业的专利申请以石墨烯应用的占比最高，占总量的61.64%；其次是石墨烯相关专利，占比为30.04%。

由于石墨烯行业涉及的技术分支较多，下面分别对石墨烯及石墨烯应用两个技术分支上的专利申请作进一步的技术构成分析。首先，对石墨烯技术分支上的专利申请进行技术构成分析，如图3-88所示。

图 3-88　石墨烯的技术构成（单位：项）

有关石墨烯的专利申请数量为307项，其下级技术构成主要包括石墨烯的化学气相沉积制备方法，数量达170项，说明三星公司比较重视利用化学气相沉积法制备石墨烯；其次，有关石墨烯转移的专利有52项；再次，利用其他方法制备石墨烯的专利数量有40项。石墨烯其他制备指的是石墨烯量子点及石墨烯纳米带等的相关专利，外延生长法、石墨插层法及石墨烯改性的专利均只有几项。

如图3-89所示，石墨烯应用的相关专利申请共有630项。三星公司关于石墨烯应用的专利申请主要涉及光电领域及储能领域，共占石墨烯应用专利总量的85%以上。三星公司作为一家主营电子产品的公司，有关石墨烯的应用在光电领域最多，涉及电子器件、场效应晶体管、发光二极管、透明电极等多个方面；在储能领域，主要涉及石墨烯在锂电池电极及超级电容器电极中的应用；其他领域的应用涉及石墨烯层合体、石墨烯镀膜、分离膜等方面。其中，在光电领域及其他领域包括一些零散的应用，并未全部在图中列出。

关于石墨烯的其他技术分支，所涉及的方面包括石墨烯检测、石墨烯的制备设备等，分支零散，而且总体数量不多，因此不再对其作进一步分析。

先进无机非金属材料技术发展路径

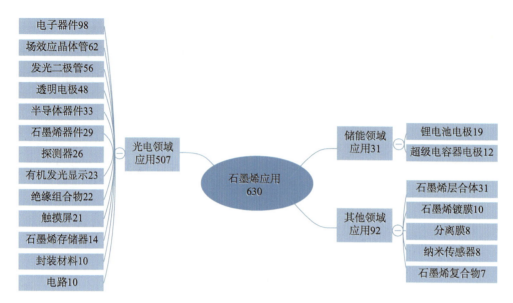

图 3-89　石墨烯应用的技术构成（单位：项）

3.2.4.4　重要专利技术分析

1.重点专利分析

本部分主要对三星公司在石墨烯行业所申请的重点专利进行分析。筛选的重点专利主要基于被引频次和同族专利数量两个要素。选取被引频次不少于10次，同族专利数量不少于5项的专利为重点专利，从而得到重点专利17项。现将筛选得到的重点专利的申请号和专利名称列在表3-15中。其中，对所选取的重点专利进行了去同族处理。

表3-15　三星公司重点专利申请列表

公开号	专利名称
US20090110627A1	石墨烯片及其制备方法
US20090155561A1	单晶石墨烯片及其制备工艺和透明电极
US20090068471A1	石墨烯片及其制备方法
US20090324897A1	石墨烯图案及其制备方法
KR20090043418A	石墨烯片及其制备方法
US20090308520A1	从石墨烯片上剥离催化剂的方法以及石墨烯片的转移
US20110070146A1	石墨烯的制造方法，通过该方法制造的石墨烯，包含石墨烯的导电膜，包含石墨石墨烯的透明电极，以及包含石墨烯地辐射或加热装置
US20090068470A1	石墨烯壳及其制备方法
KR20090029621A	石墨烯图案及其制备方法
US20100101710A1	从石墨烯片上剥离催化剂的方法以及石墨烯片的转移

164

公开号	专利名称
US20120256167A1	石墨烯电子器件及其制备方法
US20110089995A1	石墨烯器件及其制备方法
US20100090759A1	量子干涉晶体管及其制造和操作方法
US20110108521A1	制造和转移大尺寸石墨烯的方法
US20120080658A1	石墨烯电子器件及其制备方法
US20110033677A1	石墨烯衬底及其制造方法
US20130048951A1	具有可调势垒的石墨烯开关装置

由表3-15可以看出，所筛选的重点专利主要涉及以下4个方面：石墨烯的制备、金属催化剂的剥离、石墨烯的转移，以及各种石墨烯电子器件及其制备方法。从中可以看出三星公司在石墨烯行业的专利申请重点集中在化学气相沉积法制备石墨烯及相关工艺（催化剂剥离、薄膜转移）上，同时比较重视石墨烯在电子器件，如晶体管、电极材料上的应用。

2.专利引证分析

基于引证频次、同族专利数量两个参数，选取申请号为US12/169，114、发明名称为"石墨烯片及其制备方法"的专利申请进行前向引证关系分析。其中，对前引专利申请进行了去同族处理，将前引专利申请的公开号、名称、申请人信息列在表3-16中。

从表3-16中可以看出，前引专利申请与目标专利申请US12/169，114的相关性均比较密切，涉及的方面包括石墨烯的制备、石墨烯在蓄电装置、太阳能电池、电子器件上的应用，以及石墨烯复合材料的应用。引用专利的申请人除三星公司外，其他申请人中，企业申请人与高校申请人占比相当，且以美国本土申请人居多，从中可以看出美国比较重视石墨烯制备及应用相关技术的研发与专利保护。

表3-16　专利US12/169，114的前向引证专利列表

公开号	名称	申请人
US8641915B2	石墨烯电极和有机/无机杂化复合材料制成的电子器件及其制备方法	三星公司
US20110070146A1	制造石墨烯的方法和通过该方法制造的石墨烯	
US8492747B2	晶体管及含有薄膜晶体管的平面显示设备	
US20110104442A1	石墨烯片及其制备方法	
KR20120083078A	石墨烯制造设备和方法	

公开号	名称	申请人
US8734900B2	石墨烯壳及其制备方法	三星公司
KR20130079920A	石墨烯制造设备及方法	
KR20130081402A	石墨烯薄膜的制造方法及设备	
US9023221B2	多层石墨烯生成方法	
US20120282489A1	石墨烯直接生长方法	
US9053932B2	石墨烯及石墨烯器件的制备方法	
US20130134384A1	石墨烯制备方法	
US8835286B2	石墨烯衬底及其制备方法	NEC公司
US20130272951A1	石墨烯衬底及其制备方法	
US20130084236A1	利用烃前体材料制备石墨烯碳粒子	PPG公司
US20130084237A1	利用甲烷前体材料制备石墨烯碳粒子	
US20120211160A1	含石墨烯碳粒子的粘合剂组合物	
US20140227165A1	利用烃前体材料制备石墨烯碳粒子	
US20120000516A1	石墨烯太阳能电池	埃及纳米科技中心
US20120000521A1	石墨烯太阳能电池和波导	
US20120328951A1	石墨烯、蓄电装置及电子设备	半导体能量实验室
US20130043057A1	蓄电装置用电极及蓄电装置	
US20130052537A1	蓄电装置及其制备方法	
US20130266869A1	石墨烯和蓄电装置及其制造方法	
US20130273428A1	蓄电装置	
US9225003B2	蓄电池、蓄电池电极及电子器件的制备方法	
US20110091647A1	化学气相沉积法制备石墨烯	得克萨斯大学
US8461028B2	在金属-碳溶液中通过离子注入制备石墨烯	
US20130026444A1	定向重结晶的石墨烯生长衬底	帝王科技发展公司
US20120286234A1	定向重结晶的石墨烯生长衬底	
US9035281B2	石墨烯器件及其制造方法	诺基亚
US20130162333A1	石墨烯基二极管及其制备方法	
US20110027575A1	基于石墨烯的MIM二极管和相关联的方法	威廉马什赖斯大学
US20110051016A1	无催化剂表面直接生长石墨烯薄膜的方法	
US9096437B2	无碳源石墨烯薄膜生长方法	
US8377408B2	生产碳石墨烯和其他纳米材料的方法	高温物理公司
US20120068124A1	生产碳石墨烯和其他纳米材料的方法	

续　表

公开号	名称	申请人
US20110063064A1	材料及其制造方法	3M公司
US20140021163A1	石墨烯视窗及其制备方法	清洁能源实验室
KR20120079735A	石墨烯制备方法	UNIST学院行业研究
US8871171B2	使用微波辐射催化剂生产石墨烯的方法	弗吉尼亚联邦大学
US20110269299A1	石墨烯的电介质表面直接化学气相沉积	加州大学
US20120168724A1	无转移的石墨烯电子器件的制备方法	康奈尔大学
KR20100120492A	无催化剂的石墨烯生长方法	庆熙大学
US20140014400A1	含石墨烯的透明导电膜及其制备方法	日本写真印刷公司

同时对前向引证专利申请进行分类概括，以时间排序列在图3-90中。在目标专利申请的前向引证专利中，包括加利福尼亚大学、威廉马什赖斯大学在内的美国高校对石墨烯的制备技术进行了改进，包括无催化剂的石墨烯生长方法、无碳源的石墨烯薄膜生长方法、使用微波辐射催化剂生产石墨烯的方法、石墨烯的电介质表面直接化学气相沉积等；企业申请人则相对偏重石墨烯在应用上的申请，在目标专利申请的基础上，延伸出了石墨烯薄膜晶体管、石墨烯MIM二极管，以及蓄电池电极的应用等相关专利申请。

3.2.5　发展态势与建议

3.2.5.1　石墨烯专利态势

1.全球专利态势

石墨烯被誉为"21世纪神奇材料"，是目前世界上已知的最薄、最坚硬、室温下导电性最好、拥有强大灵活性的纳米材料——它可以薄到只有一个碳原子的厚度，1 mm厚的石墨薄片中能剥离出300万层石墨烯；它很硬，其强度比钢还要高200倍；它在室温下的电阻率比银还要小。由于石墨烯的独特性能，使其在光电、储能、环保、生物医药等多个领域的应用充满想象。

虽然石墨烯的专利申请起步较晚，但是全球的专利申请非常活跃。其于2004—2008年经历了短暂的技术导入期，申请量即由个位数上升至两位数；2008年之后进入了快速发展期，专利申请数量急剧上升，2014年达到峰值。并且2008年之后申请人数持续增长，可推测出石墨烯技术仍处于技术发展期。

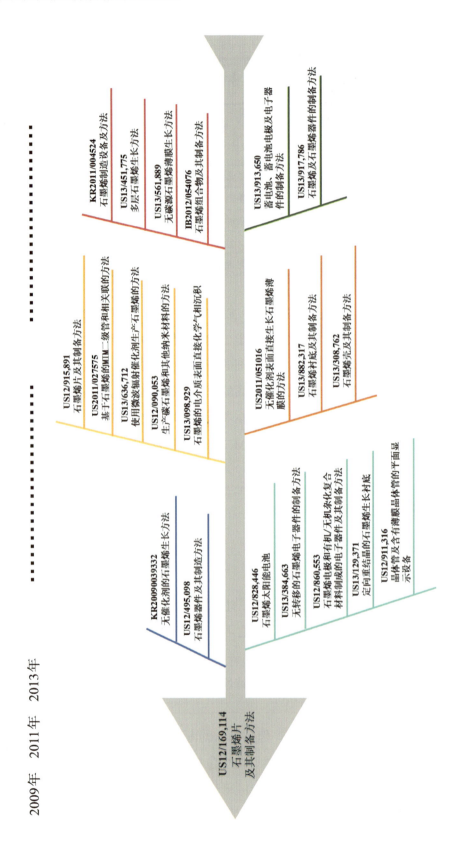

图3-90 专利 US20090110627A1 的前向引证关系

中国、韩国、美国和日本是石墨烯技术申请量较大的4个国家。其中，中国是最大的技术目标国和技术来源国。这说明中国非常重视石墨烯技术的研究，目前有大量高校、研究机构及企业积极参与石墨烯技术的研究，取得了一系列的研究成果，并且对海外有一定的技术输出。韩国与美国的申请量相当，是重要的技术来源国，也是石墨烯技术比较重点的专利目标国，并且技术主题的覆盖面也较广。日本的专利申请量较低，在技术主题分布方面，日本的技术主题覆盖面也相对较窄，说明石墨烯技术在日本的研发热度相对较低。

在石墨烯及其复合物的应用技术分支方面，储能领域、光电领域和其他领域是三大重要应用领域，其中，锂离子电池、超级电容、高速电子器件、石墨烯复合材料（复合纤维、复合涂料、导电材料）是上述三大领域的研究重点。

在石墨烯技术分支方面，石墨烯制备方法是研究的重点内容。其中，化学气相沉积法获得较大关注，其申请量占石墨烯技术总量的1/4；氧化还原法也是专利申请的重点方法。在石墨烯技术分支中，石墨烯复合薄膜和改性石墨烯2个技术分支均有一定的专利布局，是石墨烯技术研究的重点。

2.中国专利态势

中国是目前石墨烯研究和应用开发最为活跃的国家。在所有国家中，中国的专利申请量最高，这与国家对石墨烯研究的支持是分不开的。2013年工信部发布的《新材料产业"十二五"发展规划》中的前沿新材料中就包含石墨烯。国家自然科学基金委员会资助了大量有关石墨烯的基础研究项目，国家科技重大专项、国家"973"计划也部署了一批重大项目。例如，2007—2012年，国家自然科学基金委员会对石墨烯项目累计资助经费达到3.30亿元，科技部和中国科学院对石墨烯的累计资助经费分别达到了5 915万元和4 605万元。并且在各级政府的支持下，初步形成了政府、科研机构、研发和应用企业协同创新的官产学研合作对接机制。基于上述原因，在石墨烯领域中国专利的申请数量在2010年以后有了显著的增长，2014年出现爆发式增长。

2014年申请量的爆发式增长主要是由石墨烯及其复合物的应用技术分支上申请量的增长导致的。在石墨烯技术分支上的申请量从2012年开始则稍微有所下降。由此也可以看出，近几年，中国对石墨烯研究的热点方向在于石墨烯及其复合物的应用。由石墨烯及其复合物的应用技术分支的生命周期图也可以看出，自2010年以来，该技术分支上的申请量和申请人数量基本上保持相同的增长速度快速增长。这表明，随着石墨烯应用领域的不断增加，越来越多的企业、高校、研究所加入对石墨烯及其复合物应用的研究中。

值得注意的是，石墨烯及其复合物的应用非常广泛。其中，储能领域的锂离子电池与超级电容一直是科研及专利申请的重点与热点，从应用研究进展与市场需求度来看，石墨烯更有可能首先在锂离子电池中获得产业化。通过对专利检索数据的分析，认为下述两个研究方向可能是未来技术研究的热点：一个研究方向是石墨烯复合电极材料，借助石墨烯帮助改善锂电池正负极材料的电化学性能；另一个研究方向是作为锂电池的导电添加剂，通过添加石墨烯来改善锂电池充放电性能、循环稳定性和安全性。

此外，光电领域中的高速电子器件，其他领域中的导电材料、复合纤维、复合涂料，环保领域中的催化材料，生物医药领域中的生物检测都是申请量较大的技术子分支，因此，也是目前研究的热点技术方向。

在检索到的中国专利申请中，中国籍申请人在石墨烯技术分支和石墨烯及其复合物的应用技术分支都占有绝对优势。在上述两技术分支的申请人排名中，前五位均为中国籍申请人。在这5位中国籍申请人中，仅有1位申请人为企业，其余均为高校与科研所。

3.重点申请人专利态势

三星公司石墨烯技术的专利申请始于2007年，并从2010年开始保持快速增长趋势，主要涉及石墨烯、石墨烯应用及其他3个技术分支。其中，石墨烯技术分支中以石墨烯的化学气相沉积制备方法占比最大。在石墨烯应用中，光电领域的应用最多，涉及多种石墨烯光电器件，如场效应晶体管、发光二极管、透明电极、触摸屏等；在其他分支上，专利申请数量不多，多涉及石墨烯检测、石墨烯制备设备。

在专利申请地域分布上，除在本国——韩国申请最多外，三星公司石墨烯技术在美国的专利申请数量排名第二，是排名第三、第四的中国、日本申请量的3倍之多，可见三星公司非常重视石墨烯制备及其应用技术在美国的保护。

三星公司在石墨烯行业的重点专利大部分与石墨烯的化学气相沉积法有关，除了化学气相沉积相关制备方法，还涉及金属催化剂的剥离及石墨烯的薄膜转移。这从一定程度上可以看出，化学气相沉积法是制备高质量石墨烯的优势方法之一。在重点专利前向引证分析上，前向引证专利的申请人企业和高校申请人占比各半，且以美国本土申请人居多，相关技术在美国较受重视。

3.2.5.2　发展建议

通过上述对石墨烯全球专利态势、中国专利态势、重点申请人专利态势的分析和研究，对未来石墨烯技术研究的方向给出以下建议。

（1）目前就全球整体来看，对石墨烯及其复合物的应用技术方向的研究力度大于对石墨烯技术方向的研究力度。这表明，各国目前都更重视应用方面的研究。石墨烯作为一种新材料，其应用领域在不断扩大，涉及电子信息领域、储能领域、生物医学领域、环保领域等。因此，建议国内企业加大石墨烯及其复合物的应用技术方向上的研究力度，尽快占领技术空白点。

（2）不管是在全球范围内还是在中国范围内，目前专利申请最多的技术子分支是锂离子电池、超级电容、导电材料、复合纤维、高速电子器件。这表明对石墨烯及其复合物的应用的研究主要集中在上述技术子分支上。这也是未来几年研究的热点方向。其中，通过对专利数据的分析，预测石墨烯复合电极材料，即通过石墨烯材料改善锂电池正负极材料的电化学性能；石墨烯导电材料，即将石墨烯材料作为锂电池的导电添加剂，来改善锂电池充放电性能、循环稳定性和安全性，可能是重点研究的技术点。因此，建议我国企业加大对这些技术方向的研究力度。

（3）目前，在石墨烯及其复合物的应用中，储能领域、光电领域申请量占比较高，智能穿戴领域申请量占比较低。但智能穿戴领域的专利申请起步较晚，2012年才有第一项相关中国专利申请。因此，预测随着目前和未来使用智能穿戴设备的消费者数量快速增加，以及对智能穿戴设备性能改进的需求不断增加，石墨烯及其复合物在智能穿戴领域的应用可能是未来的研究热点。

（4）在石墨烯制备方法中，目前申请量占比较大的是化学气相沉积法、氧化还原法。由图3-91可以看出，化学气相沉积法和氧化还原法研究的起始时间大体相同，化学气相沉积法发展的时间较早，但是在2011年、2012年申请量快速上升后，2013年的申请量则有所下降；氧化还原法早期申请量增长速度稍慢于化学气相沉积法，但是2014年申请量出现了快速上升。由此可以看出，虽然化学气相沉积法申请量远大于氧化还原法申请量，但是近年来，氧化还原法的申请量增长速度大于化学气相沉积法。因此，预测氧化还原法可能是未来重点研究的石墨烯制备方法。

图 3-91　化学气相沉积法及氧化还原法申请量变化趋势

3.3　碳纤维材料

碳纤维（carbon fiber，CF）是一种含碳量90%以上的新型纤维材料。它是由片状石墨微晶等有机纤维沿纤维轴方向堆砌，并经碳化及石墨化处理而得到的微晶石墨材料。碳纤维"外柔内刚"，质量比金属铝轻，但强度高于钢铁，并且具有耐腐蚀、强度高、模量高的特性。它不仅具有碳材料的固有本征特性，而且兼备纺织纤维的柔软可加工性，是新一代增强纤维，被广泛应用于航空航天、汽车制造、体育休闲用品、建筑、风力发电机叶片等领域。

依据碳纤维的原料来源不同，主要将碳纤维分为两大类：①人造纤维，如黏胶丝、人造棉、木质素纤维等；②合成纤维，如腈纶纤维、沥青纤维、聚丙烯腈（PAN）纤维等。

目前，PAN基碳纤维是当今世界碳纤维发展的主流，碳纤维市场占比在90%以上。PAN 基碳纤维生产厂商主要包括美国的 Hexcel（赫克塞尔公司）、Amoco（阿莫科公司）和 Zoltek（卓尔泰克公司），日本的 Toho（东邦株式会社）、Toray（东丽株式会社）、Mitsubishi Rayon（三菱丽阳株式会社）等。

PAN基碳纤维的生产技术于20世纪60年代起步，经过70—80年代的稳定发展，90年代的飞速发展，到21世纪初期逐渐成熟。起初，PAN 基碳纤维主要用于军工和宇航，后来逐渐扩展到工业领域和普通民用领域。PAN基碳纤维可分为大丝束PAN基碳纤维和小丝束PAN 基碳纤维两类。其中，大丝束PAN 基碳纤维对前驱体要求较低、成本低，较适合一般民用产品T700及以下系列产品。小丝束PAN 基碳纤维追求高性能，代表着PAN 基碳纤维发展的先进水平。美国、日本等发达国家对高性能PAN基碳纤维产业极为重视，在研发、生产方面给予经费、人力上的大力支持，取得了显著的成果。以日本为例，PAN 基碳纤维工业已成为日本十大高技术产业之一，培育出东丽株式会社、东邦株式会社、三菱丽阳株式会社3家著名生产厂家，在纺丝工艺的基础理论、技术研发和应用方面获得了丰硕成果。这使日本迅速成为世界PAN 基碳纤维强国。继日本之后，美国也成为掌握PAN 基碳纤维生产技术的少数几个发达国家之一，培育出赫克塞尔、阿莫科两大公司。

PAN 基碳纤维作为战略性新兴产业中的重要新型材料，受到越来越多的关注，中国也加大了对PAN 基碳纤维生产线建设的力度。相比日本和美国，中国PAN 基碳纤维起步较晚，研发和产业化技术滞后，产品牌号、规格较为单一。其主要原因在于，中国在生产技术和设备规模方面的巨大差距，造成产品成本高、市场竞争力较低。但是，随着高性能PAN 基碳纤维及其复合材料需求市场中心进一步向亚洲转移，中国高性能PAN 基碳纤维复合材料的产业前景将不可估量。

3.3.1　全球专利申请态势分析

3.3.1.1　专利申请趋势分析

图3-92为碳纤维领域碳纤维工艺与高性能碳纤维工艺在2011—2022年全球专利的申请趋势，图中的数据为去同族后的数据。从图3-92中可以看出，碳纤维工艺与高性能碳纤维工艺的变化趋势基本一致。碳纤维工艺专利申请量在2011—2013年迅速增加，2013年达到峰值后出现急剧降低的趋势，2016年之后又逐渐升高。

同时，从图3-92中可以看出，全球范围内关于高性能碳纤维工艺的专利申请量数量较低，统计期内每年已公开的专利数量均不足45项。高性能碳纤维作为应用市场的需求热点，一直是各行业巨头公司研发的重点，但申请量如此之低，与高性能碳纤维工艺难以突破密切相关。自1984年东丽株式会社成功研制出高强中模碳纤维T800以来，有关于高性能碳纤维工艺的进展相对比较缓慢；直到2014年3月，东丽株式会社宣告研发出新型碳纤维T1100G，归类于高强高模类型碳纤维商品。这是高性能碳纤维技术发展30年以来，碳纤维拉伸强度和拉伸模量的初次同步晋级。由此可见，高性能

先进无机非金属材料技术发展路径

碳纤维工艺技术相较于一般碳纤维工艺技术更加难以突破，所以发展比较缓慢，申请量相对较低。但随着行业内对占领高性能碳纤维市场的竞争日益激烈，应用市场对高性能碳纤维的需求日益增加，预计高性能碳纤维工艺将迎来突破性发展。

图 3-92　全球碳纤维工艺申请趋势

1.全球碳纤维主要生产设备的专利申请趋势

图3-93为碳纤维领域主要生产设备的全球专利申请量的趋势变化情况。为了更清晰地显示每个年份的专利申请量，在表3-17列出各年份的专利申请量。

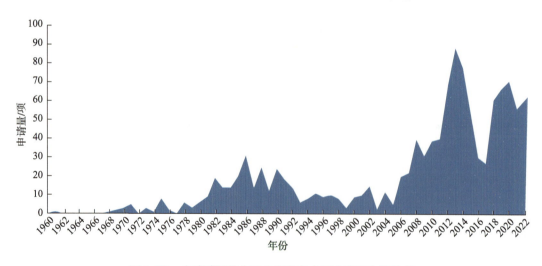

图 3-93　全球碳纤维主要生产设备专利申请量变化趋势

174

表3-17　全球碳纤维设备专利申请数量

单位：项

年份	1961	1962	1963	1964	1965	1966	1967	1968	1969	1970	1971	1972
数量	1	0	0	0	0	0	0	1	2	3	5	0
年份	1973	1974	1975	1976	1977	1978	1979	1980	1981	1982	1983	1984
数量	3	1	8	2	0	6	3	6	9	19	14	14
年份	1985	1986	1987	1988	1989	1990	1991	1992	1993	1994	1995	1996
数量	20	31	14	25	12	24	18	14	6	8	11	9
年份	1997	1998	1999	2000	2001	2002	2003	2004	2005	2006	2007	2008
数量	10	8	4	9	10	15	2	12	5	20	22	40
年份	2009	2010	2011	2012	2013	2014	2015	2016	2017	2018	2019	2020
数量	31	39	40	63	89	55	12	15	17	28	61	71
年份	2021	2022										
数量	57	62										

　　由图3-93可以看出，全球碳纤维主要生产设备的发展趋势大致经历了以下4个阶段。

　　（1）缓慢发展期（1961—1980年）。这一时期，碳纤维主要生产设备发展缓慢。在此期间，每年全球专利申请数量最多的只有8项，且集中于日本和欧美。这和碳纤维工艺技术源于日本和欧美密切相关。自1959年日本大阪工业试验所首次合成碳纤维（PAN基碳纤维）起，随后的几年，一直都有碳纤维工艺技术方面的突破。例如，1962年，日本碳公司以0.5吨/月的生产量生产低模量碳纤维；1963年，英国皇家航空研究所（RAE）的瓦特和约翰逊成功打通了制造高性能碳纤维（在热处理时施加张力）的技术途径；1964年，英国Courtaulds、Morganite和Roii-Roys公司利用RAE技术生产碳纤维。随着工艺技术的稳步提高，在这一阶段内，生产设备也在缓慢发展。

　　（2）平稳增长期（1981—1991年）。这一时期的专利申请量平稳增长，在1986年达到了本阶段的最大专利申请量，为31项。这一阶段，生产设备专利申请量的快速增长与工艺的快速进步和完善是相匹配的。例如，1986年，东丽株式会社成功研制出高强中模碳纤维T1000；1989年，东丽株式会社成功研制出高模中强碳纤维M60。生产工艺的进步会带来生产设备的更新，并且生产工艺在此阶段已具备一定规模，与之相配套的生产设备也进入平稳增长期。

　　（3）调整期（1992—2005年）。在这一时期，碳纤维主要生产设备的专利申请量出现了一定的下降。随着碳纤维生产工艺的日趋成熟，配套的生产设备满足了当前生产的需要，碳纤维生产设备放缓了革新的脚步。同时，由于1991年的海湾战争，军用飞机领域对碳纤维需求的降低，直接影响了碳纤维的生产，所以，碳纤维主要生产设备方面的专利申请量在该时期出现了一定量的下降，进入调整阶段。

（4）快速增长期（2006年至今）。此阶段关于碳纤维主要生产设备的专利申请量进入了快速增长阶段，2013年达到了最大申请量，为89项。在此期间，碳纤维增强复合材料受到世界各国的普遍重视，美国、日本、欧洲各国等发达国家均将其列入国家优先重点发展计划。各个国家的重视与碳纤维应用市场的巨大需求，带来了碳纤维行业的快速增长。碳纤维生产过程中不可缺少的生产设备是碳纤维生产商不可忽视的重要环节，所以，生产设备的更新换代也加快了脚步，关于生产设备的专利申请也随之快速增长。

碳纤维主要生产设备包括聚合釜、脱单脱泡釜、过滤机、纺丝机、水洗机、致密化机、蒸汽牵伸机、退丝机、预氧化炉、低温碳化炉、高温碳化炉、石墨化炉、表面处理机、卷绕机，进行检索并筛选后的结果，并不包括其他类型的碳纤维设备。

2. 全球碳纤维主要应用的申请趋势

碳纤维复合材料目前已经应用于多种工业领域，尤其是在飞机、汽车上的应用前景广阔。据测算，如果汽车的钢材部件全部置换为碳纤维复合材料，车体重量可减轻约300 kg，燃油效率将提高约40%，二氧化碳排放量可减少约17%。碳纤维复合材料可以用于汽车的以下主要部件：汽车车身和底盘、刹车片、轮毂、传动轴等。此外，也可以用于小组件：后视镜壳、内饰门板、门把手、排挡杆、座椅等。碳纤维复合材料在飞机方面的应用一直以来都是碳纤维应用的热点。

图3-94展示了碳纤维领域主要应用于飞机、汽车、热塑性预浸料方面的全球专利申请量变化趋势。飞机和汽车的申请趋势大体一致，碳纤维应用于飞机方向上的专利申请数量经历了缓慢增长期、平稳增长期、调整期及快速增长期。关于应用于飞机的申请量的缓慢增长期是1964—1977年，平稳增长期是1978—1990年，1991—1999年进入调整期，2000年至今进入了快速增长期。关于汽车方面应用的申请量的缓慢增长期是1963—1977年，平稳增长期是1978—2006年，快速增长期是2007年至今。飞机应用方面申请量之所以会出现调整期，是因为海湾战争之后，航空业的发展走向衰退，有关军用飞机对碳纤维的需求受到一定的影响；但随着新一代航天计划，以及民用航空对碳纤维需求的日益增加，碳纤维飞机方面的应用又进入了新的快速增长期。

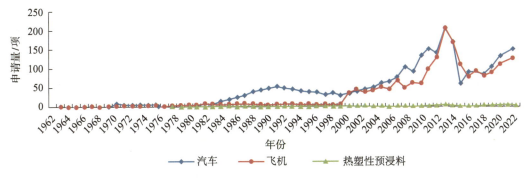

图 3-94　全球碳纤维主要应用的专利申请量变化趋势

此外，碳纤维应用于汽车的专利申请数量自 19 世纪 60 年代以来至 2013 年，一直低于碳纤维应用于飞机的专利申请数量；但是 2013 年，汽车应用上的专利申请量猛增并超过飞机应用上的专利申请量。由此可以看出，随着碳纤维生产规模的不断扩大，碳纤维制品成本的降低，碳纤维产品被越来越多地应用于民用方向，也被更多地应用于汽车方面。

相较于碳纤维在飞机和汽车方面的应用，碳纤维在热塑性预浸料方向上的应用，因为与热塑性预浸料制备工艺相关性较大，加之起步较晚，专利申请量一直较低。

自 1980 年开始，才有了第一篇关于碳纤维应用于热塑性预浸料方向的专利申请，并且此后一些年份没有相关的专利申请。例如，1981 年、1983 年及 1985 年的专利申请数量均为 0 项。这与当今社会主流预浸料以热固性预浸料为主不无关系。预浸料作为碳纤维复合材料的重要中间预制体，应用市场对其要求越来越高；而且热塑性预浸料因可多次软化、固化，较易被加工而逐渐被研究人员重视。虽然热塑性预浸料同时存在生产技术难点，但可以看出近几年热塑性预浸料的专利申请量有了一定的增加。

3.3.1.2　专利申请布局分析

图 3-95 为 2011—2022 年中国、日本、美国和欧洲专利局在碳纤维工艺领域的专利申请量。其中，该图的数据为找回同族专利后在各个国家/组织筛选后得到的数据。统计期内，中国的碳纤维工艺领域的申请总量遥遥领先，达到 1 085 项；日本的申请总量为 265 项；美国的申请总量为 108 项；欧洲专利局的申请总量最少，仅为 62 项。此外，中国的申请量远大于其他国家/组织。经分析发现，这些申请中大多数为中国申请人提交的专利申请，而且中国申请人并未就这些专利申请在其他国家/组织提交申请。由于中国逐渐成为巨大的碳纤维应用市场，各主要申请人均非常重视中国市场，由此都加

先进无机非金属材料技术发展路径

大了在中国申请专利的力度。

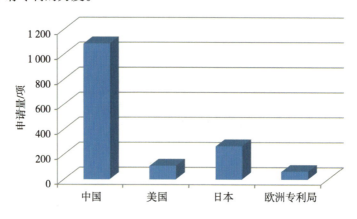

图 3-95　碳纤维工艺领域专利申请区域布局

图3-96为中国、日本、美国和欧洲专利局在碳纤维设备领域的专利申请量。从图3-96中可以看出，作为来源国与目标国的日本在此方面的申请量最高，为359项；中国紧随其后，申请总量为339项；同样作为来源国的美国仅为66项；欧洲专利局的申请总量最少，为46项。

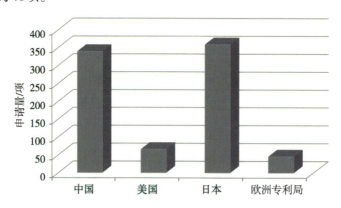

图 3-96　碳纤维设备领域专利申请区域布局

图3-97为中国、日本、美国和欧洲专利局在碳纤维主要应用领域的专利申请量，其中圆形面积的大小代表专利申请量的多少。由图3-97可知，中国、日本、美国及欧洲专利局在汽车及飞机方向上的申请量远远大于在热塑性预浸料方向上的申请量。并且，在应用于汽车和飞机方向上，上述4个国家/组织的申请量排序均一致：中国申请量位列第一，其次是日本，再次为美国，最后为欧洲专利局。由于碳纤维材料自身的优势及不断扩大的市场需求，碳纤维复合工艺及复合材料的发展应用领域将进一步拓宽。因此，预计未来关于碳纤维应用方面的申请量还将进一步增加。

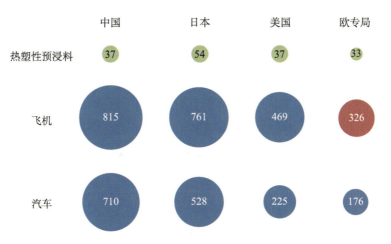

图 3-97　纤维主要应用专利申请区域布局（单位：项）

3.3.1.3　申请人分析

下面对碳纤维领域的生产工艺、生产设备、主要应用 3 个方面分别做了申请人的排序，并对主要申请人进行分析。

图 3-98 列出了全球 2011—2022 年碳纤维生产工艺方向上申请量排名前十的申请人，以及 1960—2022 年碳纤维生产设备方向上申请量排名前十的申请人。

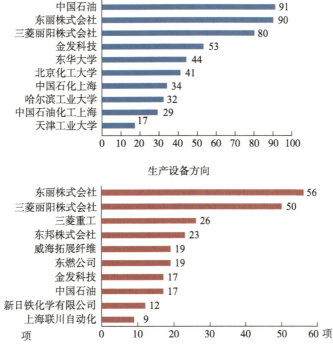

图 3-98　全球碳纤维生产工艺及生产设备申请人申请量排名

在碳纤维生产工艺方向上，在全球范围内，排名前三的申请人分别是中国石油、东丽株式会社、三菱丽阳株式会社。排名前十的申请人中，中国申请人有8位。其中，大学和研究院所共有5位，分别为东华大学、北京化工大学、哈尔滨工业大学、中国石油化工上海、天津工业大学；企业有3位，分别为中国石油、金发科技、中国石化上海。上述3家企业的总申请量为178项，与排名第二、第三的两家日本企业申请量总和170项相当。图3-98表明近8年中国企业在碳纤维工艺相关技术研发上投入很大，并且取得了较大的成果。东丽株式会社、三菱丽阳株式会社长期以来一直是碳纤维技术领域的"领头羊"，近8年始终占据技术发展的前沿位置。

在碳纤维生产设备方向上，在全球范围内，排名前三的申请人分别是东丽株式会社、三菱丽阳株式会社、三菱重工。在排名前十的申请人中，有6位均为日本公司。无论是从申请量，还是申请人排名都可以看出，日本企业在碳纤维生产设备方面处于领先地位。此外，中国企业在碳纤维生产设备方面的专利申请也颇为引人注目。

图3-99为碳纤维应用在汽车、飞机及热塑性预浸料方向上全球申请量排名前十的申请人。其中，碳纤维应用于汽车、热塑性预浸料的主要申请人是根据自1960年以来的数据统计的；碳纤维应用于飞机的主要申请人是根据2011—2018年的数据统计的。

图3-99　全球碳纤维应用申请人申请量排名

在汽车应用方向上，申请量排名前三的申请人分别为韩国的现代汽车、日本的本田技研工业与中国的奇瑞。此外，有6位日本申请人的申请量进入前十，说明日本企业在汽车方面的碳纤维应用技术占市场主导地位。中国有两位申请人进入前十，分别是奇瑞、青岛欣展塑胶。

在飞机应用方向上，申请量排名前三的申请人分别为重庆金泰航空、溧阳科技、

领英。此外，在申请量排名前十的申请人中，有7位中国申请人。其中，4位申请人为
大学：哈尔滨工业大学、南京航空航天、北京化工大学、浙江大学；3位申请人为企业：
重庆金泰航空、江苏澳盛风能、溧阳科技。这充分说明我国企业及院校在近几年非常
重视碳纤维材料在飞机上的应用，并且走在了世界前列。

　　在热塑性预浸料应用方向上，申请量排名前三的申请人分别为三菱丽阳株式会社、
王子公司与宇部兴产。这3位申请人均为日本企业。各主要企业在热塑性预浸料方向上
的专利申请量均较少，即使是排名第一的三菱丽阳株式会社的申请量也仅有14项，说
明日本公司在热塑性预浸料应用上的技术研发处于领先地位。但是整体而言，由于热
塑性预浸料制备过程中存在的热塑性树脂黏度高，难与碳纤维结合等，全球的热塑性
预浸料方面的发展相对缓慢。此外，在排名前十的申请人中，没有出现中国申请人。
希望中国企业能加大在热塑性预浸料应用上的研发力度，尽早占领该方向上的技术空
白点，并进行专利申请。

3.3.1.4　热点技术变化趋势分析

　　碳纤维属于技术密集型和政治敏感型的关键材料，是国家战略性新兴产业中新材
料领域的材料之王，是国家迫切需要短期内有所突破的高新技术纤维品种。因此，掌
握碳纤维领域各分支技术申请量的变化是非常必要的，由此我们可以推断出热点技术
的变化情况。本小节主要对碳纤维领域的工艺、设备及主要应用的申请量趋势进行统
计分析，由此推测出上述方面的热点变化情况。

　　从图3-100中可以看出，近8年聚合工艺及表面处理工艺的专利申请量普遍高于其
他工艺的专利申请量。这也反映出在碳纤维生产工艺中，聚合工艺及表面处理工艺在
整个工艺生产中占据比较重要的地位。在目前主流市场以丙烯腈为单体合成碳纤维的
制备过程中，作为起始步骤，聚合工艺是决定所生成的碳纤维性能的关键。因此，探
索更好的工艺条件，制备更高性能的碳纤维成为行业各企业与研究机构研究的重点。
但由于在碳纤维的生产过程中，经历了高温碳化过程的碳纤维表面和内部会出现空穴
和缺陷，同时表面反应活性低，会使碳纤维与基体树脂的浸润性变差，限制碳纤维高
性能的发挥，因此，表面处理工艺是对碳纤维产品的进一步完善和提升。结合工艺相
关数据分支趋势分析可以推测，碳纤维工艺中的聚合工艺与表面处理工艺两个技术分
支为近年来的研究热点。

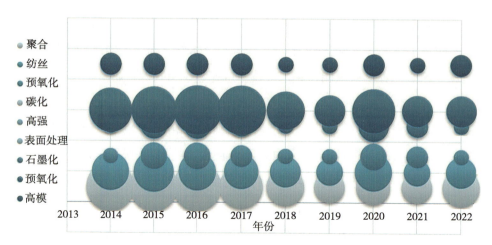

图 3-100　全球碳纤维工艺技术分支专利申请量的变化趋势（圆形大小表示申请量多少）

图 3-101 显示了碳纤维各设备的申请量变化趋势。过滤机这一技术分支的相关专利申请自 20 世纪 80 年代开始到 2005 年一直处于申请量较大且比较平稳的申请状态；但自 2005 年开始，其申请量大幅提升，且呈现每年递增的申请态势。卷绕机、表面处理机、碳化炉、预氧化炉 4 个技术分支上的专利申请在 2005 年以前均较为零散，2005 年以后申请量突然增大，并一直持续至今。石墨化炉、蒸汽牵伸机、致密化机、水洗机和聚合釜 5 个技术分支的专利申请一直处于较为零散的状态，并且申请数量不大。可以看出，过滤机这一技术分支一直是碳纤维行业的研究热点，专利申请量一直处于领先位置。

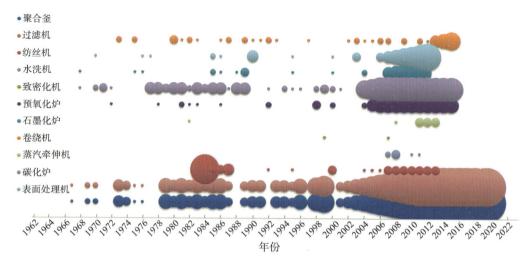

图 3-101　全球碳纤维各设备变化趋势（圆形大小表示申请量多少）

图 3-102 所示为碳纤维在飞机、汽车与热塑性预浸料方面的应用申请量变化趋势。

可以看出，汽车和飞机应用这两方面的专利申请一直处于递增的状态。2012年以前，在飞机上的应用申请量普遍高于在汽车上的应用申请量；2013年以后，随着碳纤维量产规模的扩大，碳纤维产品的成本进一步降低，碳纤维在民用方面，包括在汽车上的应用申请量出现了比较快的增长，超越了在飞机上的应用申请量，但两者的申请量差别不大。由于航空属于军民两用领域，无论是国家战略发展还是民用飞机，对碳纤维的需求一直处于连年增长的趋势，由此可以推测，碳纤维在飞机方面的应用将进一步成为热点，同时，碳纤维应用于飞机方面的研究态势将继续保持。

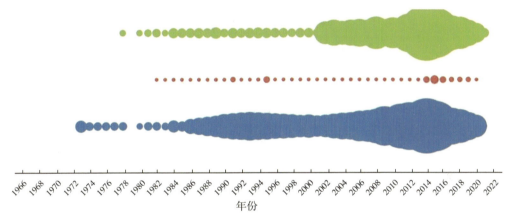

图 3-102　全球碳纤维主要应用变化趋势（圆形大小表示申请量多少）

3.3.2　中国专利申请态势分析

近年来，我国对碳纤维的需求量迅速增长，碳纤维被列为国家化纤行业重点扶持的新产品，成为新材料领域的研发热点，使得我国碳纤维产业得到了空前发展。

本节主要对碳纤维领域中国专利的申请趋势、申请人与技术构成进行分析，为企业了解碳纤维领域的技术发展状况、竞争格局等行业现状、布局、产业发展提供参考。

3.3.2.1　专利申请趋势分析

1.中国碳纤维工艺的专利申请趋势

图3-103所示为2011—2022年中国碳纤维工艺专利申请量变化趋势。图中的数据为去同族专利后的数据。从图3-103中可以看出，碳纤维工艺的专利申请量在近几年稳步增加，中国碳纤维工艺的申请量在逐年上升。多年来，日本等技术强国对我国实行严格的技术封锁，也加速了我国碳纤维的产业化，我国近年来关于碳纤维工艺的专利申请量稳步上升是我国逐渐成为碳纤维主要生产地和消费市场的重要体现。

图 3-103　中国碳纤维工艺专利申请量变化趋势

　　此外，中国的高性能碳纤维工艺的专利申请量远远低于碳纤维工艺的专利申请量。这与全球高性能碳纤维工艺专利申请的趋势基本一致。其主要原因是高性能碳纤维工艺存在技术"瓶颈"，较难突破，发展比较缓慢，导致专利申请量相对较低。但是，对比全球高性能碳纤维工艺专利申请的数量，可以发现，中国高性能碳纤维工艺的专利申请占很大比例，说明在当今碳纤维技术强国的技术封锁下，我国在碳纤维自主研发领域已取得较大进展。

　　2.中国碳纤维主要生产设备的专利申请趋势

　　由图3-104可知，中国的碳纤维主要生产设备专利申请发展起步较晚，1988年才有了关于碳纤维设备的第一件专利申请。

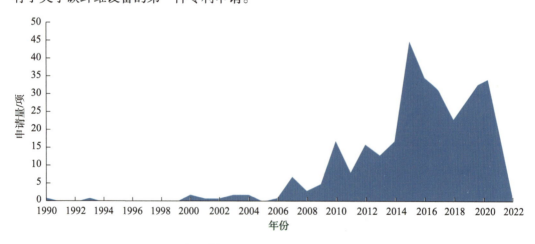

图 3-104　中国碳纤维主要生产设备专利申请量变化趋势

　　中国碳纤维设备专利申请量的变化经历了以下3个阶段。

第一个阶段是1988—2003年。这个阶段为导入期，碳纤维主要生产设备的专利申请量较少，并且在某些年份上没有相关专利申请提出。

第二个阶段是2004—2010年。这个阶段为缓慢上升期，碳纤维主要生产设备的专利申请量呈波动上升趋势。这一趋势表明，在中国，碳纤维技术的发展已经有所突破，成为后期申请量飞速发展的基石。

第三个阶段是2011年至今。这个阶段为快速增长期，碳纤维主要生产设备专利申请量飞速增加。据统计，中国的碳纤维耗量已经稳占世界碳纤维耗量的1/4以上。这一耗量引起了世界各主要生产厂商的重视和关注，开始加强自身技术在中国的知识产权保护。

需要指出的是，图3-104所示的中国碳纤维主要生产设备方面的专利申请量是基于技术分解表，就碳纤维关键设备而言，包括聚合釜、脱单脱泡釜、过滤机、纺丝机、水洗机、致密化机、蒸汽牵伸机、退丝机、预氧化炉、低温碳化炉、高温碳化炉、石墨化炉、表面处理机、卷绕机，进行检索并筛选后的结果，并不包括其他类型的碳纤维设备。

3.中国碳纤维主要应用的专利申请趋势

图3-105为碳纤维的主要应用领域汽车、飞机及热塑性预浸料上的中国专利申请量变化趋势。中国关于碳纤维应用的申请量变化趋势与全球碳纤维应用的申请量变化趋势基本一致。

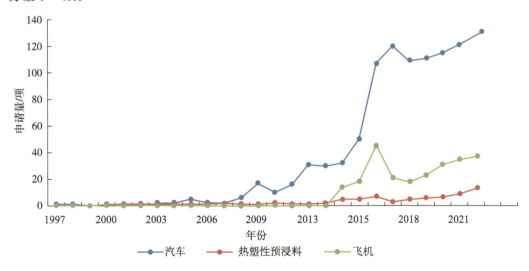

图 3-105 中国碳纤维主要应用的专利申请量变化趋势

汽车应用上的专利申请量变化趋势可以分为3个阶段：第一个阶段为1994—2004

先进无机非金属材料技术发展路径

年，是导入期。由于我国这一阶段的碳纤维工艺本身发展不成熟，导致碳纤维复合材料及其应用发展缓慢，所以这一时期应用于汽车方面的申请量非常少。第二个阶段为2005—2010年，是缓慢上升期，申请量总体呈上升趋势，但是在某个年份上会有申请量的轻微波动。第三个阶段为2011年至今，是快速增长期，即随着碳纤维工艺的日益成熟及汽车技术的发展对碳纤维应用需求的日益增加，相关专利申请量快速上升。

在2014年至2018年期间，飞机应用上的专利申请量快速上升。但是，飞机应用上的专利申请量明显低于同年份汽车应用上的专利申请量。例如，2014年，汽车与飞机应用方向上的专利申请量分别为33项和15项；2015年分别为49项和18项；2016年则分别为107项和45项；2017年已公开的分别为120项和22项。对比图3-94可以看出，全球汽车应用与飞机应用方向上专利申请量差别不大，而在中国汽车应用方向上的专利申请量明显大于飞机应用上的专利申请量。由此可以看出，各主要厂商更注重碳纤维材料在中国汽车市场上的应用。

热塑性预浸料应用上的专利申请量在2010年以前较少，并且在某些年份上没有专利申请；自2010年以来申请量才有明显的上升，但是最高年度申请量也仅有12项。这种现象与全球热塑性预浸料应用的申请趋势基本一致，原因同样是热塑性预浸料的应用本身起步较晚，加之制备工艺存在技术难点，有待进一步突破，所以中国在热塑性预浸料方面的专利申请总体也处于一个缓慢增长的时期。

3.3.2.2　申请人分析

下面对中国碳纤维领域的生产工艺、生产设备、主要应用3个方面的申请量分别做了申请人的排序，并对主要申请人进行分析。

图3-106所示为中国2011—2022年在碳纤维生产工艺方向排名前十的申请人［见图3-106（a）］，与1960—2018年碳纤维设备方向排名前十的申请人［见图3-106（b）］。

在碳纤维生产工艺方向上，在中国，排名前三的申请人分别是中国石油化工、金发科技、哈尔滨工业大学。此外，在排名前十的申请人中，只有1位国外申请人，即三菱丽阳株式会社。在这10位来自中国的申请人中，有5位申请人为研究所或大学，由此可见，中国大学或科研机构对碳纤维工艺的研究非常重视。

在碳纤维生产设备方向上，在中国，排名前三的申请人分别是威海拓展纤维、金发科技、中国石油化工。与碳纤维生产工艺排名情况相同，在排名前十的申请人中，只有1位国外申请人，即三菱丽阳株式会社。在碳纤维生产设备方向上，排名前十的中国申请人中没有大学和科研机构出现，这是因为大学和科研机构对碳纤维的研究目前还只是在工艺研究阶段，不涉及生产过程。

另外，由图3-106可以看出，中国石油化工和金发科技不管是在碳纤维生产工艺上还是在碳纤维设备上专利申请量均较大，具有较强的科技实力。日本的三菱丽阳株式会社是唯一同时进入碳纤维生产工艺和碳纤维生产设备排名前十的国外申请人，可见其非常重视中国的碳纤维消费市场。但是处于碳纤维技术领域领先地位的东丽株式会社并没有出现在图3-106所列出的申请人中。

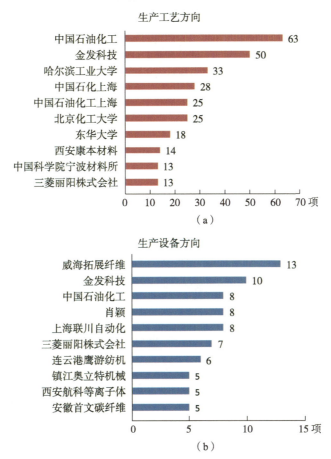

图 3-106　中国碳纤维生产工艺及生产设备申请人申请量排名

图3-107列出了碳纤维应用在汽车、飞机及热塑性预浸料方向上中国专利申请量排名前五的申请人。其中，碳纤维应用于汽车、热塑性预浸料的主要申请人是根据自1961年以来的数据统计的，碳纤维应用于飞机的主要申请人是根据2011—2018年的数据统计的。在汽车应用方向上，排名前五的均为中国申请人，其中排名第一的为奇瑞。

先进无机非金属材料技术发展路径

在飞机应用方向上，排名前五的也均为中国申请人，排名第一的为溧阳科技。在热塑性预浸料应用方向上，排名前五的为日本申请人和中国申请人。其中，日本的东丽株式会社申请量排名第一，为13项，其申请量远远高于排名第二的瑞祥复合材料。这表明在热塑性预浸料应用方向上，东丽株式会社目前在技术上占有领先地位。但是，整体来看，多数企业在热塑性预浸料应用方向上的申请量均较低，这也表明可能在该方向上存在较多的技术空白点，建议我国企业加大该方向上的研发力度。

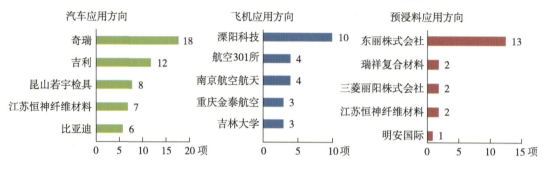

图 3-107　中国碳纤维应用申请人申请量排名

3.3.2.3　技术构成分析

图3-108所示为碳纤维生产工艺、碳纤维设备、碳纤维应用3个技术方向上的技术构成。其中，碳纤维生产工艺和碳纤维应用的技术构成是基于2011—2022年的专利文献量进行分析的，碳纤维设备的技术构成是基于1960—2022年的专利文献量进行分析的。

碳纤维生产工艺涉及碳纤维工艺与高性能碳纤维工艺两个技术分支。高性能碳纤维工艺由于技术难点较难突破，所以占比较低，仅有5%；碳纤维工艺则占95%。碳纤维工艺包含上浆、聚合、纺丝、预氧化、碳化、石墨化和表面处理7个技术细分。其中，表面处理占比最大，为31%；其次是聚合、碳化和纺丝，占比均为15%；再次是上浆和预氧化，占比均为11%；最后是石墨化，占比为2%。

碳纤维设备涉及的技术分支较多，分别为预氧化炉、表面处理机、碳化炉、纺丝机、聚合釜、卷绕机、石墨化炉、水洗机、退丝机、脱单脱泡釜、蒸汽牵伸机和致密化机。由图3-108可以看出，上述技术分支上的申请量差距较大。其中，预氧化炉的占比最高，为26%；其次是碳化炉，占比为21%；表面处理机和石墨化炉则分别位列第三和第四，占比分别为10%和9%；致密化机、退丝机、脱单脱泡釜、水洗机则申请量占比很小，只有1%或3%。

188

　　碳纤维应用涉及汽车、飞机和热塑性预浸料3个技术分支。其中，汽车应用方向上的申请量最大，占比为72%；其次为飞机应用方向，占比为21%；热塑性预浸料应用方向的申请量占比最小，仅为7%。由于中国是汽车生产大国，并且是全球重要的汽车消费市场，因此，在中国，碳纤维汽车应用方向上的申请量最大。碳纤维及其复合材料具有质量轻、强度大等优点，其重量仅相当于钢材的20%～30%，硬度却是钢材的10倍以上；并且随着中国航空技术的快速发展，相信未来几年碳纤维在飞机应用方向上的申请量也会快速增加。另外，虽然目前热塑性预浸料应用方向上申请量较小，但是近两年已经出现了申请上升的趋势。这一趋势需要持续关注，并尽可能地占据该技术方向上的技术空白点。

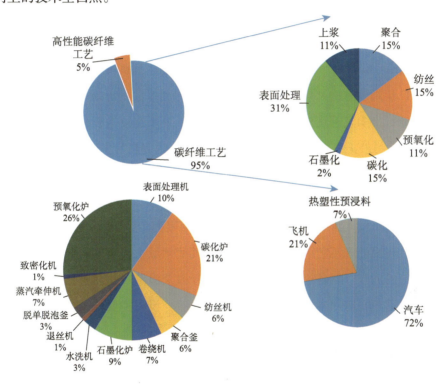

图 3-108　碳纤维生产工艺、设备、应用技术构成

3.3.3　发展态势与建议

3.3.3.1　碳纤维专利态势

　　以中复神鹰为例，目前在中国的专利申请共30项。其中，发明专利申请28项，实用新型专利申请2项。图3-109为中复神鹰历年来专利申请总量的变化趋势。

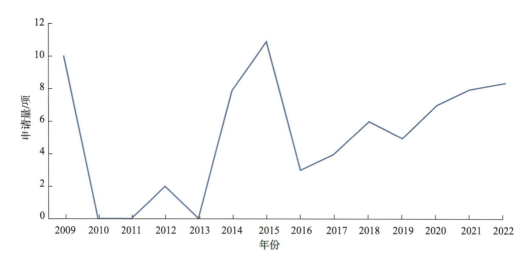

图 3-109　中复神鹰专利申请量变化趋势

由图3-109可以看出，中复神鹰首次申请专利是在2009年，年申请量达到10项；2010年、2011年则没有专利申请；到2012年后，专利申请量出现了明显的增长。从图中可以明显地看出中复神鹰的专利申请量在近几年处于连续增长的状态，并且申请量增长幅度较大。另外，中复神鹰目前的专利申请中，大多数为发明专利申请。

下面针对中复神鹰专利申请的技术构成进行详细分析。图3-110为中复神鹰专利申请的技术构成情况。由图3-110可以看出，其专利申请大致涉及碳纤维工艺、设备、应用，以及其他领域。其中，碳纤维工艺主要包括聚丙烯腈原丝的制备、原丝的处理、成碳热处理、表面处理工艺，以及上浆工艺；其他领域主要包括碳纤维原丝废丝的再利用、废油剂的回收、制备过程中的废气处理，以及涤纶布过滤器；碳纤维应用和设备的构成相对简单，应用主要涉及碳纤维复合材料，设备主要涉及预氧化炉和喷丝板的维护。

从图3-110中可以看出，中复神鹰的专利申请主要集中在碳纤维工艺方面，多达20项，而且大部分专利申请集中在成碳热处理之前的聚丙烯腈原丝生产工艺。原丝制备工艺包括聚合工艺和纺丝工艺。碳纤维的性质在很大程度上有赖于原丝的质量，聚合工艺和纺丝工艺是决定所生成碳纤维性能的关键。并且聚丙烯腈原丝的制备及原丝的水洗、上油等工序可以很好地保护聚丙烯腈原丝，减少原丝的粘连和并丝，提高预氧化程度，是聚丙烯腈原丝生产过程中的重要环节。

图3-110还列出了中复神鹰在各技术构成上的专利申请的法律状态。其中，在碳纤维工艺上共有专利申请20项，11项处于审查中状态，7项已授权；在碳纤维设备上共

有2项专利申请，已授权和审查中状态各占一半；在碳纤维应用上共有2项专利申请，1项已授权，1项失效；在其他技术方向上的专利申请共6项，2项已授权，4项处于审查中状态。

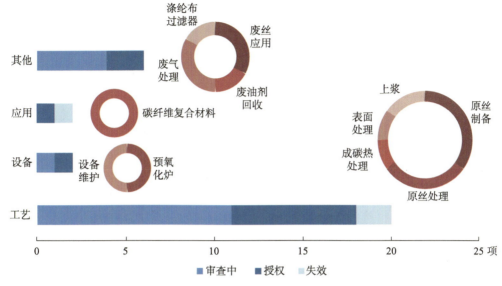

图 3-110　中复神鹰专利申请技术构成及法律状态

为了更清晰地表示出中复神鹰在碳纤维行业专利申请的情况，笔者对其所申请的专利的技术构成、法律状态等进行了列表分析，如表3-18所示。

表3-18　中复神鹰碳纤维专利申请列表

申请号	名称
CN200910234654.X	一种碳纤维用高强聚丙烯腈基原丝的制备方法
CN200910234653.5	一种适用于干喷湿纺的高黏度纺丝原液的制备方法
CN200910234312.8	一种在离子液体中制备高性能碳纤维用聚丙烯腈纺丝原液的方法
CN201410559063.0	一种适用于干湿法聚丙烯腈碳纤维原丝凝固成型的方法
CN201510037051.6	一种溶液原位聚合技术制备碳纳米管改性聚丙烯腈纤维的方法
CN201410488970.0	一种高取向度的聚丙烯腈纤维的制备方法
CN200910234310.9	一种干喷湿纺制备高性能聚丙烯腈基碳纤维原丝的方法
CN200910234656.9	聚丙烯腈基碳纤维原丝预氧化前处理工艺
CN200910234655.4	碳纤维生产过程中所用原丝油剂的生产方法
CN201410632042.7	一种干喷湿纺聚丙烯腈初生纤维高效水洗方法
CN201510134823.8	一种碳纤维原丝水洗方法
CN201410420266.1	一种碳纤维原丝油剂的制备方法

申请号	名称
CN200910234308.1	聚丙烯腈基碳纤维制备中减少预氧化毛丝产生的方法
CN200910232789.2	聚丙烯腈基碳纤维的制备工艺
CN201510124231.8	一种低表面缺陷碳纤维的制备方法
CN201510295154.2	一种光滑表面的高界面性能碳纤维及其制备工艺
CN201410408271.0	一种碳纤维表面处理方法及处理装置
CN201410355497.9	一种降低碳纤维摩擦系数的方法
CN201410451043.1	一种碳纤维上浆后的干燥方法
CN201210463139.0	一种碳纤维上浆剂
CN201520160570.7	一种新型预氧化炉
CN201510124210.6	一种聚丙烯腈纤维用喷丝板的清洗方法及设备
CN200910234311.3	一种碳纤维复合材料起毛辊的制备方法
CN200910234309.6	碳纤维增强尼龙66复合材料制备的剑杆织机用剑头及制法
CN201520050192.7	一种新型碟片式涤纶布过滤器
CN201210443559.2	一种含氰化氢废气的处理方法
CN201510649442.3	季戊四醇酯在PVC共混改性中的应用
CN201410460005.2	一种碳纤维低温碳化废气处理方法
CN201510650515.0	以腈纶废丝为原料制备催化剂的方法及其在醇氧化反应中的应用
CN201510369099.7	一种化纤用低浓度废油剂回收方法及装置

3.3.3.2　发展建议

通过对碳纤维材料全球专利态势、中国专利态势的分析和研究，对未来碳纤维领域研究的方向给出以下建议。

（1）目前就全球整体来看，对碳纤维领域的研究主要集中在碳纤维工艺与高性能碳纤维工艺两个方面。二者变化趋势基本一致，但由于高性能碳纤维工艺难以突破现有技术，其虽然作为应用市场的需求热点，但专利申请量数量低于前者。因此，建议我国企业加大高性能碳纤维工艺技术方向上的研究力度，尽快占领技术空白点，满足应用市场对高性能碳纤维需求，占领高性能碳纤维市场。

（2）在碳纤维生产工艺中，聚合工艺及表面处理工艺的专利申请量普遍高于其他工艺的专利申请量。这也反映出在碳纤维生产工艺中，聚合工艺及表面处理工艺占据比较重要的地位。在目前主流市场，以丙烯腈为单体合成碳纤维的制备过程中，聚合工艺作为起始步骤，是决定所生成的碳纤维性能的关键，因此，探索更好的工艺条件，制备更高性能的碳纤维材料是未来的研究重点。

（3）在碳纤维生产设备中，过滤机的相关专利申请一直处于申请量大且申请趋势平稳的状态。卷绕机、表面处理机、碳化炉、预氧化炉的专利申请在2005年以前均较为零散；2005年以后申请量突然增大，并一直持续至今。石墨化炉、蒸汽牵伸机、致密化机、水洗机和聚合釜5个技术分支的专利申请一直处于较为零散的状态，并且申请数量不大。因此，可以看出，过滤机这一技术分支一直是碳纤维行业的研究热点，专利申请量一直处于领先位置。卷绕机、表面处理机、碳化炉、预氧化炉4个技术分支随着需求的增加也逐渐成为行业的研究重点，可以将研究重点放在以上技术分支上。

（4）在碳纤维应用技术中，目前主要涉及汽车、飞机和热塑性预浸料3个技术分支。一方面，中国作为全球最大的汽车消费市场，碳纤维在汽车应用方向上的需求一直存在且日益增加；另一方面，随着中国航空技术的快速发展，未来碳纤维在飞机应用方向上的需求也会快速增加。另外，虽然目前热塑性预浸料应用方向上申请量较小，但是近两年已经出现申请量上升的趋势。这一趋势需要持续关注。因此，建议我国企业加大碳纤维应用技术在汽车、飞机方向的研究力度，提高市场竞争力，同时，提高对热塑性预浸料应用方向上的关注，并尽可能地占据该技术方向上的技术空白点。

第 4 章　绿色低碳建材

建材行业年碳排放在14.8亿吨左右，是我国双碳战略的技术主战场，亟待发展绿色低碳建材，实现行业的转型升级。绿色低碳建材已成为世界建材产业科技创新必争制高点。

4.1　低碳水泥

水泥及相关建材属碳排放大户，尤其水泥生产约占全社会碳排放总量 14%。由于水泥产品及生产原料、工艺特点和巨大的能源消耗量，碳减排难度极大。水泥建材行业需通过多种途径实现碳达峰既定目标。可以结合水泥生产工艺特点，通过替代燃料、协同处置可燃废弃物等多种举措，深挖单位水泥产品碳减排潜力；可以通过调整水泥产品结构，生产低碳水泥，降低碳排放；可以通过法规约束减少水泥产品消费量，间接减少水泥生产的碳排放总量；可以通过持续推进水泥企业自身碳捕集及循环利用技术，实现水泥生产企业自身碳中和；可以通过发展绿色能源项目，冲抵企业部分化石能源消耗。

4.1.1　专利申请态势分析

4.1.1.1　专利申请趋势分析

碳减排是水泥行业绿色、可持续发展的必由之路，也是水泥生产企业面临的紧迫任务。全球多个国家"双碳"目标持续推进，低碳化成为水泥工业发展趋势。新型低碳水泥，为实现"双碳"目标提供了新的方向。

全球共有低碳水泥熟料和低碳混凝土相关专利申请20 850项，合并简单同族后有17 230项。专利申请趋势如图4-1所示。由图4-1可以看出，20世纪80年代后低碳水泥技术受到各国水泥生产厂商和研究院所的关注，专利申请开始缓慢增长；2000年以后，全球申请人在低碳水泥领域专利申请不断增加，专利布局数量增长较快，以每5年翻一番的速度快速增长；2015年以后，专利申请量处于平稳状态，年均申请量达到1 300项以上。

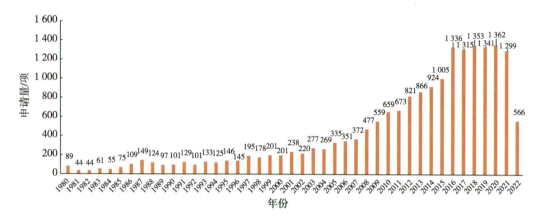

图 4-1　低碳水泥熟料和低碳混凝土专利申请量变化趋势

2020年，低碳水泥入选《科学美国人》评选的年度十大新兴技术。计划2020年，我国水泥工业碳排放达到13.79亿吨，占全国碳排放总量的13.5%，是减排的重点和难点；计划2030年前，水泥工业要实现减碳40%。水泥工业自身要实现低碳、高效生产，亟须进一步开发低碳、高效、洁净的水泥生产工艺及相关技术，提高能源利用效率，创新清洁生产模式。

4.1.1.2　专利地域分布分析

图4-2显示了低碳水泥熟料和低碳混凝土全球专利地域分布情况。从图中可以看出，我国占有一半左右的专利申请量，并且专利申请在近20年布局较多。其他专利分布比较多的国家还有美国、日本、韩国、英国、德国、法国、印度，分别为1 457项、1 148项、849项、635项、565项、377项、251项。另外，PCT申请有829项，欧洲专利局申请754项。这些专利分布比较多的国家/地区，一方面是低碳水泥主要市场，另一方面是拥有较强或较多低碳水泥技术研发比较有实力的企业。

2020年以来，随着全球碳中和共识范围的不断扩大，主要水泥行业协会先后提出2030年实现阶段性减排、2050年实现净零排放的目标并制定相应的技术路线图。欧洲水泥协会在《碳中和路线图——水泥和混凝土行业》中提出了到2030年吨水泥CO_2排放量降低约30%（相比当前水平）的目标；全球水泥混凝土协会和美国波特兰水泥协会制定了《2050年水泥和混凝土行业的净零排放路线图》和《碳中和路线图》，提出了到2030年吨水泥CO_2排放量分别降低约20%和30%（相比2020年水平）的目标；英国混凝土与矿物制品协会在《2050年混凝土和水泥行业超净零排放的路线图》中提出，到2050年实现CO_2排放量的负增长；欧美领军水泥企业豪瑞集团、海德堡水泥集团和西麦斯集团提出，到2030年吨水泥CO_2排放量分别降低14%、13%和14%（相比2020年水平），并确定了关键低碳排放技术的减排潜力。

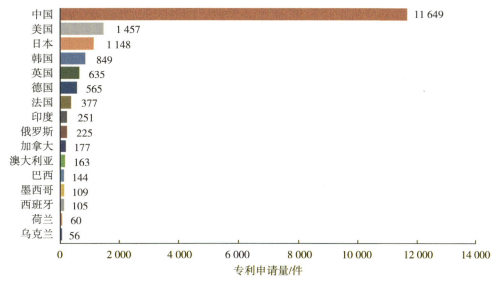

图4-2　低碳水泥熟料和低碳混凝土专利地域分布

4.1.2　专利技术分布分析

图4-3显示了低碳水泥熟料专利技术分布情况，主要类型集中在高贝利特水泥、硫铝酸盐水泥、铁铝酸盐水泥、超硫酸盐水泥、固体废物利用水泥、碱激发胶凝材料、镁水泥这些类型。

高贝利特水泥使用的原料与传统硅酸盐水泥基本相同，需加入石膏、重晶石、黄铁矿、铜尾矿和铅锌尾矿等外加剂，以稳定高活性C_2S晶型。但高贝利特水泥在制备工艺上具有低资源消耗、低能源消耗、低环境负荷等特点。

硫铝酸盐水泥是以石灰石、矾土、石膏为原料，经低温煅烧形成以无水硫铝酸钙和硅酸二钙为主要矿相的熟料。掺加适量混合材（石膏和石灰石等）共同粉磨所制成的胶凝材料，具有早强、快硬、低碱度等一系列优异性能。硅酸盐水泥系列产品通称第一系列水泥，铝酸盐水泥系列产品通称第二系列水泥，硫铝酸盐水泥和铁铝酸盐水泥，以及它们派生的其他水泥品种通称第三系列水泥。

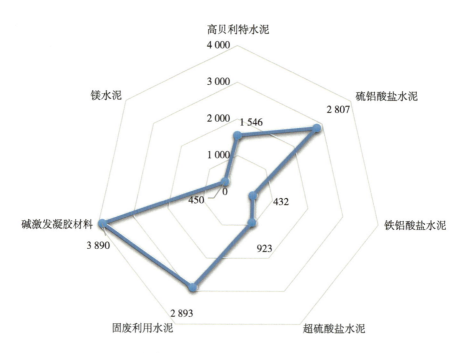

图 4-3　低碳水泥熟料专利技术分布情况（单位：项）

碱激发胶凝材料是一种以硅铝质废弃物为主要原料，在碱的作用下具有水硬性的新型胶凝材料。利用碱激发剂（苛性碱、含碱硅酸盐、铝酸盐）的催化原理制得的水泥包括碱—矿渣水泥、地聚合物或土聚水泥等。该制备过程能耗低、排放低，且能提供与水泥基胶凝材料相似的性能。

镁水泥属于气硬性胶凝材料，在干燥空气中强度持续增加，但是其水化产物在水中的溶解度大，导致镁水泥制品在潮湿环境中使用易返卤、翘曲、变形。因此，它的使用范围仅限于非永久性、非承重建筑结构件内。同时，镁水泥具有大理石般的光滑表面，因此它是做装饰材料的极好材料。为了提高镁水泥的抗水性，可以掺入适量磷酸、铁矾等外加剂。

超硫酸盐水泥具有低水化热、微膨胀等性能及凝结时间长、后期强度高、抗硫酸盐腐蚀等优点，在高等级公路路面基层中使用具有独特的优势。

在固废利用水泥方面，主要利用废钢渣、矿渣等为熟料补充。国内水泥厂商专利主要集中在固体废物利用方面。

4.1.3　专利技术路线分析

为了梳理低碳水泥熟料技术的发展脉络和技术演进情况，本节在对全球专利申请数据样本检索分析和重点专利筛选的基础上，对涉及高贝利特水泥、硫铝酸盐水泥、超硫酸盐水泥、碱激发胶凝材料、镁水泥等细分低碳水泥熟料系列相关专利进行分析归纳，探寻低碳水泥熟料技术的发展演进路线。

4.1.3.1　高贝利特水泥技术路线

高贝利特水泥又叫低热硅酸盐水泥，是一种以硅酸二钙为主导矿物、铝酸三钙含量较低的水泥。生产该品种水泥具有耗能低、有害气体排放少、生产成本低的特点。该品种水泥具有良好的工作性、低水化热、高后期强度、高耐久性、高耐侵蚀性等通用硅酸盐水泥无可比拟的优点。硅酸二钙的含量应不小于40%，铝酸三钙的含量应不超过6%，游离氧化钙的含量应不超过1%。

如图4-4所示，总体上来说，在高贝利特水泥方面，早期是国外的企业布局较多专利，后期虽然我国研究院所和高校有技术研究和跟进，但是我国企业在这个技术分支布局专利相对较少。因发明专利有效期为20年，所以笔者重点关注近20年的专利技术情况。

2000—2010年，日本企业Taiheiyo（太平洋水泥）、Mitsubishi Materials（三菱材料）及中国建筑材料科学研究总院在高贝利特水泥分支方向有较多专利布局。Taiheiyo（太平洋水泥）专利申请JP2003075049涉及含有规定比例的C_2S（$2CaO \cdot SiO_2$）和C_2AS（$2CaO \cdot Al_2O_3 \cdot SiO_2$）混合物的烧制产品$C_3A$（$3CaO \cdot Al_2O_3$），其含量为20重量份或更少，效果是具有低的水化热和良好的流动性。专利申请JP2011221921涉及含质量比40%～50%的C_3S、30%～40%的C_2S、3%～5%的C_3A、9%～13%的C_4AF、0.15%～0.55%的SO_3和0.015%～0.15%的Ba，效果是强度显影性等于或优于中热水泥。

法国Lafarge（拉法基）布局了高贝利特硫铝酸盐熟料用于制备水硬性黏合剂（专利号为SI200530734）；Mitsubishi Materials（三菱材料）专利申请JP2009295117涉及的水泥熟料含有65%～80%的C_2S、9%～16%的间质材料（C_3A+C_4AF）和2%～6%的C_3A，效果是预防或控制产生的温度裂缝。

中国建筑材料科学研究总院在高贝利特水泥熟料制备、配比优化、性能优化方面进行长期研究。专利申请CN02100189.8中贝利特水泥熟料C_2S含量不低于40%，抗硫酸盐侵蚀性能强；专利申请CN201210403083.X号高镁微膨胀低热水泥熟料C_2S含量为40%～65%；专利申请CN201610728199.9涉及微细高强度高贝利特水泥，提高早期强度矿物组成为C_3S 10%～35%、C_2S 40%～75%、C_3A 1%～5%、C_4AF 10%～20%。

2010年之后，因高贝利特水泥的低碳性质和优良性能，国外水泥大厂仍在该技

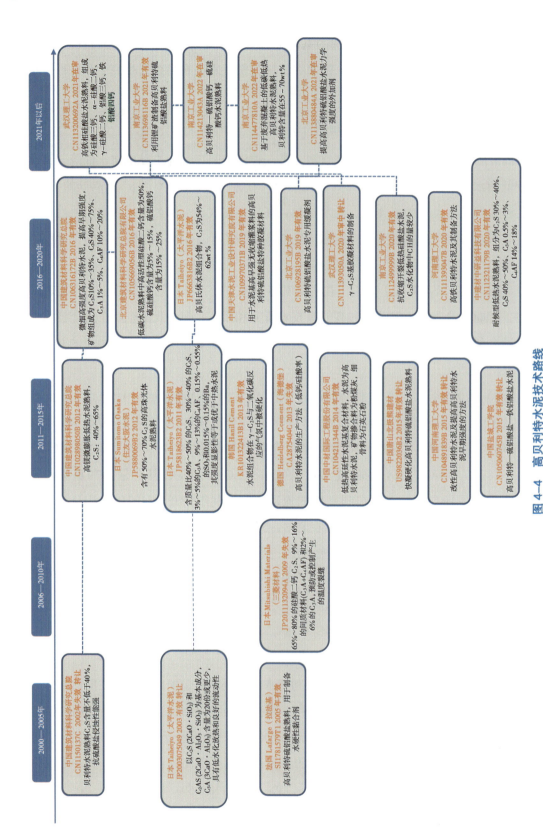

图 4-4　高贝利特水泥技术路线

术分支进行持续研究和技术改进。例如，德国 Heidelberg Cement（海德堡）布局专利 CA2875404 涉及高贝利特水泥的生产方法（低钙/硅酸率），日本 Sumitomo Osaka（住友大阪水泥）布局专利 JP2012010164 涉及含有 50%～70% C_2S 的高贝利特水泥熟料，韩国 Hanil Cement 布局专利 KR20130004855 涉及水泥组合物在 γ-C_2S 与二氧化碳反应的气氛中被硬化等。

另外，国内高校在该领域研究逐步增多，多家高校在高贝利特水泥方面进行持续性专利布局，涉及具体应用、特殊性能、专用缓凝剂等。南京工业大学专利申请 CN202011154973.2 涉及抗收缩开裂低热硅酸盐水泥，C_2S 水化物中 CH 的量较少；专利申请 CN202111088469.1 涉及利用锂矿渣制备高贝利特硫铝酸盐熟料；专利申请 CN202210009158.X 涉及高贝利特—硫铝酸钙—硫硅酸钙水泥熟料；专利申请 CN202210030678.9 涉及基于废弃混凝土的低碳低热高贝利特水泥熟料，贝利特含量在 55wt%～70wt%。

武汉理工大学专利申请 CN202010197640.1 涉及 γ-C_2S 基胶凝材料的制备；专利申请 CN202110497073.6 涉及高铁相硅酸盐水泥熟料，组成为硅酸三钙、α-硅酸二钙、γ-硅酸二钙、铝酸三钙、铁铝酸四钙。北京工业大学专利申请 CN201910129957.9 涉及高贝利特硫铝酸盐水泥专用缓凝剂；专利申请 CN202111251722.0 涉及提高高贝利特硫铝酸盐水泥力学强度的外加剂。

4.1.3.2　超硫酸盐水泥技术路线

超硫酸盐水泥是一种以粒化高炉矿渣为主要原料，以石膏为硫酸盐激发剂和以熟料或石灰为碱性激发剂的胶凝材料，具有环保节能的优点。硫酸盐能够作为激发剂来激发粒化高炉矿渣，由 Hans Kühl 在 1908 年首先发现，启发了人们对利用硫酸盐来激发矿渣水化的研究。到了 1920 年，该水泥首次在法国、比利时等国家得到应用。1940—1965 年，制定了超硫酸盐水泥的相关标准规范，在德国作为胶凝材料投入使用并作为标准水泥进行大规模生产。我国自 1956 年开始也有人员研究超硫酸盐水泥。20 世纪 90 年代，武汉理工大学利用工业废石膏和少量碱性激发剂研究硫酸盐激发和碱性激发原理，通过掺入大量工业矿渣使其在两者的激发作用下水化，研制出了路面基层专用水泥。超硫酸盐水泥凝结缓慢、表面易起灰，但是具有低水化热和在侵蚀环境中良好的耐久性。

从专利技术路线来看，在超硫酸盐水泥方面，国外企业、国内高校院所和国内企业在各个时间段基本均有分布，说明该技术方向研究和应用是不断跟进的（见图 4–5）。

比较早的代表性专利有NATIONAL GYPSUM COMPANY（国家石膏公司）于1958年布局的系列专利超硫酸盐水泥渣活化剂（US03782398、CA631956D等）；太平洋水泥株式会社于20世纪90年代布局相关专利，涉及低放热水硬材料，以废混凝土细粉和高炉矿渣细粉为主要成分（JP08287428）；MILOVIC DRAGOS 布局以粒状矿渣为基础的超硫酸白水泥（YUP4401，期限届满）。

2006年之后，随着超硫酸盐水泥的应用在欧洲各国盛行，全球范围内对该水泥的认识和研究兴趣越发浓厚，使超硫酸盐水泥得到了大面积的推广、研究和使用。专利技术涉及超硫酸盐水泥的成分优化、制备优化、应用、添加剂等方面。

国外企业有德国海德堡（Heidelberg Cement）、霍尔辛姆（HOLCIM TECHNOLOGY）等，都是全球水泥领域的龙头企业。海德堡的专利涉及硫酸盐高炉矿渣水泥，包含粒化高炉矿渣、硫酸钙硬石膏、硅酸盐水泥和铝水泥（EP09000077、IN54DEL2009、PL09000077等）；霍尔辛姆的专利涉及包含高炉矿渣、硫酸钙组分的超硫酸盐水泥（EP20290080）；韩国现代工程与建设公司专利涉及超高强度混凝土组合物，用水泥、细高炉渣、硅灰、硬石膏按适当比例混合而成（KR1020070046783）；WITH M TECH CO专利涉及生态友好的黏合剂组合物，由高炉渣微粉、无水石膏、石灰、水泥基材组成（KR1020200146492）。

在我国，武汉理工大学在超硫酸盐水泥方面有较强的研究实力，进行了系列专利布局。专利技术涉及钢渣超硫酸盐水泥，组成为钢渣/矿渣和/或粉煤灰、硫酸盐激活剂、水泥熟料或氢氧化钙、碱性激活剂（CN200810197941.3），高强超硫磷石膏矿渣水泥混凝土（CN201810405692.6）等。

我国企业如江苏一夫科技股份有限公司布局专利涉及磷石膏利用和超硫酸盐水泥优化。专利申请CN201911167208.1涉及提高磷石膏的综合利用效率，产品不易水化，可复配超硫酸盐水泥、石膏矿渣水泥或石膏复合胶凝材料；专利申请CN202010127850.3涉及超硫酸盐水泥，在基础原料中加入碱性激发剂、石灰石等组分，通过促进矿渣的分散、溶解和水化，降低孔隙率，增强抗渗透和抗碳化性能。

2021年之后，高校和企业合作申请成为趋势，可见超硫酸盐水泥在进一步应用推广。例如，东南大学和山东高速集团有限公司合作申请的专利涉及抗冻超硫酸盐水泥混凝土，将工业固体废物矿渣、脱硫石膏与硅酸盐水泥复合（CN202210138507.8）；浙江大学和崇左南方水泥有限公司合作申请的利用低活性酸性矿渣制备的超硫酸盐水泥（CN202210407851.2）。

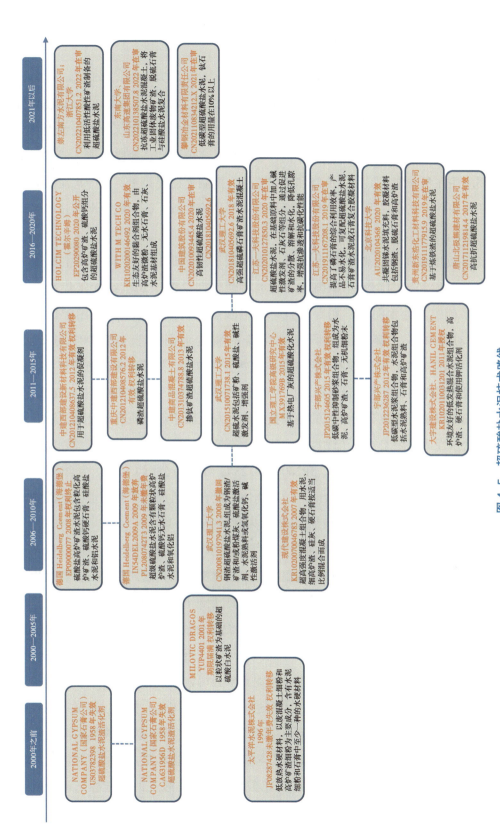

图 4-5　超硫酸盐水泥技术路线

205

4.1.3.3 硫铝酸盐水泥技术

硫铝酸盐水泥是以适当成分的石灰石、矾土、石膏为原料，经低温（1 300～1 350℃）煅烧而成的无水硫铝酸钙（C_4A_3S）和硅酸二钙（C_2S）为主要矿物组成的熟料，并掺加适量混合材（石膏和石灰石等）共同粉磨所制成的一系列优异性能的水硬性胶凝材料。其特点是早强高强、高抗冻性、耐蚀性、高抗渗性、膨胀性能、低碱性。目前主要应用在冬季施工工程、抢修和抢建工程、配制喷射混凝土、生产水泥制品和混凝土预制构件、抗渗工程、生产纤维增强水泥制品等领域。硫铝酸盐水泥技术路线如图4-6所示。

硫铝酸盐水泥是在铝酸盐水泥基础上发展而来，近10年专利布局主要集中在国内高校院所和国内企业。中国建筑材料科学研究总院于20世纪80年代在国内较早发明了硫铝酸盐水泥。早期专利有将硫铝酸盐熟料作为膨胀剂应用于优型混凝土（CN88102924.6），接着不断研究优化硫铝酸盐水泥性能（CN200710118915.2、CN201410549741.5），后期涉及硫铝酸盐水泥熟料的应用，如用于复杂海洋环境的其他海洋工程的高抗蚀亚微米复合材料，含无水硫铝酸钙早强矿物（CN201811122658.4）。

2010年以前，比较有代表性的专利技术有住友大阪水泥股份有限公司，涉及用低热硅酸盐水泥改善灌浆材料流动性的方法，含有低热波特兰水泥和硫铝酸钙膨胀剂的水硬性无机粉末（JP2006078124、JP2006078123）；维阿特公司（Vicat）由含有钙、铝、二氧化硅、铁和硫，优选硫酸盐形式的矿物质的混合物组成的原料制造硫铝酸盐或硫铝—贝利特熟料（CA2717917，已授权，后未缴年费失效）。

2010—2015年，比较有代表的专利技术有韩国哈尼尔水泥公司（Hanil Cement），涉及使用低碳低温煅烧水泥熟料制造混凝土膨胀材料、熟料烟气脱硫石膏和氧化铝污泥为原料制备的硫铝酸钙（KR1020120075322），后续哈尼尔水泥公司还申请了利用废副产品的含铝酸盐矿物的高早强低碳混合水泥组合物相关专利（WOKR16004325）。盐城工学院在硫铝酸盐水泥方面有较多研究，近10年积累较多专利。其中，CN201510502943.9转让给天瑞集团萧县水泥有限公司，涉及在低温下制备低碳的贝利特—硫铝酸盐—铁铝酸盐水泥。后续专利进一步优化了工艺，如通过高效地诱导材料的组织、结构、性能发生变化，降低了硫硅酸钙—贝利特—硫铝酸盐水泥煅烧温度（CN201910406885.8，目前无效）。盐城工学院在硫铝酸盐水泥方面的专利涉及贝利特硫铝酸盐类型、贝利特—硫铝酸盐—铁铝酸盐类型、硅酸三钙—硅酸二钙—硫铝酸钙类型等。另外，这个阶段已经有部分企业将硫铝酸盐水泥进行实际应用，如广西云

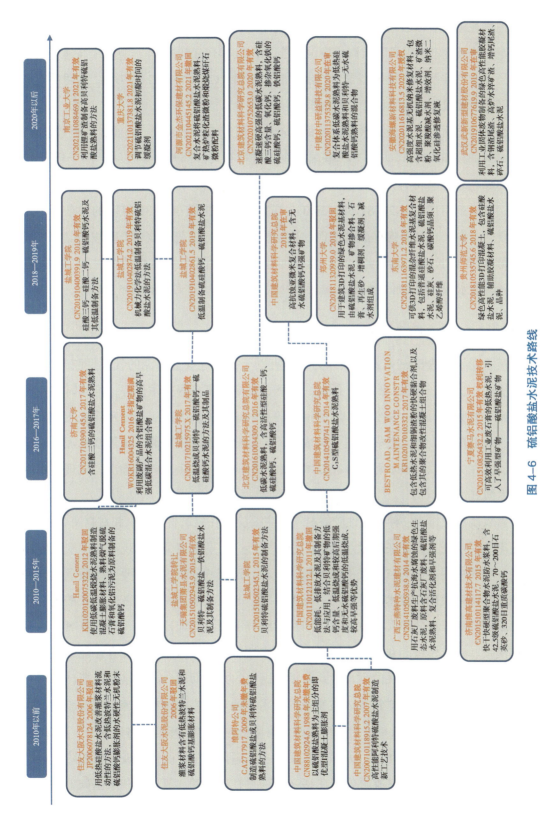

图 4-6　硫铝酸盐水泥技术路线

燕特种水泥建材有限公司和济南维高建材技术有限公司。广西云燕水泥特种建材有限公司专利涉及生态水泥具有抗海水腐蚀性能（CN201410505938.9）；济南维高建材技术有限公司专利涉及快干快硬型聚合物水泥防水浆料（CN201510114117.7）。这两件专利目前仍处于授权且有效的状态，专利质量较高。

2016年之后，硫铝酸盐水泥发展相对较快，研究院所、高校、企业专利申请较多，在新方向如建筑3D打印方面有一些国内企业进行布局。郑州大学发明了用于建筑3D打印的绿色水泥基材料，由硫铝酸盐水泥、矿物掺合料、石膏、再生砂、增稠剂、缓凝剂、减水剂组成（CN201811320939.0）；东南大学发明了可供3D打印的混杂纤维水泥基复合材料，包括普通硅酸盐水泥、硫铝酸盐水泥、硅灰、砂石、碳酸钙晶须、聚乙烯醇纤维（CN201811163971.2）；贵州师范大学发明了绿色高性能3D打印混凝土，包含硅酸盐水泥、辅助胶凝材料、硫铝酸盐水泥、晶种（CN201810535745.6）。

4.1.3.4 镁水泥技术路线

镁水泥别名为Sorel水泥。其作为一种有别于普通硅酸盐水泥的气硬性胶凝材料，具有质轻、快凝、早强、高强、低碱、耐磨、黏结强度高等技术优势；但同时存在抗水性差、易吸潮返卤、易变形和腐蚀钢筋等技术缺陷，从而限制了镁水泥在土建、家装等领域的应用。镁水泥按照组分构成的不同，分为氯氧镁水泥、硫氧镁水泥、磷酸镁水泥。在分析以上镁水泥所存在技术问题及对应的技术手段的基础上，梳理镁水泥的技术演进情况。

氯氧镁水泥作为一种气硬性胶凝材料，主要应用在建筑材料和家装材料两个领域，但是氯氧镁水泥自身存在的吸潮返卤、翘曲变形、后期强度变低的现有技术缺陷限制其进一步的应用。梳理与氯氧镁水泥相关专利，该领域创新主体主要围绕吸潮返卤和后期强度弱两大现有技术问题布局（见图4-7）。研究热点从将硫酸亚铁、硫酸铜、磷酸、苯丙乳液等组分加入常规原材所涉及的组分选择及其配比优化，转向氯氧镁水泥在玻镁板、建筑模板等众多应用场景中的耐水性、防火、保温、强度等性能改进提升方面。针对玻镁板所存在的耐水性差、吸潮返卤的共性问题，南京格瑞恩斯新材料有限公司在2015年通过将矿渣加入玻镁板的技术手段来提高耐水性，疏水气凝胶通过阻止水分侵入以提高保温性能；合肥广民建材有限公司在2017年通过将硅藻土、粉煤灰、玄武岩纤维加入轻烧氧化镁、无水硫酸镁、六水氯化镁中，改善了玻镁板的防水阻燃特性。汕头德宝新型建材有限公司在1996年通过在氧化镁、氯化镁和水基础上添加硫

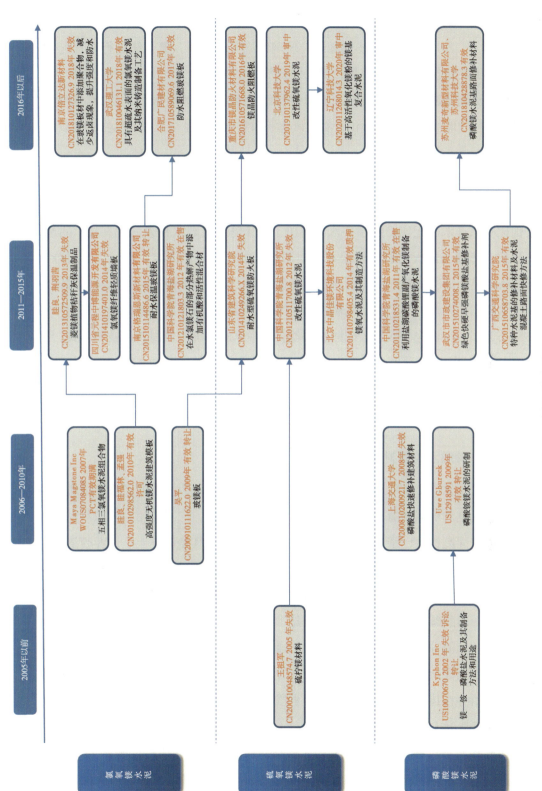

图 4-7　镁水泥技术路线

酸亚铁、磷酸三钠及苯丙乳液解决了结霜反卤的技术问题。后来，睢良、睢福林和孟强在此基础上，2010年将膨胀玻化微珠、玻璃纤维与氧化镁、氯化镁进行合理配置，拓宽了镁水泥在建筑模板上的应用；后来睢良等人在2013年又将植物秸秆灰固体废料和氯氧镁水泥制备成保温建筑材料。四川省元程中博能源开发有限公司在2014年针对氯氧镁纤维轻质墙板进行配方优化，实现氧化镁和氯化镁的完全反应比率在97%以上，以避免吸潮返卤现象的发生。

硫氧镁水泥克服了氯氧镁水泥吸潮返卤、腐蚀钢筋等缺点，但仍存在水泥强度低、防水性能差等技术问题。山东省建筑科学研究院吴平在对玻镁板研究基础上，2014年通过优化硫氧镁水泥配比，所制备水泥解决了玻镁防火板耐水性差的现有技术问题；2016年重庆市镁晶防火材料有限公司又对阻燃板进行进一步研究，通过优化组分配比及制备工艺，解决了阻燃板防火与防潮不能兼容、甲醛释放量超标影响身体健康的现有技术问题。同时，为了解决氯氧镁水泥吸潮返卤和机械强度低等问题，王祖军在2005年公开了一种将柠檬酸加入硫酸镁等原材料中以制备硫柠镁材料的技术方案；而后中国科学院青海盐湖研究所在2012年通过添加磷酸二氢盐或磷酸一氢钠等外加剂来提高硫氧镁水泥的力学性能和耐水性能；北京中晶佳镁环境科技股份有限公司2014年将氧化镁烟气除硫所产生的亚硫酸镁应用在硫氧镁水泥制备中。

4.1.3.5 碱激发胶凝材料技术路线

碱激发胶凝材料（又称地质聚合物）作为近年来研究较为活跃的无机非金属材料之一，以其优良的机械性能和耐酸碱、耐火、耐高温性能，广泛应用在建筑材料、高强材料、固核固废材料、密封材料、耐高温材料等领域。其是以黏土、工业废渣或矿渣等为主要原料，碱或酸为激发剂，经适当的工艺处理，通过矿物聚缩反应得到的一类低能耗、长寿命、无二氧化碳排放的高性能无机聚合物。碱激发胶凝材料具有强度高、硬化快、耐酸碱腐蚀等优于普通硅酸盐水泥的独特性能，同时具有材料丰富、价格低廉、节约能源等优点，但存在韧性差、强度低等现有技术缺陷。世界各国的创新主体在碱激发剂配比优化、硅铝质材料替代方面布局专利数量较多。在分析以上碱激发胶凝材料所存在技术问题及对应的技术手段的基础上，我们梳理一下碱激发胶凝材料的技术演进情况（见图4-8）。

针对硅铝质替代材料开展的研究，主要包括低钙粉煤灰、高钙粉煤灰、F级粉煤灰、偏高岭土、废弃橡胶粉、废弃塑料、碱渣、电石渣、磷渣、钢渣、石煤提钒尾渣

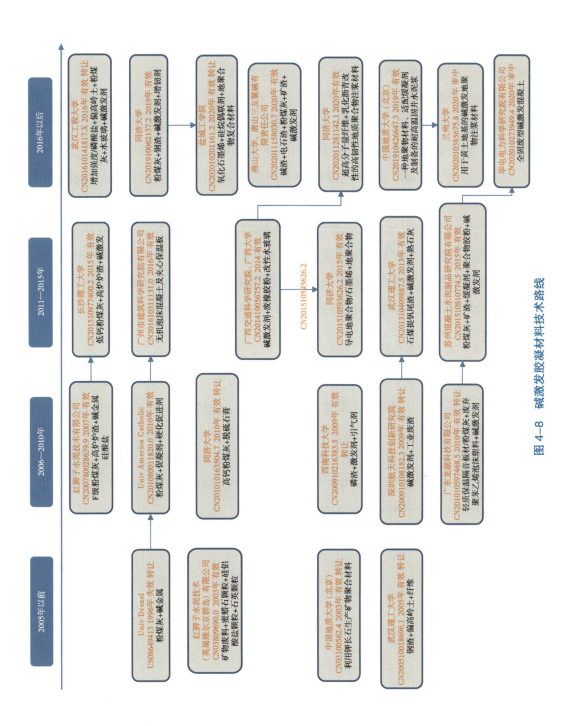

图 4-8　碱激发胶凝材料技术路线

等固体废物。在碱激发剂制备方面主要涉及氢氧化钾、氢氧化钠、硅酸钠、硅酸钾、碱玻璃等组分的构成及配比。其中，中国地质大学通过利用钾长石替代碱激发剂，降低了碱激发胶凝材料的制备成本。在碱激发胶凝材料在无机泡沫混凝土、保温板、导电地聚合物、适用于黄土地基的细分应用场景下也有相关专利布局。

粉煤灰作为最早的硅铝质替代材料，相关研究最早可以追溯到20世纪末期（1996年），Univ Drexel公开了一种利用粉煤灰、碱金属或碱土金属硅酸盐制备高强度水泥的方法；而后 Univ America Catholic 在2010年公开了利用粉煤灰、促凝剂、硬化促进剂等材料的制备方法；广州市建筑科学研究院有限公司对碱激发胶凝材料在无机泡沫混凝土及其制备的夹心保温板应用方面进行了专利布局。红狮子水泥技术有限公司和长沙理工大学对低钙粉煤灰、F级粉煤灰、高炉炉渣等制备碱激发胶凝材料也有相关专利布局。在碱激发胶凝材料的韧性增强功效提升方面，同济大学采用了将增韧剂添加在粉煤灰、钢渣、碱激发剂混合原料中的技术手段；盐城工学院采用了氧化石墨烯、硅烷偶联剂、地聚合物复合材料的组分配比。

4.1.4 专利技术功效分析

技术功效部分重点考察中国专利情况，专利中对低碳水泥的技术性能改进或优化，以及低碳水泥实现的技术功效主要表现在成本降低、强度提高、环境改善、经济性提高、能源消耗降低、稳定性提高、工艺复杂性降低等方面（见图4-9）。其中，成本降低、强度提高方面专利分布较多，在C04B（石灰、氧化镁、矿渣、水泥及其组合物，如砂浆、混凝土或类似的建筑材料、耐火材料）方面，分别有2 240项、1 984项。

图4-10反映了水泥在强度提高方面的专利布局。由图4-10可知，主要包括碱激发胶凝材料的强度增加、铝酸钙水泥的强度增加、修补砂浆强度增加、强度等级等方面。

图 4-9　低碳水泥熟料与低碳混凝土专利技术功效

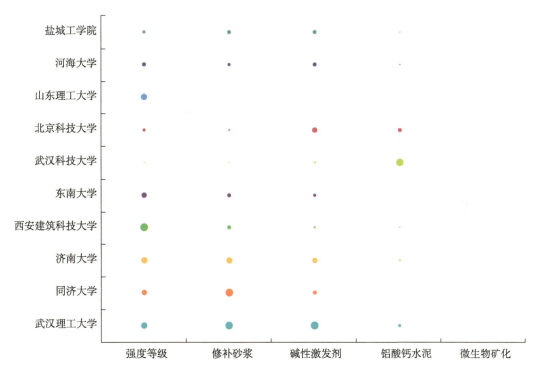

图 4-10　低碳水泥强度增加相关专利布局

4.1.5　重要申请人分析

表4-1展示了国外主要企业在低碳水泥领域的专利技术分布情况。从表4-1中可以

看出，拉法基和海德堡两个水泥巨头较为重视低碳水泥领域的专利布局，其中拉法基分别在高贝利特—硫铝酸盐、贝氏体—硫铝酸钙—铁氧体、硫铝酸盐、铝酸盐、镁水泥等8个水泥系列布局专利2 067项；海德堡在低碳水泥领域的研究范围更广，共有10个低碳水泥系列专利布局，总计506项。在固体废物利用水泥、铝酸盐水泥、碱激发胶凝材料细分低碳水泥领域，拉法基专利布局最多，分别为985项、402项、272项；海德堡则较为重视在高贝利特—硫铝酸盐水泥领域的专利布局（119项）。在碳酸化领域，诺瓦坎姆具有一定的技术优势，其主打产品负碳硅基水泥具有良好的未来市场发展空间；意大利水泥的专利布局主要方向为硫铝酸盐水泥和固废利用水泥两个系列。

表4-1 国外主要企业低碳水泥专利技术分布

单位：项

水泥系列	中国建筑总院	拉法基	海德堡	西麦斯	诺瓦坎姆	意大利水泥
高贝利特	12	0	21	0	0	0
高贝利特—硫铝酸盐	2	35	119	0	0	0
贝氏体—硫铝酸钙—铁氧体	0	76	60	0	0	0
硫铝酸盐	18	60	97	19	0	64
铝酸盐	0	402	0	0	0	0
镁水泥	0	61	12	0	0	0
碱激发凝胶材料	21	272	17	18	0	0
固体废物利用水泥	33	985	43	34	0	72
超硫酸盐水泥	1	176	0	0	0	0
碳酸化	2	0	28	0	46	0
贝利特—硫铝酸盐—硫硅酸钙水泥	0	0	34	0	0	0
硫硅酸钙	0	0	75	0	0	0

综合来看，国外水泥公司在低碳水泥领域的研究时间较长，研究的低碳水泥种类较多，并且具有一定的技术优势，对于低碳水泥领域的研发方向确定与优化具有一定的借鉴意义。

4.1.5.1　海德堡水泥公司

德国海德堡水泥集团是世界最大的水泥及制品生产商之一。其在水泥、混凝土及建筑材料领域处于世界领先水平，分支机构遍及全球50个国家。海德堡水泥集团成立于1873年。1968年，随着法国水泥生产商（Vicat）公司的加盟，其逐渐走向国际化。20世纪90年代以来，该集团通过一系列的投资及收购加快了国际化进程。例如，随着东欧及中欧市场的开放，该集团相继在捷克、匈牙利、波兰、克罗地亚、保加利亚、罗马尼亚、波黑地区、俄罗斯和乌克兰投资。1993年，对比利时CBR公司的收购使集团的业务量翻了一番；1999年，对Scancem的收购又为海德堡水泥集团打开了在北欧、英国、非洲及亚洲的新市场；2001年，通过控股印度尼西亚年产1 600万吨的Indocement公司，使海德堡水泥集团得以进一步发展。目前，集团的投资主要集中在新兴的具有良好成长性的市场，如亚洲。

在全球碳减排的大环境下，海德堡比较注重低碳水泥的研发，专利技术在高贝利特水泥、贝利特—硫铝酸盐—硫硅酸钙水泥（Belite-Calciumsulfoaluminate-Ternesite，BCT）、硫铝酸钙水泥、碱激发水泥、固废利用水泥、碳酸化/碳化技术方面均有涉及。其中，BCT水泥是海德堡公司低碳水泥的主要品种。

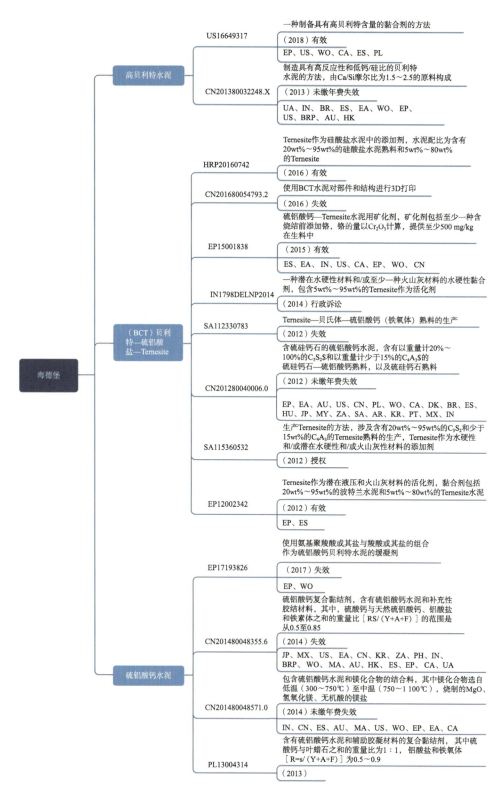

图4-11　海德堡水泥专利技术分布（一）

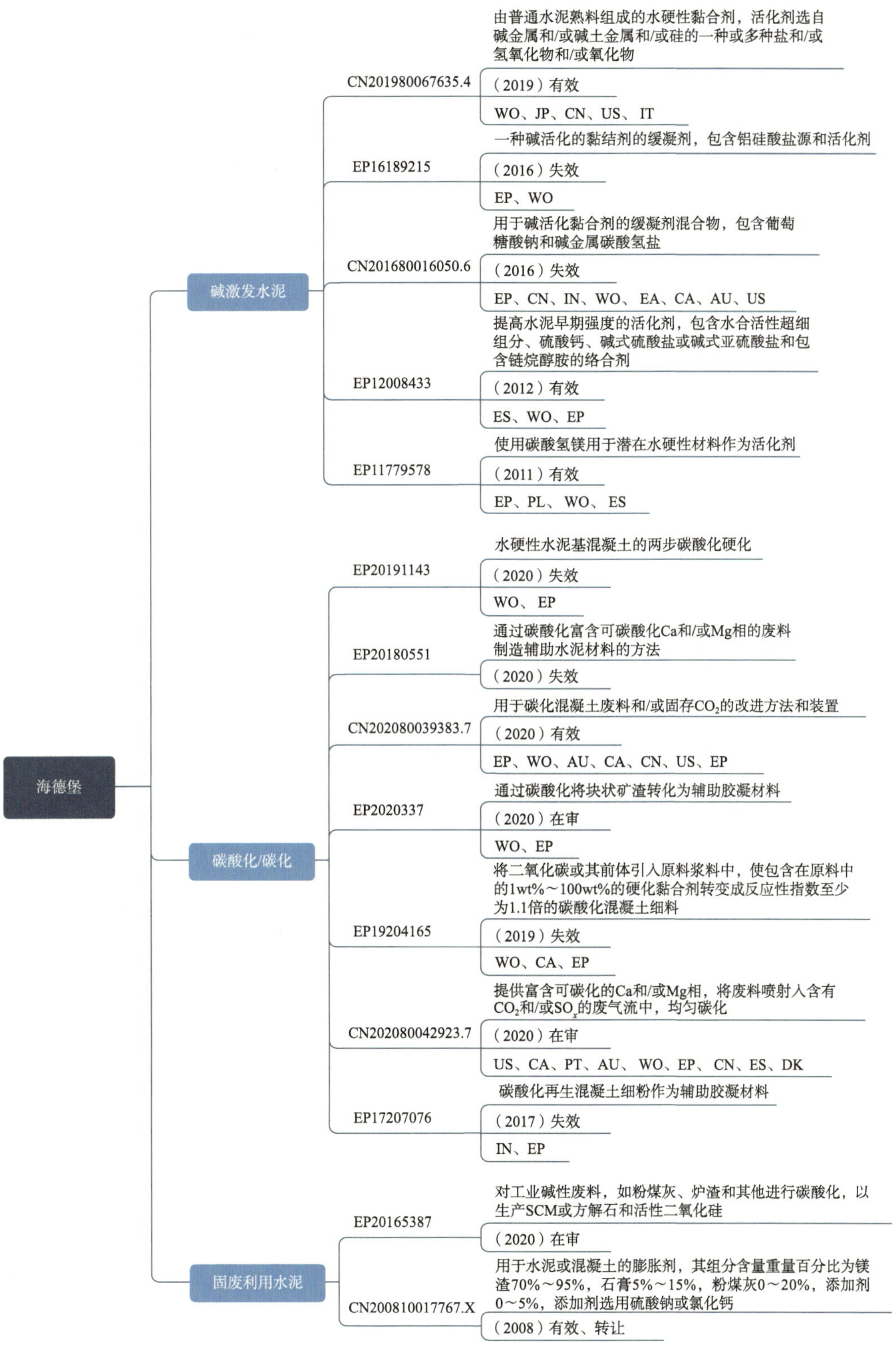

海德堡

碱激发水泥

CN201980067635.4 — 由普通水泥熟料组成的水硬性黏合剂，活化剂选自碱金属和/或碱土金属和/或硅的一种或多种盐和/或氢氧化物和/或氧化物
（2019）有效
WO、JP、CN、US、IT

EP16189215 — 一种碱活化的黏结剂的缓凝剂，包含铝硅酸盐源和活化剂
（2016）失效
EP、WO

CN201680016050.6 — 用于碱活化黏合剂的缓凝剂混合物，包含葡萄糖酸钠和碱金属碳酸氢盐
（2016）失效
EP、CN、IN、WO、EA、CA、AU、US

EP12008433 — 提高水泥早期强度的活化剂，包含水合活性超细组分、硫酸钙、碱式硫酸盐或碱式亚硫酸盐和包含链烷醇胺的络合剂
（2012）有效
ES、WO、EP

EP11779578 — 使用碳酸氢镁用于潜在水硬性材料作为活化剂
（2011）有效
EP、PL、WO、ES

碳酸化/碳化

EP20191143 — 水硬性水泥基混凝土的两步碳酸化硬化
（2020）失效
WO、EP

EP20180551 — 通过碳酸化富含可碳酸化Ca和/或Mg相的废料制造辅助水泥材料的方法
（2020）失效

CN202080039383.7 — 用于碳化混凝土废料和/或固存CO_2的改进方法和装置
（2020）有效
EP、WO、AU、CA、CN、US、EP

EP2020337 — 通过碳酸化将块状矿渣转化为辅助胶凝材料
（2020）在审
WO、EP

EP19204165 — 将二氧化碳或其前体引入原料浆料中，使包含在原料中的1wt%～100wt%的硬化黏合剂转变成反应性指数至少为1.1倍的碳酸化混凝土细料
（2019）失效
WO、CA、EP

CN202080042923.7 — 提供富含可碳酸化的Ca和/或Mg相，将废料喷射入含有CO_2和/或SO_x的废气流中，均匀碳化
（2020）在审
US、CA、PT、AU、WO、EP、CN、ES、DK

EP17207076 — 碳酸化再生混凝土细粉作为辅助胶凝材料
（2017）失效
IN、EP

固废利用水泥

EP20165387 — 对工业碱性废料，如粉煤灰、炉渣和其他进行碳酸化，以生产SCM或方解石和活性二氧化硅
（2020）在审

CN200810017767.X — 用于水泥或混凝土的膨胀剂，其组分含量重量百分比为镁渣70%～95%，石膏5%～15%，粉煤灰0～20%，添加剂0～5%，添加剂选用硫酸钠或氯化钙
（2008）有效、转让

图4-12 海德堡水泥专利技术分布（二）

在BCT水泥方面，主要以在熟料矿物体系中引入Ternesite即硫硅钙石（C_5S_2S）矿物为核心技术。硫硅钙石由2个C_2S和1个CS组成，早期一直被认为是惰性的，后经研究发现其具有活性，且水化反应介于铝酸盐和贝利特之间。BCT水泥生产需要的原材料与普通硅酸盐水泥相近，石灰石、泥灰岩、粉煤灰和工业副产石膏等工业废渣均可作为原料。BCT水泥熟料在较低的温度（1250～1300℃）下生产，CO_2排放比传统硅酸盐水泥熟料降低30%，预计可节约燃料和电力消耗10%～15%。BCT水泥熟料的矿物组成为C_5S_2S 5%～75%，C_2S 1%～80%，$C_4(A_xF_{1-x})S$ 5%～70%，二次相0～30%。

海德堡在BCT水泥方面的专利包括活化剂Ternesite的生产、活化剂Ternesite应用于水泥熟料、Ternesite—贝氏体—硫铝酸钙（铁氧体）熟料的生产、Ternesite水泥熟料优化、波特兰水泥和Ternesite水泥联合应用等。主要专利如下：EP12002342（涉及Ternesite作为潜在液压和火山灰材料的活化剂，黏合剂包括20 wt%～95 wt%的波特兰水泥和5 wt%～80 wt%的Ternesite水泥）；SA115360532（涉及生产Ternesite的方法，涉及含有20 wt%～95 wt%的C_5S_2S和少于15 wt%的C_4A_3S的Ternesite熟料的生产，Ternesite作为水硬性和/或潜在水硬性和/或火山灰性材料的添加剂）；CN201280040006.0（涉及含硫硅酸钙的硫铝酸钙水泥，含有以重量计20%～100%的C_5S_2S和以重量计少于15%的C_4A_3S的硫硅酸钙—硫铝酸钙熟料，以及硫硅酸钙熟料），该项专利技术共有同族专利132项，在全球分布国家和地域较广，包括欧洲、欧亚、澳大利亚、美国、中国、波兰、加拿大、丹麦、西班牙、日本、韩国、印度等，目前在中国专利已经由于未缴年费而失效；SA112330783［涉及Ternesite—贝利特—硫铝酸钙（铁氧体）熟料的生产］；IN1798DELNP2014（涉及一种潜在水硬性材料和/或至少一种火山灰材料的水硬性黏合剂，包含5 wt%～95 wt%的Ternesite作为活化剂）；EP15001838（涉及硫铝酸钙—Ternesite水泥用矿化剂，矿化剂包括至少一种含烧结前添加铬，铬的量以Cr_2O_3计算，提供至少500 mg/kg在生料中）；CN201680054793.2（涉及使用BCT水泥对部件和结构进行3D打印）；HRP20160742T_1（涉及Ternesite作为硅酸盐水泥中的添加剂，黏结剂中含有20 wt%～95 wt%的硅酸盐水泥熟料和5 wt%～80 wt%的Ternesite）。

BCT水泥综合了硫铝酸钙的早期强度和贝利特水泥的耐久性，并通过Ternesite填补了铝酸盐和贝利特的反应空白区间。基于Ternesite的水化特点，除可作为BCT水泥的一种矿物组分外，还可作为添加剂用于硫铝酸盐基和硅酸盐基水泥胶凝材料系统的性能改善。

在高贝利特水泥方面，海德堡关于高贝利特水泥方面的主要专利技术有

CN201380032248.X（涉及制造具有高反应性和低的钙/硅比例的贝利特水泥的方法，由Ca/Si摩尔比为1.5～2.5的原料构成），该项专利技术在中国、中国香港、美国、加拿大、印度、巴西、西班牙、澳大利亚等国家或地区均有布局，其中，中国专利由于未缴年费已处于失效状态；US16649317C涉及一种制备具有高贝利特含量的黏合剂的方法），主要布局国家或地区有欧洲、美国、加拿大、西班牙、波兰。

在硫铝酸钙水泥方面，海德堡关于硫铝酸钙水泥方面的主要专利技术有PL13004314（涉及含有硫铝酸钙水泥和辅助胶凝材料的复合黏结剂，其中硫酸钙与叶蜡石，铝酸盐和铁相 [R=/(Y+A+F)] 为0.5～0.9；CN201480048571.0（涉及①包含硫铝酸钙水泥和镁化合物的结合料，其中镁化合物选自低温（300～750℃）至中温（750～1 100℃），烧制的MgO、氢氧化镁或无机酸的镁盐，涉及提高由基于②CSA的结合料制造的建筑结构的强度发展和/或增加所述建筑结构的抗压强度的方法和涉及③镁化合物作为添加剂用于增加水合CSA结合料的抗压强度的用途），该专利技术通过同族专利还在印度、西班牙、美国、加拿大、澳大利亚、摩洛哥、欧洲等国家和区域有布局；CN201480048355.6{涉及硫铝酸钙复合黏结剂，即含有硫铝酸钙水泥和补充性胶结材料，其中，硫酸钙与天然硫铝酸钙、铝酸盐和铁素体之和的重量比 [RS/(Y+A+F)] 的范围是从0.5至0.85}，该专利技术通过同族专利还在中国香港、日本、墨西哥、印度、西班牙、美国、加拿大、澳大利亚、摩洛哥、南非、菲律宾等国家和地区有布局。

在碱激发水泥方面，海德堡关于碱激发水泥方面主要包括碱激发剂用于水硬性材料、各类可用碱活化剂、碱活化的黏结剂的缓凝剂、碱活化剂用于水硬性黏合剂的优化等方面。

专利技术有EP11779578（涉及一种黏合剂，使用碳酸氢镁用于潜在水硬性材料作为活化剂）；EP12008433（涉及提高水泥早期强度的活化剂，包含水合活性超细组分、硫酸钙、碱式硫酸盐或碱式亚硫酸盐和包含链烷醇胺的络合剂）；CN201680016050.6（涉及用于碱活化黏合剂的缓凝剂混合物，包含葡萄糖酸钠和碱金属碳酸氢盐）；EP16189215（涉及一种碱活化的黏结剂的缓凝剂，包含铝硅酸盐源和活化剂）；CN201980067635[涉及由普通水泥熟料组成的水硬性黏合剂，由以下构成：按质量计至少2/3的硅酸钙（3CaO·SiO_2）和（2CaO·SiO_2），其余部分由铝氧化物、铁氧化物和/或其他次要氧化物组成；选自碱金属和/或碱土金属和/或硅的一种或多种盐和/或氢氧化物和/或氧化物的活化剂]，专利布局国家为中国、美国、日本、意大利。

在固废利用水泥方面，海德堡关于固废利用水泥方面的主要专利技术有CN200810017767.X（涉及用于水泥或混凝土的膨胀剂，其组分含量重量百分比为镁渣70%～95%，石膏5%～15%，粉煤灰0～20%，添加剂0～5%，添加剂选用硫酸钠或氯化钙），该件专利为西安建筑科技大学于2008年申请，转让给海德堡集团在中国的子公司冀东海德堡（泾阳）水泥有限公司，目前该专利仍处于有效状态；EP20165387（涉及碳捕获及固废碳酸化，具体为混凝土拆除废弃物的碳酸化，特别是再生混凝土细粉，用于生产SCM或方解石和活性二氧化硅；工业原料的碳酸化，如粉煤灰、炉渣等，用于生产SCM或方解石和活性二氧化硅；天然物质的碳酸化，如橄榄石、滑石、含MgO的矿物及其他，用于生产SCM或方解石和活性二氧化硅），该件专利为海德堡在2020年申请专利，目前处于在审状态。

在碳酸化/碳化方面，海德堡关于水泥原料碳酸化/碳化方面的专利主要集中在近5年，也是海德堡布局较多的技术方向。专利技术主要有EP17207076（涉及碳酸化再生混凝土细粉作为辅助胶凝材料，即再生混凝土细粉作为原料，原料碳酸化以提供碳酸化材料，并使碳酸化材料解团聚以形成补充胶凝材料）；EP19204165（主要技术点涉及提供最大粒径达150 mm的混凝土拆除废弃物作为起始材料，将原料与水混合以形成原料浆料，将二氧化碳或其前体引入原料浆料中，使包含在原料中的1 wt%～100 wt%的硬化黏合剂转变成反应性指数至少为1.1倍的碳酸化混凝土细料）；EP20202337（涉及通过碳酸化将块状矿渣转化为辅助胶凝材料）；CN202080042923.7（涉及提供富含可碳化的Ca和/或Mg相，将废料喷射入含有CO_2和/或SO_x的废气流中，均匀碳化）；CN202080039383.7（涉及用于碳化混凝土废料和/或固存CO_2的改进方法和装置）；EP20180551（涉及通过碳酸化富含可碳酸化Ca和Mg相的废料制造辅助水泥材料的方法）；EP20191143（涉及水硬性水泥基混凝土的两步碳酸化硬化）。

4.1.5.2　霍尔希姆公司

2015年7月15日，全球前两大水泥、混凝土生产商——法国的Lafarge（拉法基）与瑞士的Holcim（豪瑞）合并诞生新集团拉法基豪瑞（Lafarge Holcim），成为全球最庞大的水泥制造商，2021年5月更名为霍尔希姆（HOLCIM）公司。拉法基集团于1833年成立于法国，在水泥、石膏板、骨料与混凝土等建材领域居世界领先地位。豪瑞集团成立于1912年，是在建筑材料生产和运输方面处于世界领先地位的大型跨国公司，遍布全球五大洲50多个国家，产品以水泥、骨料及预制混凝土、沥青等为主。

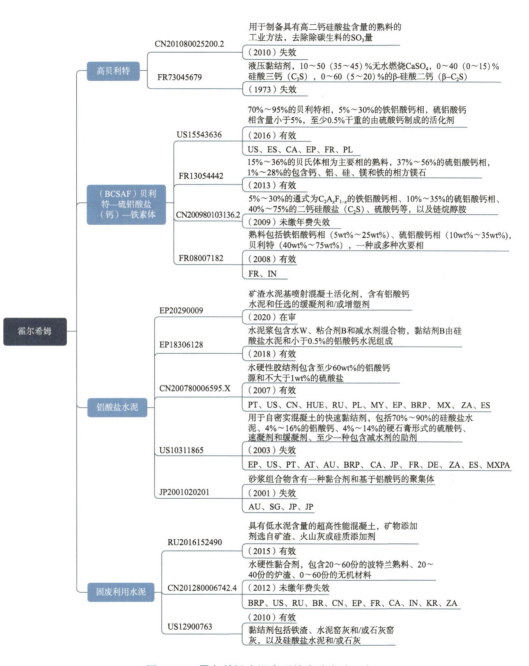

图 4-13 霍尔希姆水泥专利技术分布（一）

先进无机非金属材料技术发展路径

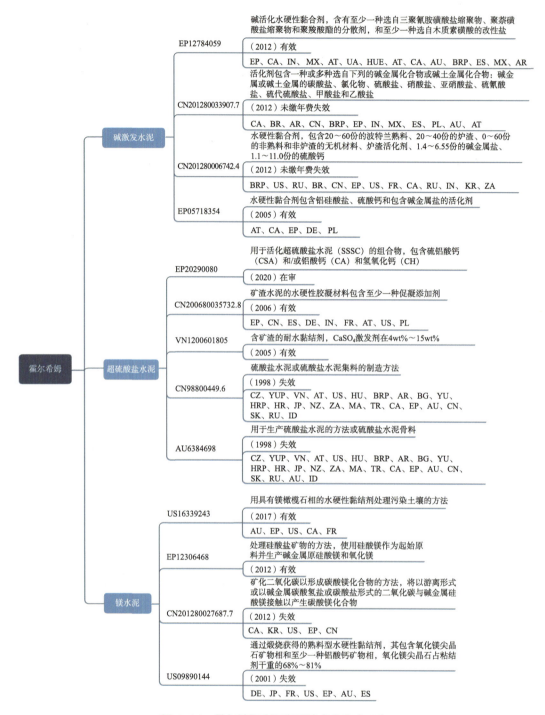

图4-14 霍尔希姆水泥专利技术分布（二）

图4-13、图4-14展示了霍尔希姆公司在低碳水泥材料方面的专利布局情况。专利技术涉及高贝利特、（BCSAF）贝利特—硫铝酸盐（钙）—铁相、铝酸盐水泥、超硫酸

盐水泥、碱激发水泥、固废利用水泥、镁水泥等。拉法基通过在主要目标市场申请同族专利或者通过PCT申请进行重点地域的专利布局。

在贝利特—硫铝酸盐（钙）—铁相方面，霍尔希姆公司专利布局比较多的低碳水泥类型为贝利特—硫铝酸盐（钙）—铁相，对应拉法基的产品就是Aether®水泥。拉法基水泥公司于2010年成立了Aether项目组，历时3年（从2010年9月1日至2013年8月31日）进行了Aether®低碳水泥的相关研究工作。Aether®水泥的矿物组成为贝利特（C_2S）40%～75%，硫铝酸钙（C_4A_3S）15%～35%，铁相$[C_2(A，F)]$5%～25%。Aether®水泥可使用的原料包括石灰石、铝土矿、石膏、铁质原料及泥灰岩。其引入硫铝酸钙（C_4A_3S）矿物，在较低的温度（1 225～1 300℃）下生产，相比波特兰水泥（1 400～1 500℃），可显著降低生产能耗，吨水泥可减少CO_2排放量25%～30%。

拉法基在贝利特—硫铝酸盐（钙）—铁相低碳水泥材料方面共布局专利34项，比较主要的有US15543636（主要技术点为含70%～95%的贝利特相，5%～30%的铁铝酸钙相，硫铝酸钙相含量小于5%，至少0.5%干重的由硫酸钙制成的活化剂），针对该组分技术，拉法基在欧洲、美国、法国、波兰、加拿大、西班牙等国家和地区进行布局；FR1354442（主要技术点为含15%～36%的贝利特相为主要相的熟料，37%～56%的硫铝酸钙相，1%～28%的包含钙、铝、硅、镁和铁的相方镁石）；CN200980103136.2（主要技术点为含5%～30%的通式为$C_2A_xF_{(1-x)}$的铁铝酸钙相、10%～35%的硫铝酸钙相、40%～75%的二钙硅酸盐、硫酸钙等，以及链烷醇胺）；FR0807182（熟料包括5 wt%～25 wt%的铁铝酸钙相，10 wt%～35 wt%的硫铝酸钙相，40 wt%～75 wt%的贝利特，以及一种或多种次要相），主要布局国家为法国和印度。

在高贝利特低碳水泥材料方面，比较主要的有CN201080025200.2（主要技术点涉及用于制备具有高二钙硅酸盐含量的熟料的工业方法，去除除碳生料的SO_3量）；FR7345679（主要技术点涉及液压黏结剂，10～50优选35%～45%硬石膏，0～40优选0%～15%硅酸三钙，0～60优选5%～20%的β-硅酸二钙）。

在铝酸盐水泥材料方面，比较主要的有EP20290009（主要技术点为矿渣水泥基喷射混凝土活化剂，含有铝酸钙水泥和任选的缓凝剂和/或增塑剂）；EP18306128（主要技术点水泥浆包含水W、黏合剂B和减水剂混合物，黏结剂B由硅酸盐水泥和小于0.5%的铝酸钙水泥组成）；CN200780006593（主要技术点涉及水硬性胶结剂包含至少60 wt%的铝酸钙源和不大于1 wt%的硫酸盐）；US10311865（涉及用于自密实混凝土的快速黏结剂，包括70%～90%的硅酸盐水泥、4%～16%的铝酸钙、4%～14%的硬石膏形式的硫酸钙、速凝剂和缓凝剂、至少一种包含减水剂的助剂）；JP2001020201（主要涉及砂浆组合物含有一种黏合剂和基于铝酸钙的聚集体）。

在碱激发水泥材料方面，比较主要的有EP12784059（主要涉及碱活化水硬性黏合剂，含有至少一种选自三聚氰胺磺酸盐缩聚物、聚萘磺酸盐缩聚物和聚羧酸酯的分散剂，以及至少一种选自木质素磺酸的改性盐）；CN201280033907.7（主要涉及活化剂包含一种或多种选自下列的碱金属化合物或碱土金属化合物：碱金属或碱土金属的碳酸盐、氯化物、硫酸盐、硝酸盐、亚硝酸盐、硫氰酸盐、硫代硫酸盐、甲酸盐和乙酸盐）；CN201280006742.4（主要涉及水硬性黏合剂，包含20～60份的波特兰熟料、20～40份的炉渣、0～60份的非熟料和非炉渣的无机材料、炉渣活化剂、1.4～6.55份的碱金属盐、1.1～11.0份的硫酸钙）；EP05718354（主要涉及水硬性黏合剂包含铝硅酸盐、硫酸钙和包含碱金属盐的活化剂）。

在超硫酸盐水泥材料方面，比较主要的有EP20290080（主要涉及用于活化超硫酸盐水泥的组合物，包含硫铝酸钙和/或铝酸钙和氢氧化钙）；CN200680035732.8（主要技术点为矿渣水泥的水硬性胶凝材料包含至少一种促凝添加剂）；VN1200601805（主要涉及含矿渣的耐水黏结剂，$CaSO_4$激发剂在4 wt%～15 wt%）；CN98800449.6（主要涉及硫酸盐水泥或硫酸盐水泥集料的制造方法）；AU6384698（主要涉及用于生产硫酸盐水泥的方法或硫酸盐水泥骨料）。

在固废利用水泥材料方面，比较主要的有RU2016152490（主要涉及具有低水泥含量的超高性能混凝土，矿物添加剂选自矿渣、火山灰或硅质添加剂）；CN201280006742.4（主要涉及水硬性黏合剂，包含20～60份的波特兰熟料、20～40份的炉渣、0～60份的无机材料）；US8177908B2（主要技术点为黏结剂，包括铁渣、水泥窑灰和/或石灰窑灰，以及硅酸盐水泥和/或石灰）。

在镁水泥材料方面，比较主要的有US16339243（涉及应用方面，即用具有镁橄榄石相的水硬性黏结剂处理污染土壤的方法）；EP12306468.5（主要技术点为处理硅酸盐矿物的方法，使用硅酸镁作为起始原料并生产碱金属原硅酸镁和氧化镁）；CN201280027687.7（主要涉及矿化二氧化碳以形成碳酸镁化合物的方法，将以游离形式或以碱金属碳酸氢盐或碳酸盐形式的二氧化碳与碱金属硅酸镁接触以产生碳酸镁化合物）；US09890144（主要涉及通过煅烧获得的熟料型水硬性黏结剂，其包含氧化镁尖晶石矿物相和至少一种铝酸钙矿物相，氧化镁尖晶石占黏结剂干重的68%～81%）。

4.1.5.3　意大利水泥集团

意大利水泥集团（Italcementi）是一家生产水泥、熟料、混凝土和建筑骨料的全球性公司。公司成立于1864年，总部位于意大利贝加莫。意大利水泥集团2020年利润约为4 580万欧元，总资产估计约为100.2亿欧元，水泥生产能力约为每年8 000万吨。公司研制出一种能利用紫外线分解泥尘的智能混凝土，其主要组分二氧化钛能使紫外线产生催化作用，从而分解混凝土表面的污物，如一氧化碳、二氧化氮和其他氮氧化合物等由交通工具或工厂排出的废气，俗称自清洁混凝土。

为全面分析意大利水泥集团在低碳水泥领域的技术发展态势变化，追踪其热点研究方向，笔者汇总了意大利水泥集团在硫铝酸盐水泥、固废利用水泥和氟铝酸盐水泥等低碳水泥方面的专利布局数量，如图4-15所示。

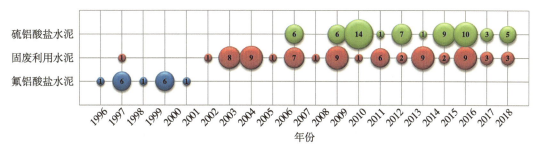

图4-15　意大利水泥集团低碳水泥技术发展态势（单位：项）

从图4-15中可以看出，意大利水泥集团在低碳水泥制备领域的主要研究分为硫铝酸盐水泥、固废利用水泥和氟铝酸盐水泥3种；而近些年的研究方向逐渐由氟铝酸盐水泥转向固废利用水泥和硫铝酸盐水泥领域；固废利用水泥和硫铝酸盐水泥的专利数量布局较多，专利申请持续性保持较好，每年均有5项左右低碳水泥相关专利申请。

在固废利用水泥领域，最早专利（TR9700654）申请时间可追溯到1997年。其通过将高炉炉渣与含氟铝酸钙的固体炉渣混合制备水泥胶凝材料。2004年以后，意大利水泥集团开始重视矿渣、飞灰、偏高岭土、天然火山灰等固体废物在硫铝酸盐水泥制备应用上的研究，每年均有相关专利申请。

在硫铝酸盐水泥领域，意大利水泥集团在2008年首次申请了硫铝酸盐水泥熟料制备及其应用在污水水泥管道领域的专利，并且通过世界知识产权组织，完成了对俄罗斯、欧洲、中国和加拿大的专利布局；2010年以来的专利申请持续性保持较好，分别针对硫铝酸钙水泥的耐腐蚀性（EP18833886）、疏浚污泥在硫铝酸盐水泥制备上的应用（US15551258、MA40704）、抗压强度和凝固时间控制（EP11799243）等。

为聚焦意大利水泥集团在低碳水泥领域的重点研发方向,笔者梳理总结其自有专利的技术构成,以知悉并追踪主要创新主体的热点研究对象。

图4-16为意大利水泥集团在低碳水泥领域的专利技术分布。可以看到,意大利水泥集团在低碳水泥领域的重点研究方向为硫铝酸盐水泥、固废利用水泥和氟铝酸盐水泥3个细分领域。

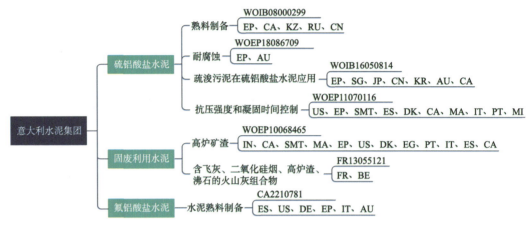

图4-16 意大利水泥集团低碳水泥专利技术分布

在硫铝酸盐水泥系列,分别针对水泥熟料制备(WO2009095734A8)、硫铝酸盐水泥的耐腐蚀性(WOEP18086709)、疏浚污泥在硫铝酸盐水泥中的应用(WOIB16050814)、水泥抗压强度和凝固时间控制(WOEP11070116)等技术分支进行专利布局。另外,在该领域的专利布局地域上,意大利水泥集团通过世界知识产权组织和欧洲专利局加快海外专利布局,分别在欧洲、奥地利、俄罗斯、中国、加拿大、日本、韩国、意大利等多个国家和地区进行专利布局。

在固废利用制备低碳水泥系列,针对高炉炉渣、飞灰、沸石等多种固体废物,在法国、比利时、印度、加拿大、美国、埃及、意大利等国家进行专利布局。

4.1.5.4 安徽海螺水泥公司

安徽海螺水泥公司作为亚洲最大的水泥、熟料供应商之一,已连续多年销量位居全国第一,是我国水泥行业首个在境外上市的水泥企业。《安徽海螺水泥股份有限公司2022年上半年年度报告》显示,安徽海螺水泥公司2022年上半年营业收入为562.76亿元,同比2021年上半年804.64亿元,减少30.06%。为积极响应国家碳达峰、碳中和的号召,安徽海螺水泥公司制定了海螺碳达峰、碳中和行动方案和路线图,研发应用节能环保低碳新技术、新工艺、新材料、新装备，节约资源能源，降低各类消耗，大力研发碳科技，拓展环保产业，全面加快绿色低碳循环发展。

为全面分析安徽海螺水泥公司在低碳水泥领域的技术发展态势变化，追踪其热点研究方向，笔者汇总了其在固废利用水泥、硫铝酸盐水泥、碱激发胶凝材料、助磨剂、特种混凝土方面的专利布局数量，如图4-17所示。从中可以看到，自2019年开始，安徽海螺公司开始在固废利用水泥和硫铝酸盐水泥等低碳水泥系列方面逐步加大专利布局力度；助磨剂由草本植物木质素型助磨剂、粉煤灰助磨剂转移到钢渣助磨剂。

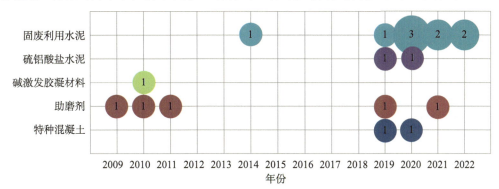

图4-17　安徽海螺水泥公司在低碳水泥领域的技术发展态势（单位：项）

安徽海螺水泥公司在低碳水泥制备领域的主要研究方向为固废利用水泥、硫铝酸盐水泥和碱激发胶凝材料。其中，针对固废利用水泥系列研究较为深入，包括磷石膏、电石渣、石英砂选矿污泥、铁尾矿、粉煤灰、赤泥、镍铁渣、鹅卵石等固体废物在天然石灰石原材料上的替代；同时在硫铝酸盐水泥、碱激发胶凝材料领域，以及防水泡沫混凝土、海工超高性能混凝土方面也有零星专利布局。

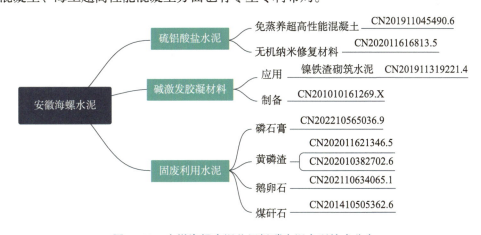

图4-18　安徽海螺水泥公司低碳水泥专利技术分布

从图4-18中可以看出，安徽海螺水泥公司在低碳水泥领域的专利布局方向为硫铝酸盐水泥在免蒸养超高性能混凝土（CN201911045490.6）和无机纳米修复材料上应用（CN202011616813.5），利用碱激发胶凝材料制备镍铁渣砌筑水泥（CN201911319221.4）和低等级粉煤灰水泥激发剂制备（CN201010161269.X），还有针对磷石膏（CN202210565036.9）、黄磷渣（CN202011621346.5、CN202010382702.6）、鹅卵石（CN202110634065.1）、煤矸石（CN201410505362.6）等工业固体废物在低碳水泥制备层面开展的专利布局。

4.1.5.5 唐山冀东水泥股份有限公司

唐山冀东水泥股份有限公司（以下简称冀东水泥）作为中国北方最大的水泥生产商和供应商，2022上半年实现营业收入168.45亿元，同比增长3.24%。公司围绕提高资源能源利用效率、原燃材料替代、发展新能源项目、做好碳资产管理等相关低碳领域课题加大攻坚力度，采用适宜的技术组合模式，探索打造碳中和工厂、负碳矿山。

为全面分析冀东水泥在低碳水泥领域的技术发展态势变化，追踪其热点研究方向，笔者汇总了其在固废利用水泥、油井水泥、特种混凝土和添加剂方面的专利布局数量，如图4-19所示。

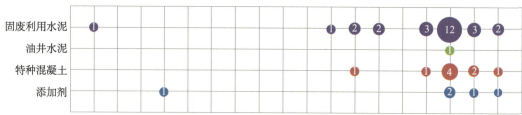

图4-19　冀东水泥低碳水泥技术发展态势（单位：项）

由图4-19可以看出，冀东海德堡（泾阳）水泥有限公司是由冀东水泥联合海德堡共同出资的中外合资公司2015年开始研发收尘石粉对粉煤灰或矿渣粉的原料替代，随后转向钢渣、磷渣、固硫灰渣、高氯窑灰，近几年又开始对高镁高碱石灰石、电气化渣、钼尾矿、电石渣、钒钛矿等固体废物开展专利布局。冀东水泥仅在2020年申请了1项油井水泥相关专利。

在添加剂方面，冀东海德堡（泾阳）水泥有限公司是由冀东水泥联合海德堡共同出资的中外合资公司2020年通过专利转让获得1项西安建筑科技大学关于混凝土膨胀剂的发明专利，然后分别针对减水剂、助磨剂和水泥活化剂有零星专利布局。

冀东水泥近几年逐渐在特种混凝土领域加大专利布局力度，涉及自密实高强混凝土、透水混凝土、气密性混凝土、高强抗渗型泡沫混凝土、防辐射混凝土、轨道交通专用水泥等。

为聚焦冀东水泥在低碳水泥领域的重点研发方向，笔者梳理总结其自有专利的技术构成，以知晓并追踪主要创新主体的热点研究对象。

如图4-20所示，冀东水泥较为重视固废利用水泥细分低碳水泥领域的科学研究工作，共申请相关专利30余项，涉及飞灰、煤气化渣、电石渣、锅炉废渣、尾矿、粉煤灰等多个工业固体废物种类。

图4-20　冀东水泥低碳水泥专利技术分布

CN202210512681.4解决了垃圾焚烧飞灰和氰化尾矿协同制备水泥混凝土的现有技术问题。由于煤气化渣中铬元素存在导致资源利用率低，CN202210203044.9、CN202010947488.4、CN202010287170.8分别给出了硅酸盐水泥制备方法。为实现电石渣利用率在水泥制备中的最大化，CN202010893452.2、CN202010948570.9公开了相关的水泥组分配比及其制备方法。针对高镁高碱石灰石和大理岩石石灰石等低品位石灰石也有相关的专利布局（CN202010726470.1、CN202010726468.4、CN202110246638.3）。同时，电石渣在油井水泥制备应用领域也有相关专利申请（CN202010947438.6）。其通过将电石渣、硅砂、钢渣、粉煤灰、石膏和缓凝剂等原料设置含量配比，制备出的油井水泥稳定性、抗腐蚀性强，且在高温、高压条件下强度不会衰减并有较大幅度的增长。

4.1.5.6　华新水泥股份有限公司

华新水泥股份有限公司（以下简称华新水泥）始创于1907年，是我国水泥行业较早的企业之一，被誉为中国水泥工业的摇篮。华新水泥1993年实行股份制改造，是中国建材行业第一家A、B股上市公司；1999年，与全球最大的水泥制造商之一的瑞士HOLCIM集团结为战略伙伴关系。2008年2月，华新水泥完成A股定向增发后，HOLCIM集团持有华新水泥的股份由26.11%上升为39.88%，成为华新水泥的第一大股东。华新水泥主要经营水泥、水泥设备、水泥包装制品的制造与销售，具有世界一流的技术、一流的设备、一流的信誉和一流的服务。华新水泥专利技术分布情况如图4-21、图4-22所示。

华新水泥低碳技术相关专利主要分布在碳化水泥、低碳特性混凝土，以及混凝土的减水剂、保塌剂和应用方面。

在碳化水泥方面，华新水泥的专利涉及碳化水泥在混凝土中的应用。混凝土碳化是指水泥石中的水化产物与周围环境中的二氧化碳作用，生成碳酸盐或其他物质的现象。碳化将使混凝土的内部组成及组织发生变化。例如，专利申请CN202210439193.5涉及低碳水泥混凝土，组成成分为低钙水泥、水化活性胶凝材料、细骨料、粗骨料、水、调控外加剂、纤维。具体工艺为拆模后置于碳化反应釜中，抽真空后通入20%～100%浓度的CO_2，控制反应釜内压力为0～1.5 MPa、温度为20～100℃，碳化养护6～48 h后得到低碳水泥混凝土。其性能为优异浇筑成型性能、快速碳化、提供早期强度、快速硬化、实现尽早脱模、实现有益养护、快速水化。专利申请CN202111466476.0涉及水泥窑尾气碳化免蒸压加气混凝土墙材制品，组分为碳化活性水泥、增强料、石灰、硅酸盐水泥、混凝土骨料尾矿粉、水、减水剂、发泡剂、稳泡剂，实现效果为大量吸收CO_2，而无须蒸压养护，强度发展快，吸水率低，具有良好的保温隔热、隔音、防火性能。

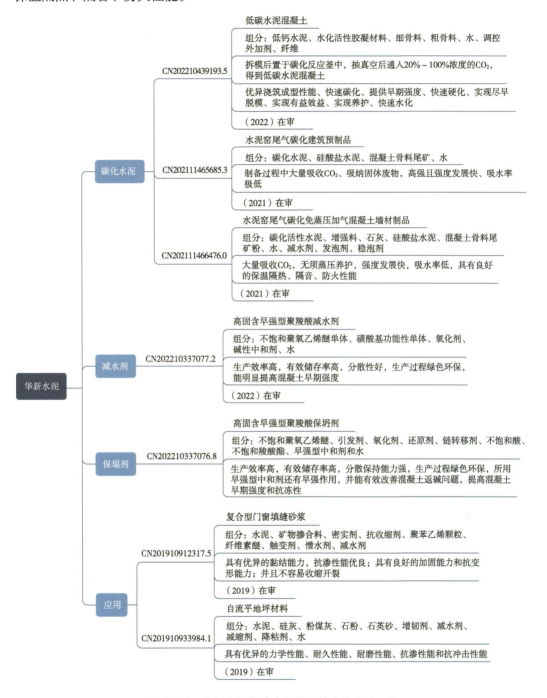

图 4-21 华新水泥低碳水泥专利技术分布（一）

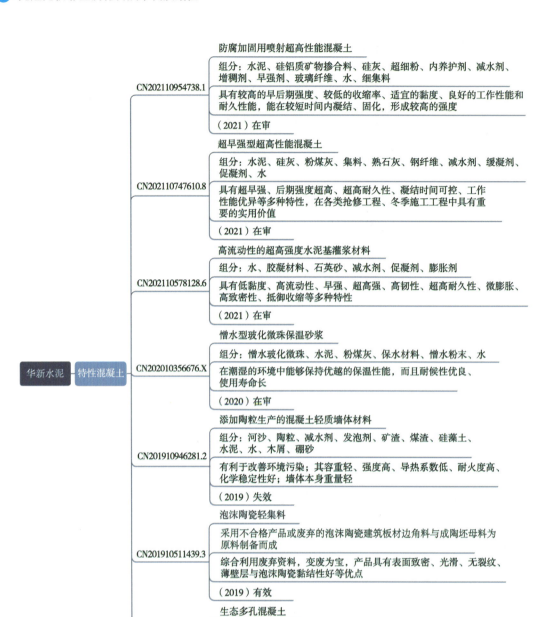

图 4-22　华新水泥低碳水泥专利技术分布（二）

在特性混凝土方面，华新水泥专利涉及如何提高水泥高强、耐久、抗收缩等性能。其中，专利申请CN202110954738.1涉及防腐加固用喷射超高性能混凝土，具有较高的早后期强度、较低的收缩率、适宜的黏度、良好的工作性能和耐久性能，能在较短时间内凝结、固化，形成较高的强度；专利申请CN202110747610.8涉及超早强型超高性能混凝土，具有超早强、后期强度超高、超高耐久性、凝结时间可控、工作性能优异等多种特性，在各类抢修工程、冬季施工工程中具有重要的实用价值；专利申请CN202110578128.6涉及高流动性的超高强度水泥基灌浆材料，具有低黏度、高流动性、早强、超高强、高韧性、超高耐久性、微膨胀、高致密性、抵御收缩等多种特性；专利CN201910644299.7涉及生态多孔混凝土，具有较高的力学性能、孔隙率和耐久性，而且低碱度胶凝材料水化后混凝土孔隙中的溶液的pH较低，可实现工业废弃物的综合利用。

在混凝土添加剂方面，华新水泥专利主要涉及减水剂和保塌剂。减水剂相关专利申请CN202210337077.2为高固含早强型聚羧酸减水剂的制备方法，包括不饱和聚氧乙烯醚单体40～45份，磺酸基功能性单体0.23～0.25份，氧化剂0.4～0.6份，溶液A，溶液B，碱性中和剂5～6份，其余为水。相对于传统的40%固含聚羧酸减水剂，其生产效率高，有效储存率高，分散性好，生产过程绿色环保，能明显提高混凝土早期强度。保塌剂相关专利申请CN202210337076.8涉及高固含早强型聚羧酸保坍剂的制备方法，包含不饱和聚氧乙烯醚、引发剂、氧化剂、还原剂、链转移剂、不饱和酸、不饱和羧酸酯、早强型中和剂和水。聚羧酸保坍剂产品固含量高于传统的44%固含聚羧酸保坍剂产品，生产效率高，有效储存率高，分散保持能力强，生产过程绿色环保，所用早强型中和剂还有早强作用，并能有效改善混凝土返碱问题，提高混凝土早期强度和抗冻性。

4.1.5.7　武汉理工大学

武汉理工大学从事硅酸盐材料研究较早，至今已有50多年。其下设硅酸盐建筑材料国家重点实验室于2011年10月获科技部批准立项建设。该实验室以服务国家重大战略和建材行业发展重大需求为宗旨，以引领世界建筑材料科学技术发展为目标，以解决硅酸盐建筑材料制备和服役过程的重大基础理论和共性关键技术为中心，开展高性能、低环境负荷硅酸盐建筑材料前瞻性、原创性的基础和应用基础研究，研发支撑绿色和智能建筑体系发展，以及重大工程建设的多功能、高性能及前瞻性建筑新材料，为实现建筑材料与结构安全服役和循环利用提供新理论、新方法和共性关键技术，为加快实现我国建材行业战略转型升级提供科技与人才支撑。

武汉理工大学硅酸盐建筑材料国家重点实验室围绕总体定位与目标，以及硅酸盐建筑材料"制备—应用—服役—再生"全生命周期特征，实验室形成了4个特色鲜明的研究方向：硅酸盐建筑材料的低环境负荷制备、硅酸盐建筑材料的功能设计与调控、硅酸盐建筑材料的服役行为与延寿原理、硅酸盐建筑材料的可循环设计。其中，来自材料科学与工程学院的林宗寿教授和胡曙光教授在低碳水泥领域研究较为深入。

为全面分析武汉理工大学在低碳水泥领域的技术发展态势变化，追踪其热点研究方向，笔者汇总了武汉理工大学近20年在高贝利特水泥、铁铝酸盐水泥、镁水泥、硫铝酸盐水泥等低碳水泥方面的专利布局数量，如图4-23所示。

整体来看，武汉理工大学在低碳水泥领域的研究范围较广，涉及碳化胶凝材料、高贝利特水泥、铁铝酸盐水泥、镁水泥等8类低碳水泥，在低碳领域具有一定的技术优势。其中，对固废利用水泥、碱激发胶凝材料和硫铝酸盐水泥等低碳水泥的研究较为深入，专利布局数量较多。近5年，其分别在镁水泥和铁铝酸盐水泥领域陆续有少量专利申请。从固废利用水泥系列的年专利申请量来看，固废利用水泥系列的专利申请持续性保持较好，每年均有相关专利申请。2020年的专利申请量将近20项，研究对象也由钢渣、尾矿、煤矸石、赤泥转向电石渣、高钛重矿渣砂、提钒尾渣和煤气化渣等工业固体废物。碳化胶凝材料领域虽然2018年有首件专利申请，但近5年专利数量呈现快速增长态势，预计未来长期将处于快速增长阶段。

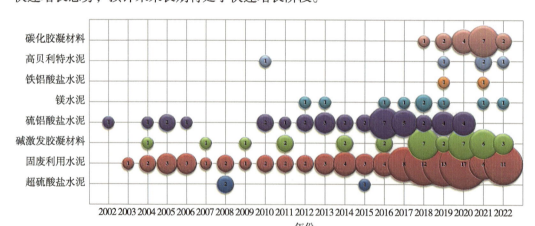

图4-23　武汉理工大学低碳水泥技术发展态势（单位：项）

为聚焦武汉理工大学在低碳水泥领域的重点研发方向，笔者梳理总结了其自有专利的技术分布，以知晓并追踪主要创新主体的热点研究对象（见图4-24）。

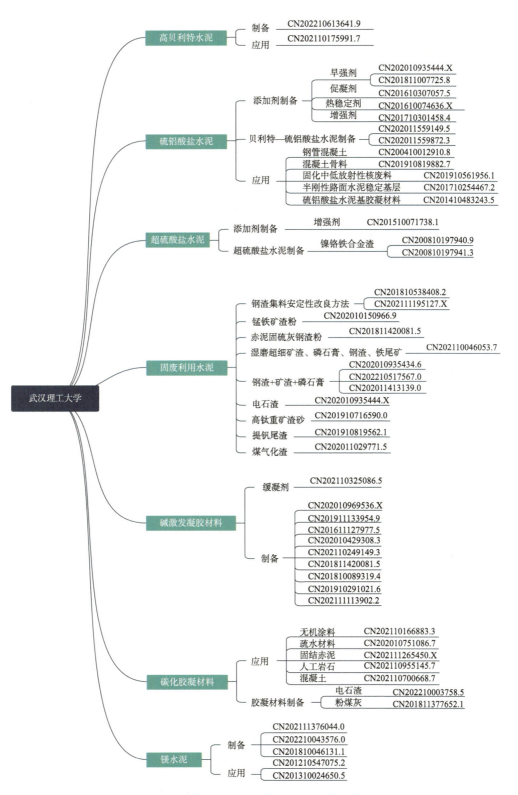

图 4-24　武汉理工大学低碳水泥专利技术分布

在高贝利特水泥方面，武汉理工大学的研究方向主要包括高贝利特—硫铝酸盐水泥制备和利用低热硅酸盐水泥制备高强抗裂大体积混凝土应用领域。

CN202210613641.9公开了一种利用高铁粒状渣熔结固体废物制备生态辅助胶凝材料的方法。其通过在新型干法窑尾烟室投入选铁后的高铁矿渣；高铁矿渣首先在高温条件下逐步熔融析出液相，并在回转窑中裹附钙硅铝铁镁基固体废物，制得以C_2S、C_4A_3S和C_4AF为主要矿物的高贝利特—硫铝酸盐水泥。

CN202110175991.7公开了一种高强、抗裂大体积混凝土的制备方法，通过将低热硅酸盐水泥、改性矿物掺合料、中砂、碎石、水按照一定的比例组合制备混凝土。

在硫铝酸盐水泥方面，武汉理工大学在硫铝酸盐水泥系列的研究方向主要包括早强剂、促凝剂、热稳定剂、增强剂等添加剂与贝利特—硫铝酸盐水泥的制备，以及硫铝酸盐水泥在钢管混凝土、混凝土骨料、核废料、路基等方面的应用等。

基于硫铝酸盐水泥所具备的早强快硬等技术优势，针对冬季施工、抢险抢修、抗渗堵漏等特殊应用场景，通过对电石渣固体废物进行粉末处理制备纳米尺寸全固体废物硫铝酸盐早强剂（CN202010935444.X）；将锂渣固体废物应用在纳米锂渣早强剂制备领域，解决了锂渣加入前期强度较低的现有技术问题（CN201811007725.8）。针对锂渣掺入对硫铝酸盐水泥初凝时间和终凝时间影响的现有技术问题，所制备的硫铝酸盐水泥促凝剂能够实现混凝土的快速凝结硬化（CN201610307057.5）。在高硫铝酸盐水泥高温下存在的开裂稳定性现有技术问题，制备热稳定剂所使用的原料是由经高温活化处理的混凝土废弃物和极易获取的石灰石粉和石英粉，实现了废物再利用（CN201610074636.X）。

在贝利特—硫铝酸盐水泥制备领域，分别针对磷尾矿（CN202011559149.5）以及磷尾矿电石渣混合原料（CN202011559872.3）等矿物组成，经过组分配比的设计，实现固体废物的资源利用。

硫铝酸盐水泥的应用领域较为广泛，如通过将硫铝酸盐水泥与其他材料的配比设计，精确控制钢管混凝土的凝结时间和坍落度损失（CN200410012910.8）；硫铝酸盐水泥可用于放射性核废物的固化（CN201910561956.1）；硫铝酸盐水泥与钢渣石膏通过配比设计（CN201710254467.2），制备硫铝酸盐基膨胀型基层稳定专用水泥，提高基层抗冲刷损害能力。

武汉理工大学在超硫酸盐水泥方面的研究方向为超硫水泥制备及其相关添加剂的制备。

超硫酸盐水泥也称为矿渣硫酸盐水泥。由于该种水泥制备过程中不需要燃烧过程，从而使得由于原材料引起的二氧化碳排放为零。CN200810197940.9 和 CN2008110197941.3 均公开了一种利用镍铬铁合金渣来制备超硫酸盐水泥及其制备方法，解决了合金钢冶炼所产生的固体废物处理问题。CN201510071738.1 涉及一种超硫酸盐水泥增强剂的制备方法。

武汉理工大学在固废利用水泥系列的主要研究方向为钢渣、尾矿、煤矸石、赤泥、磷石膏、电石渣、高钛重矿渣砂、提钒尾渣和煤气化渣等多种固体废物在低碳水泥领域的资源回收利用。

通过将钢渣加热熔融裹附固体废物，来制备辅助凝胶材料；针对工业固体废物制备高镁高铁相水泥所存在的水泥安定性不良问题，CN202111195127.X 公开了一种水泥熟料及其制备方法；CN202010150966.9 公开了一种钢渣粉—锰铁矿渣粉复合掺合料，解决了钢渣粉单独使用所存在的早期强度低的现有技术问题；针对矿山采矿区所存在的充填成本高、充填效率低等现有技术问题，CN202010935434.6 公开了一种全固体废物地下充填胶凝材料及其制备方法，提高了固体废物的资源化利用率；CN202010935444.X 充分利用了硫铝酸盐水泥的早强快凝技术优点，将电石渣与电石渣相结合，用于解决堵漏等特殊应用场景下的快凝快硬需求；CN202011029771.5 公开了一种利用煤气化渣制备全组分透水混凝土的方法。

碱激发胶凝材料（AAM）是一种利废节能、高强耐久且有自修复性的低碳水泥。武汉理工大学在碱激发胶凝材料领域的主要研究方向为碱激发胶凝材料制备及其缓凝剂等添加剂。

CN202110325086.5 公开了一种碱激发胶凝材料的缓凝剂，解决了碱激发胶凝材料的速凝问题，延长了碱激发胶凝材料的凝结时间；因地质聚合物存在抗折性能和韧性差的现有技术问题，CN201611127977.5 通过将壳聚糖与地质聚合物相结合，提升了其力学性能；因碱激发胶凝材料由收缩引起的开裂，限制了其在建筑材料领域的应用，CN202010429308.3 以煤矸石为主要原料，通过其公开的碱激发胶凝材料改善了材料本身的收缩性能；由于常规碱激发材料存在成本较高的现有技术问题，CN201910291021.6 公开了一种以电石渣为原材料，通过湿磨工艺，制备低成本碱性胶凝材料的方法。

镁水泥胶凝材料是一种镁基胶凝材料，具有优异的保温隔热、防火防潮、轻质抗震、高强耐久、无毒无排放性能。基于其优异性能，镁水泥胶凝材料广泛用作建筑材料。

但镁水泥由于内部氯化镁的存在，导致镁水泥的耐水性较差；同时由于镁水泥中的氯化镁存在氯离子，氯离子对钢筋具有腐蚀性，从而严重限制了镁基胶凝材料的应用。CN202111376044.0公开的镁基胶凝材料具有良好的耐水性和耐腐蚀性。CN201810046131.1通过采用纳米铸造法在氯氧镁水泥表面建立一层疏水结构，提升其耐水性能。CN201210547075.2将氯氧镁水泥应用在空气污染防治领域。公开的多孔氯氧镁水泥基光催化功能材料，在光照条件下可以持续高效地处理大气污染物，具有较好的应用前景。结合氯氧镁水泥的凝结硬化快、强度高等诸多优点，CN201310024650.5以氯氧镁水泥作为基体相，制备水泥基透光材料。

武汉理工大学在碳化胶凝材料领域的主要研究方向为胶凝材料制备（CN202210003758.5、CN201811377652.1）和胶凝材料在无机涂料（CN202110166883.3）、疏水材料（CN202010751086.7）、人工岩石（CN202110955145.7）、混凝土（CN202110700668.7）和固结赤泥固定（CN202111265450.X）方面的应用。

4.1.5.8　南京工业大学

南京工业大学材料科学与工程学院在低碳水泥制造及应用科研领域具有明显的特色与优势，在国家"双碳"政策的驱动下，积极推进"+生工""+自动化"等交叉学科跨界融合，催生新学科前沿、新技术领域和新创新形态。

该学院下设材料化学工程国家重点实验室、硅酸盐建筑材料国家重点实验室、绿色建筑材料国家重点实验室、高性能土木工程材料国家重点实验室、固废资源化利用与节能建材国家重点实验室、环境友好能源材料国家重点实验室等相关科研机构。其中，沈晓冬教授带领的科研团队借助于水泥材料性能突破、主要生产工艺和生产装备的技术升级和技术创新，围绕水泥结构和熟料矿物组成、熟料分段烧成动力学及过程控制、水泥粉磨动力学及过程控制、水泥熟料和辅助性胶凝材料优化复合的化学和物理基础等重大科学问题开展研究，在降低能耗研究方面取得了多项进展。此外，该项目组还从燃烧学、水泥结构、水泥浆体组成等不同方面进行降低能耗的基础研究。

为全面分析南京工业大学在低碳水泥领域的技术发展态势变化，追踪其热点研究方向，笔者汇总了南京工业大学近20年在镁水泥、镁钙碳酸盐水泥、铝酸盐水泥、硫铝酸盐水泥、碱激发胶凝材料、固废利用水泥和高贝利特水泥方面的专利布局数量，如图4-25所示。

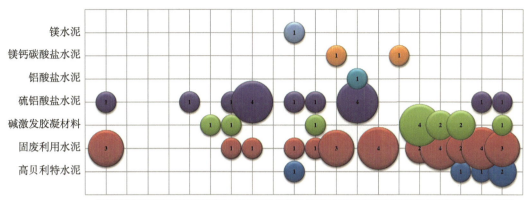

图 4-25　南京工业大学低碳水泥技术发展态势

整体来看，相较于镁水泥、镁钙碳酸盐水泥、铝酸盐水泥和高贝利特水泥，南京工业大学在硫铝酸盐水泥、碱激发胶凝材料以及固废利用水泥领域的专利布局数量相对较多，尤其是近5年较为重视垃圾焚烧、工业污泥、锂矿镁矿矿渣等固体废物在低碳水泥制备方面的研究。

硫铝酸盐水泥的专利申请数量在近几年有所下降，而固废利用水泥和碱激发胶凝材料领域的专利数量增速较快，高贝利特水泥近几年也有专利申请。综上可知，南京工业大学关于低碳水泥的研究方向逐渐由硫铝酸盐水泥转向碱激发胶凝材料，尤其是固废利用水泥领域。

南京工业大学低碳水泥专利技术分布如图4-26所示。

南京工业大学在高贝利特系列水泥的研究方向为天然石灰石原料替代和与混凝土开裂相关的水泥基材料两个方向。

在原料替代领域的研究方向为用废弃混凝土（CN202210030678.9）替代石灰石制备高贝利特水泥；用锂矿渣（CN202111088469.1）、高铝粉煤灰（CN201210062094.6）和磷石膏（CN202210009158.X）替代铝矾土制备高贝利特—硫铝酸盐水泥，在解决低碳水泥制备的技术问题同时，实现了废弃混凝土、锂矿渣等固体废物的资源回收利用。针对由于水泥基材料配比不同导致的混凝土开裂问题，CN202011154973.2公开的水泥熟料包含放热量低的C_2S和具有膨胀效果的MgO矿物，其水化后产生的微膨胀可以弥补水泥的收缩。

在硫铝酸盐水泥上的研究方向包括硫铝酸钙改性硅酸盐水泥的凝结时间控制以及制备工艺的改进。

先进无机非金属材料技术发展路径

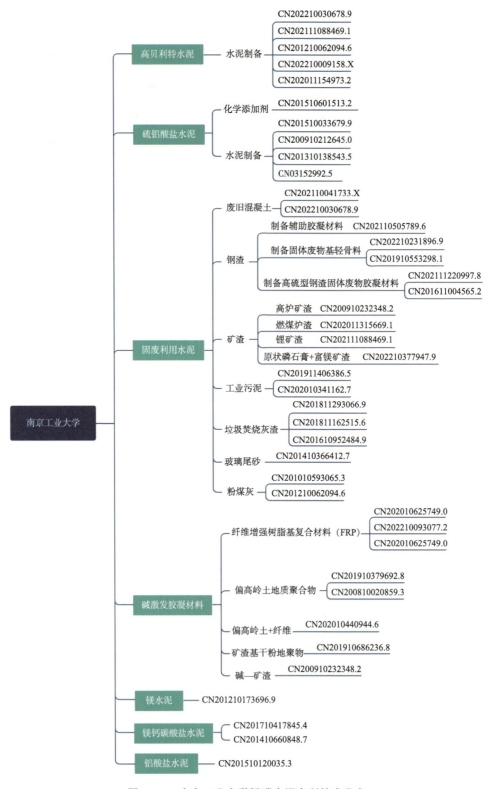

图 4-26　南京工业大学低碳水泥专利技术分布

因硫铝酸钙改性硅酸盐水泥存在凝结时间短且不易控制、3 d/28 d强度增强率低的现有技术问题（CN201510601513.2），南京工业大学通过对水泥化学添加剂的组分进行改良，在解决凝结控制问题的同时，提高了水泥强度。

针对硫铝酸盐改性硅酸盐水泥制备所存在的硫铝酸盐和硅酸三钙不能共存于同一水泥熟料体系的现有技术问题，创造性地提出利用气相沉积工艺（CN201510033679.9）在传统硅酸盐熟料中掺入硫铝酸盐矿物，改善了硅酸盐水泥熟料的矿相组成。同时该专利已通过世界知识产权组织，在美国进行海外专利布局。同时针对上述不能共存的现有技术问题，提出硅酸盐水泥熟料中硫铝酸钙矿物二次合成方法（CN200910212645.0），目前该技术已完成在欧洲、日本、美国等海外地区的专利布局工作。

南京工业大学针对废旧混凝土、钢渣、矿渣等工业固体废物在低碳水泥制备上的应用研究，是其在低碳水泥领域的重点研究方向，所涉及的固体废物种类多达10余种，共布局专利30余项，如对用废旧混凝土制备的胶凝材料存在强度偏低的问题进行专利布局（CN202110041733.X、CN202210030678.9），钢渣制备辅助胶凝材料（CN202110505789.6、CN201611004565.2、CN202111220997.8）、轻质骨料（CN201910553298.1、CN202210231896.9）；高炉矿渣（CN200910232348.2）、燃煤炉渣（CN202011315669.1）、锂矿渣（CN202111088469.1）、磷石膏和富镁矿渣（CN202210377947.9）等固体废物在低碳水泥制备中的原料替代，还包括工业污泥（CN201911406386.5、CN202010341162.7），垃圾焚烧灰渣、飞灰（CN201811293066.9、CN201610952484.9），玻璃尾砂（CN201410366412.7），高铝粉煤灰（CN201210062094.6）在低碳水泥制备过程中的相关应用。

南京工业大学在碱激发胶凝材料领域的研究方向为利用纤维增强树脂基复合材料、偏高岭土制备地质聚合物以及碱—矿渣水泥制备工艺。在地质聚合物制备方面，通过将玻璃纤维复合材料（GFRP）、玄武岩纤维复合材料（BFRP）与碱反应制备胶凝材料（CN202010625749.0、CN202210093077.2）；CN202010440944.6公开了一种纤维地聚物改良土及其制备方法，将由偏高岭土、生石灰、硅酸钠与玄武岩纤维均匀干拌混合形成的地聚物作为混合掺料加入黏土中，所得改良土具有绿色环保、低碱性、凝结时间适宜且可调、力学性能优良、低成本等特点。同时针对干粉地聚物凝结时间不可控及强压强度不稳定现有技术问题（CN201910686236.8），提出一种凝结时间足够长、抗压强度高的矿渣基干粉地聚物。

先进无机非金属材料技术发展路径

南京工业大学针对磷酸镁水泥的凝结时间难以控制问题（CN201210173696.9），对不同施工需求选择碱性磷酸盐，水泥后期强度同时得到改善；在碳酸盐胶凝材料领域（CN201710417845.4、CN201410660848.7），将高镁卤水、固体废物资源回收利用，所制备胶凝材料抗压强度和抗折强度较好；针对硫酸盐水泥在自流平上的应用也有专利申请（CN201510120035.3）。

4.1.5.9　中国建材总院

图4-27展示了中国建筑材料科学研究总院（以下简称中国建材总院）在低碳水泥熟料及低碳混凝土领域的专利技术构成情况。从图4-27中可以看出，中国建材总院在低碳水泥的研究方向为固废利用水泥、碱激发胶凝材料、硫铝酸盐水泥、高贝利特水泥、油井水泥、铝酸盐水泥、铁铝酸盐水泥、碳化胶凝材料、超硫酸盐水泥、硅酸镁水泥10个水泥系列。其中，固废利用水泥、碱激发胶凝材料、硫铝酸盐水泥系列的专利布局数量占比高达70%。固废利用水泥系列布局专利数量最多，达33项；其次为碱激发胶凝材料（21项）、硫铝酸盐水泥（18项）和高贝利特水泥（14项）。针对油井水泥、铝酸盐水泥、铁铝酸盐水泥、碳化胶凝材料、超硫酸盐水泥、硅酸镁水泥有少量专利布局。

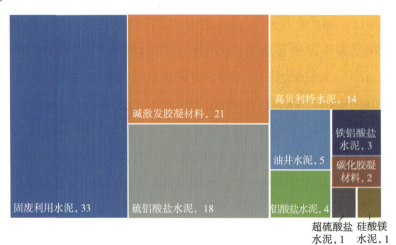

图4-27　中国建材总院低碳水泥专利技术构成（单位：项）

图4-28展示了中国建材总院在低碳水泥熟料及低碳混凝土领域相关专利申请趋势。从图中可以看出，中国建材总院从事低碳水泥领域的研究工作已有30余年，近10年的专利申请持续性保持较好，预计未来低碳水泥领域将会全面进入快速发展阶段。

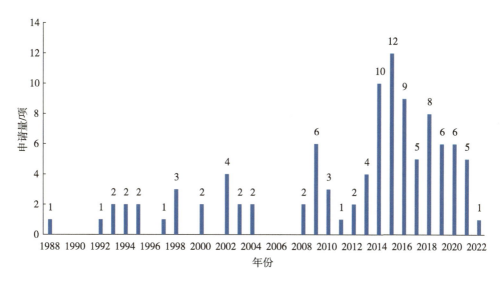

图 4-28 中国建材总院低碳水泥熟料及低碳混凝土专利申请趋势

中国建材总院早在1988年就申请了用碱渣、粉煤灰制备节能型水泥的发明专利（CN88102209.8）。1988—2013年，公司年均申请数量在2项左右，专利申请态势整体呈现间歇式申请。2014—2022年较重视低碳水泥的持续性专利申请工作，专利申请数量增长较快，其中2015年在低碳水泥领域申请12项专利。随着国家在"双碳"政策上的持续推进，预计未来低碳水泥领域的专利申请量将会呈现快速增长态势。

由图4-29可以看出，中国建材总院在固废利用水泥方面的主要研究对象为钡、钒钛、铜、高硫尾矿、硅钙、磷等各类矿渣，还包括电石渣、垃圾焚烧飞灰、废旧混凝土、废旧橡胶、高炉炉渣、煤矸石、铅锌工业废弃物等固体废物。

针对碱激发胶凝材料，其研究方向主要为矿渣、硅钙渣、赤泥、铝土矿在碱激发胶凝材料上的制备，低模数硅酸钠、水玻璃等碱激发剂制备，以及碱激发胶凝材料在保温板、3D打印和泡沫混凝土上的应用。

硫铝酸盐水泥系列的研究方向为高镁、高钙、高铁高硅、高碱、抗硫酸盐等高性能水泥，缓凝减水剂、增强剂等添加剂，钢渣、含锂含硼废料作为水泥熟料原料替代，以及硫铝酸盐水泥在低碱玻纤增强混凝土制备上的应用。

先进无机非金属材料技术发展路径

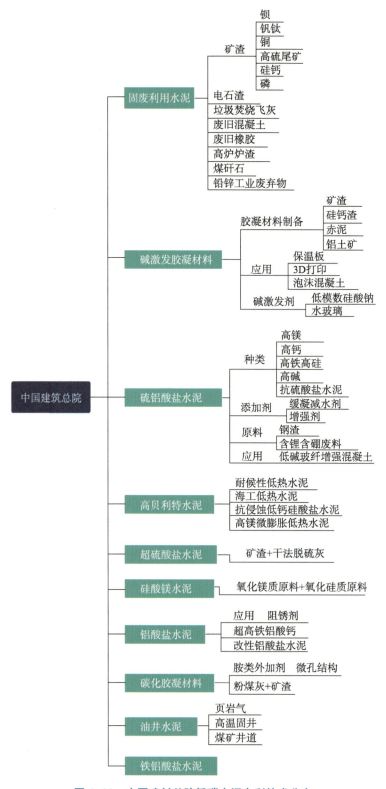

图 4-29　中国建材总院低碳水泥专利技术分布

高贝利特水泥系列的研究方向包括耐候性低热水泥、海工低热水泥、抗侵蚀低钙硅酸盐水泥、高镁微膨胀低热水泥的制备。超硫酸盐水泥系列主要涉及矿渣和干法脱硫灰等替代原料的配比优化。铝酸盐水泥系列包括超高铁铝酸钙水泥、改性铝酸盐水泥的制备以及铝酸盐水泥在阻锈剂上的应用。碳化胶凝材料主要涉及胺类外加剂对微孔结构的影响和粉煤灰、矿渣在二氧化碳矿化上的作用。油井水泥系列主要包括页岩气、煤矿井道、高温固井等应用场景的特种水泥制备。

4.1.6　关键技术分析

水泥行业相应的技术布局如图4-30所示。熟料煅烧环节是水泥行业CO_2排放产生的主要环节，需加快淘汰落后产能，推广先进技术。具体来说，小型新型干法窑等高耗能技术需在 2030 年前逐渐被淘汰，中型和大型新型干法窑等技术需进行节能改造升级或效率提升，分别采用高固气悬浮预热分解技术和多通道燃煤技术，到2060年争取分别达到60%和90%的改造率。在熟料煅烧过程中，需充分利用预处理技术和能源二次循环使用技术，如预烧成窑炉技术和余热发电技术。这两项技术的占比应逐年增加。到2060年，预烧成窑炉技术和余热发电技术的占比应分别达到40%和90%以上。除推广节能减排技术外，原料替代和燃料替代等深度减排措施也需要发挥重要作用，力争

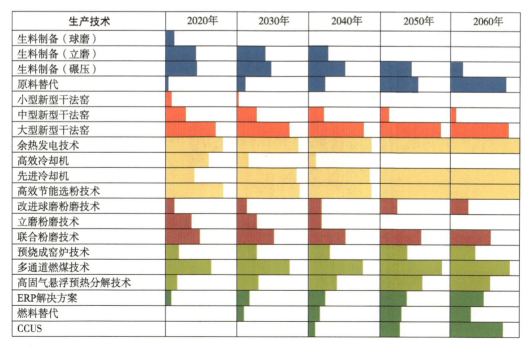

图 4-30　水泥行业相应的技术布局

到2060年分别达到80%和35%以上的替代程度。CCUS技术在2030年后开始规模应用，逐渐增大其应用程度，到2060年增至80%以上。除此之外，要加速推广ERP（enterprise resource planning，企业资源计划）解决方案，到2060年争取实现50%以上的普及。

图4-31为美国波兰特水泥协会碳减排路线。从中可以看出实现水泥产业碳中和的主要技术手段如下：

（1）减排燃烧技术，即通过推进超低能耗的新型水泥生产技术研发及应用有效提升能源利用效率，降低碳排放约5%。

（2）替代燃料大比例掺烧使用技术，通过研发替代原材料、燃料技术，使CO_2排放量降低10%～15%。

（3）新型熟料、低碳水泥技术，如非金属矿（黏土）悬浮煅烧技术、高硅酸二钙矿物的新型低碳水泥熟料等技术，与传统硅酸盐水泥相比，CO_2排放量可降低10%～20%。

（4）碳捕集、储存及利用（CCUS）技术，目前已有很多学者、研究机构开展该方面的前瞻性研究及示范应用。该技术可以有效吸附烟气中的CO_2，但因时间及经济效益问题还未实现大规模工业化应用。

价值链

近期和长期解决问题

图 4-31　美国波兰特水泥协会碳减排路线

4.1.7　发展建议

4.1.7.1　低碳水泥熟料与低碳混凝土

具体布局点如表4-2所示。

表4-2　低碳水泥专利布局建议

专利布局技术点	未来布局建议
增加抗压强度	硫铝酸钙水泥和镁化合物的结合； 添加低温（温度为300～750℃）或中温（温度为750～1 100℃）烧制的MgO、无定形镁化合物、氢氧化镁或无机镁盐
提高前期强度	活化剂包含一种或多种选自下列的碱金属化合物或碱土金属化合物：碱金属或碱土金属的碳酸盐、氯化物、硫酸盐、硝酸盐、亚硝酸盐、硫氰酸盐、硫代硫酸盐、甲酸盐和乙酸盐； 缓凝剂至少包含以下一种：锌和铅的盐、磷酸盐、硼酸、氟硅酸盐、有机酸，以及它们的盐，糖类及其衍生物
超硫酸盐水泥 （当前热点）	采用水凝活性合成矿渣代替通常完全不符合要求的天然矿渣，可实现完全排除石膏膨化，是制造水泥或水泥集料的前提条件； 具有高抗海水和抗硫酸盐的优点
	在现有技术基础上寻找类似矿渣、钢渣、镍铬铁的替代物； 验证磷石膏等硫酸盐类矿物组分对超硫酸盐水泥性能的影响
碱激发胶凝材料 （当前热点）	除粉煤灰、赤泥、尾矿矿渣之外的固体废物，作为原料在碱激发胶凝材料上应用； 针对胶凝材料强度韧性等性能指标，寻找类似壳聚糖的替代物
	有机或无机加有机碱激发剂的制备
高贝利特水泥	针对高贝利特水泥所存在的胶凝活性低、后期强度差等现有技术缺陷，寻找与硫酸锶相类似的替代原料
	验证铁铝酸盐等其他低钙水泥加入对高贝利特水泥性能的影响
镁水泥 （当前薄弱点）	针对氯氧镁水泥所存在的耐水性差、早期强度低、易腐蚀钢筋的现有技术缺陷，布局疏水结构、增强剂等相关专利
	布局具有吸碳功效的镁基水泥
固废利用水泥 （当前热点）	煤矸石在水泥熟料和碱激发胶凝材料制备，以及在混凝土、充填材料制备上的应用
	电石渣在水泥制备中的掺杂量提升及其对水泥性能的影响
	提高钢渣活性手段，如研磨物理手段、化学激活方法；钢渣水泥性能的提升改进
	磷渣作为水泥熟料制备中的原料替代及磷渣活性激活
	钼尾矿作为水泥原料和矿物掺和料在混凝土制备上的应用，以及钼尾矿掺量对混凝土性能的影响
	工业污泥作为反映活化剂在水泥熟料制备上的应用
	垃圾焚烧飞灰及氰化尾渣协同处置
3D打印用胶凝材料	根据3D打印所需的胶凝材料连续性和稳定性等性能要求，分别针对碱激发胶凝材料、硫铝酸盐水泥、铁铝酸盐水泥、磷酸钾镁水泥等低碳水泥系列，布局影响胶凝材料硬化速度和强度的替代材料； 布局不同低碳水泥应用在3D打印时的触变剂、黏性改性剂

4.1.7.2 低碳水泥工艺

1. C_2S稳定与活化

C_2S优化专利布局建议如表4-3所示。对于C_2S稳定和活化问题，基本围绕三大类，即快速冷却的方式、添加活化剂的方式、优化成分加入早强剂。

表4-3 C_2S优化专利布局建议

专利布局技术点	未来布局建议
急速冷却方式	熟料淬冷已有不少专利布局，可以考虑其他对物料进行急速冷却的方式，使得水化活性较高的β-C_2S晶型稳定下来
弥补晶格缺陷	通过原料易得的复合离子掺杂技术实现高温晶型的稳定及β型晶型的晶格畸变，提高硅酸二钙的活性
与新型生产设备结合	低钙水泥技术研发与新型水泥生产装备相结合，增强活性
加入活化剂	添加其他效果更好的碱性物质或者碱胶剂，促进矿物相溶解，促进C—S—H的形成
加入其他添加剂	加入提高凝胶性能的添加剂
加入早强剂，优化配比	通过熟料配料率值的特殊设定，对熟料中C_2S的不同形态和数量的变化的控制；例如，不同工业废渣分别含有铝酸盐（非晶态$C_{12}A_7$）、硅酸盐（β-C_2S）、硫酸盐（$CaSO_4 \cdot 2H_2O$）、碳酸盐（$CaCO_3$）及活性SiO_2等矿相特性，充分发挥其复合叠加效应，且通过组分比例的调整及性能调节剂，使辅助胶凝材料性能可调可控

对于快速冷却方式，是相关企业早期使用的方式，也有相关竞品的专利布局，中国建材总院采用液态氧和液态氮冷却熟料。这个角度只能考虑其他快速冷却方式，可布局空间较小。可采用以贝利特为主要矿物的低钙水泥技术研发与新型水泥生产装备相结合的方法。例如，利用低钙水泥煅烧温度低、对冷却速率要求高等特点，通过流化床或沸腾炉实现水泥熟料的煅烧与冷却。

另外，由于在较低温度下形成的贝利特晶体结构不完整，存在较多缺陷，优化晶体缺陷提高性能是一个有必要的研究和布局方向。这一分支的专利布局目前相对较少。通过原料易得的复合离子掺杂技术实现高温晶型的稳定及β型晶型的晶格畸变，从而实现水泥性能特别是早期强度性能的进一步提高。对于C_2S活性差异特别是由外来离子引起的活性差异的机制仍需要深入研究。

在加入活化剂方面，专利中主要是通过添加碱性物质或者碱胶剂来促进矿物相溶解，促进C—S—H的形成。这类专利布局已相对较多，可以考虑其他效果更好的碱性物质或者碱胶剂进行专利布局。在加入其他添加剂方面，可以考虑进一步布局提高凝胶性能的添加剂，其中涉及硫酸钡和硫酸锶、纳米氧化铟等。

可以进一步研究以贝利特为主要矿物的水泥熟料与混合材料共同水化作用的机理，特别是探讨某些少量组分对贝利特矿物水化的作用机制、低钙水泥熟料与辅助胶凝组分协同水化以提高水泥性能等方面。

2.碱激发胶凝材料性能优化

碱激发胶凝材料专利布局建议如表4–4所示。由此可见，在碱激发胶凝材料性能优化方面进行专利布局，方向可围绕碱激发胶凝材料的原料活性提升、强度提高、低碱溶出、凝结速度、抗碳化等功能改进优化展开；结合该领域的典型技术，可进行专利布局的方向包括原料配比（主要涉及铝硅酸盐原料选择，如矿渣、硅钙渣、赤泥、风积沙、铝土矿选尾矿）、多元固体废物配比设计、低碱溶出（纳米组分、钙沸石、含铝添加剂）、反应程度评价和碱激发胶凝材料在污水处理膜和3D打印上的应用。

表4–4　碱激发胶凝材料专利布局建议

专利布局技术点	未来布局建议
原料配比——铝硅酸盐	针对碱激发胶凝材料的铝硅酸盐化物选材方面，可进行专利布局的方向有电石渣、二灰碎石、二氧化硅基体蚀刻废液、废旧玻璃钢、废水玻璃铸造型砂、沸石粉、硅质铁尾矿、煤矸石、锂渣镍渣、钼渣、铅锌尾矿等
原料配比——碱激发剂	在碱激发剂的专利布局方向有镁橄榄石、氢氧化钡、氢氧化钾、有机无机、水玻璃+磷酸钠
低碱溶出	基于低碱溶出现有技术问题，可进行专利布局的方向有沸石、不饱和有机碱引发剂、纳米氧化铝、纳米碳酸钙、纳米氧化钛等
提高硅铝酸盐原料活性	在提高硅铝酸盐原料活性方面，可进行改进提升的专利布局方向有对原料的低温煅烧和粉磨处理工艺
凝结速度	在凝结速度控制方面，可进行专利布局的方向有缓凝剂、向碱激发胶凝材料原料中添加矿物掺和料或者维生素
提高强度	在碱激发胶凝材料强度增加方面，可进行专利布局的方向有玉米秸秆、氯化钠、硫酸镁等添加剂的选择，电养护工艺手段，纳米增强剂
收缩开裂	针对碱激发胶凝材料所存在的收缩开裂现有技术缺陷，可进行专利布局的方向有橡胶粉、聚丙烯酰胺、玄武岩纤维等化物

具体来看，碱激发胶凝材料领域可进行专利布局的方向主要包括原料配比和性能改进提升两大方面。其中，原料配比包括铝硅酸盐化物和碱激发剂选择；性能改进提升包括低碱溶出控制、提高硅铝酸盐原料活性、凝结速度控制、提高抗碳化能力、提高强度、防止收缩开裂。

4.1.7.3 低碳水泥设备

低碳水泥设备重要的专利布局方向为粉磨设备、冷却设备和煅烧设备（见表4-5）。

表4-5 低碳水泥设备专利布局建议

专利布局技术点	未来布局建议
粉磨—立磨	可针对喂料、磨辊、磨盘、辊皮、管道、轴承、密封结构等主要构件的结构改进方面进行专利布局
	可对故障异常监测、磨内压差、粒度检测、噪声控制、转速监测、料层厚度进行专利布局
粉磨—辊压机	辊子辊轴、轴承、进料槽及整机的结构改进
	易于安装和维保；辊压压力均匀化
冷却设备	输送装置冷却、篦床密封、挡料栅板、篦板、辊式破碎机、斜面导向及整机的结构改进；针对"雪人"等堆料问题的解决方案；设备模块化；步进式与推料式相结合
	流量阀本体设计及风机集成控制策略
煅烧—回转窑	炉窑保温层及换热管等构件结构改进
	可针对普通空气燃烧工艺所存在的氮氧化物处置措施，如氨水中和、旁路放风进行专利布局；可针对阜阳燃烧工艺中的燃烧器结构改进设计、氧气流量控制、氧气制备开展专利布局
	可针对回转窑煅烧所存在的非线性、强耦合性、滞后性特点，进行过程控制、温度控制等控制策略的专利布局
煅烧—预热分解	可针对旋风筒、打散搅拌装置、回转窑与窑尾密封装置等预热分解装置结构部件的结构改进进行专利布局；多级预热工艺与温度控制策略

4.1.7.4 低碳燃料替代

太阳能作为一种清洁可再生能源，从事该领域研究的创新主体数量逐渐增多，可分别从太阳能热量聚集蒸汽发电、光伏发电和太阳能热量收集直接煅烧角度开展专利布局（见表4-6）。太阳能作为清洁能源的另一个重要应用为制氢，太阳能发电与电解水相结合的制氢技术路线适合大规模氢气制备，太阳能制氢能量转换效率最高可达30%。太阳能光催化制备氢气虽然转化效率不到1%，但是针对光催化剂的专利布局数量较多，属于光伏领域的热点研究方向。针对已布局专利的核心技术方面，如太阳能反射镜、集热器、表面涂层，可围绕面板吸热效率的提升而展开反射镜等机械构件的升级改造和涂层材料配比优化方向进行专利布局。

氢能煅烧方面可进行专利布局的方向包括基于氢气燃烧速率降低而进行的氢气燃烧器喷管结构改进和阻燃剂与氢气配比设计、为延长火焰长度采取的燃料通入量动态调节控制策略、回转窑内部温度均匀化措施、耐火材料制备和安全性监测、热流密度检测、水汽分离等。

在氢能安全方面可进行专利布局的方向包括管道储罐锁紧结构密封垫等结构的优化设计、气体泄漏检测手段（变色胶带、氖检测、传感器检测、硅胶带检测、涂料检测、气体压力检测等）、氢气泄漏后的物理隔离封闭（惰性气体稀释、泄漏暂存、密封机构）和氢气吸附、泄漏点定位。

表4-6　低碳燃料替代专利布局建议

专利布局技术点	未来布局建议
太阳能	太阳能聚光集热器、热交换器、储热系统等部件改进；太阳能发电与预热发电之间的动态调整控制策略
	基于能量转换率提升的新型光催化剂
	太阳能接收玻璃吸收率的提升及其在煅烧炉布局位置的优化
生物质能	秸秆、锯末、甘蔗渣、稻糠等生物质燃料的加工制备工艺；生物质燃料燃烧灰烬的处置方式
垃圾	废旧轮胎、废弃塑料、橡胶制品等生活垃圾和医疗垃圾在入窑之前的加工处理方式；垃圾作为替代燃料时所产生的煅烧炉窑结皮问题的解决方法
氢能	氢能在水泥熟料制备上的整套煅烧工艺及其配套设备
大规模制氢	针对风电、太阳能等可再生能源的间歇性和不稳定性特点，通过设置储能装置以缓冲对电解水系统的冲击；海上风电用于氢气制备也是可进行布局的方向
大规模储氢	高压气态储氢方面可进行专利布局的发明点有存储容器的结构设计（如容器直径、壁厚、容积）、复合材料（如复合缠绕高强度纤维、高性能增强树脂）、受旋压工艺、储氢容器密封，以及基于氢脆现有技术缺陷的超高储存容器
	低温液化储氢方面可进行专利布局的方向包括低温液氢循环泵、液氢混凝土储罐、内罐防氢脆材料等
	固态材料储氢方面可进行专利布局的方向有镁、铝、锂等储氢合金材料的制备和充氢放氢所用的温度加热方式及其控制方法
	融合储氢则是针对不同状态储氢的优缺点，可从容量存储大、存储安全、存储成本等功效出发进行专利布局
氢能煅烧	基于氢气燃烧速率降低而进行的氢气燃烧器喷管结构改进和阻燃剂与氢气配比设计
	为延长火焰长度采取的燃料通入量动态调节控制策略
	回转窑内部温度均匀化措施
	耐火材料制备和安全性监测
	热流密度检测
	水汽分离
氢能安全	管道储罐锁紧结构密封垫等结构的优化设计
	变色胶带、氖检测、传感器检测、硅胶带检测、涂料检测、气体压力检测等气体泄漏检测手段
	惰性气体稀释、泄漏暂存、密封机构等物理隔离封闭方式；氢气吸附
	泄漏点定位

4.1.7.5　水泥产业数字化与智能化

中国建筑材料科学研究总院及相关单位在水泥制造数字化与智能化推进方面已经走在全国前列。近年来，中国建材集团积极响应国家数字化转型的号召，不断加大数字化建设投入，目前公司对内形成涵盖BIM数字化设计、数字化项目全过程管理和数字化运营管理的数字化管理体系；对外形成以水泥工业互联网平台、智能专家优化系统、BIM数字孪生交付与运维系统等为核心产品的水泥智能工厂建设服务体系。

中国建材集团在数字化与智能化方面已经结合技术创新进行专利布局，但是，目前涉及面向水泥工厂数字孪生虚拟巡检方法、基于机器学习和智能优化算法的水泥分解炉智慧调控方法等专利质量较高的几件核心发明专利尚处于在审状态，授权的几项专利为实用新型专利。笔者针对布局规划提出以下几点方向和建议（见表4-7）。

表4-7　数字化与智能化专利布局建议

专利布局技术点	未来布局建议
数字化与智能化生产	针对自主研发的CeBIM数字化管理平台进行专利技术保护； 在基于BIM技术、物联网技术、人工智能、云计算和移动应用等先进技术实现数字化生产、管理方面进行专利布局
数字化与智能化管理	针对自主研发的OpBIM数字孪生智能运维平台进行专利技术保护； 在三维可视化、大数据分析、数字孪生、数据集成等创新技术和工艺过程数字化、生产管理数字化方面进行专利布局
数字化与智能化检测	在熟料质量检测、安全检测、碳中和智慧监测、能耗检测等方面可以作进一步的技术创新和专利布局
应用环节的数字化与智能化	关注混凝土3D打印数字化与智能化相关热点方向，并进行专利布局
数字化成分/配比设计	结合各类主要组分的性能和功效，以及浅层神经网络SNN和深层神经网络DNN进行设计，通过构建模型的方式辅助材料研发配比

首先，建议进一步在水泥数字化与智能化制造的中高级阶段完善专利布局，即基于自适应控制、模糊控制、专家控制等先进技术，利用智能仪表、工业机器人、计算机仿真、移动应用等信息系统与专用装备，通过实时控制、运行优化和综合集成等智能化系统或智能化技术，实现矿山开采、配料管控、窑炉烧成、水泥粉磨等过程中的智能化控制。

其次，水泥质量检测与监测是保证水泥质量的重要环节，检测和监测环节的数字化与智能化目前尚没有形成大量专利布局，可以加强智能化系统对生产数据及能耗进行实时监测及能效分析等方面研究，在熟料质量检测、安全检测、碳中和智慧监测、能耗检测等方面可以进行进一步的技术创新和专利布局。

再次，混凝土3D打印相关技术是水泥应用环节采用数字化与智能化技术的重要方向，可以进一步关注该热点方向，并通过技术改进的方式进行专利布局。

最后，在水泥配方组分优化方面的智能化设计相关专利布局非常少，大多是关于混凝土配合比优化方面。可以结合各类主要组分的性能和功效，以及浅层神经网络SNN和深层神经网络DNN进行设计，通过构建模型的方式辅助材料研发配比。

4.1.7.6 碳捕集与碳封存

1. 主要结论

通过对主要国家和地区CCUS技术发展战略，以及全球专利技术态势进行分析，笔者得出以下主要结论：

（1）美国、欧盟、加拿大等国家出台了战略规划，投入了大量资金支持CCUS的发展，并且在碳捕集、运输、封存、利用和示范等环节制定了法律法规管理和规范，同时采用碳税、碳排放交易等激励措施，促进CCUS商业化应用。中国多在节能减排、清洁能源等领域提及CCUS技术，缺少CCUS立法的全面规制。

（2）美国、中国、日本、德国、韩国、法国、英国等国家是全球CCUS专利的主要来源国，其中美国、日本和德国发展较早，中国是近几年全球CCUS专利申请的主要增长力量。全球CCUS专利多掌握在工业气体、石油化工和工程技术等大型企业手中。

中国CCUS技术虽然起步较晚，但经过10余年的快速发展，在CCUS各技术环节均取得了显著进展，首个百万吨级CCUS项目（齐鲁石化—胜利油田CCUS项目）正式注气运行。包钢集团拟建成钢铁行业200万吨CCUS全产业链示范工程。目前一期50万吨示范项目已经开工建设。尽管我国大部分CCUS技术已达到工业示范水平，但与实现碳中和目标的减排需求和欧美国家的发展水平相比，仍有很大差距。同时，中国CCUS发展还面临市场机制缺失和政策激励不足等挑战，未来仍需加强研发、降低成本、刺激需求，促进技术、市场、政策三大要素的深度融合。

针对我国CCUS技术现状和国际国内新形势，《中国二氧化碳捕集利用与封存年度报告（2023）》对碳达峰、碳中和目标下CCUS发展提出了以下建议：

（1）将CCUS作为碳中和技术体系的重要组成部分，纳入国家实现碳达峰、碳中和目标路线图、施工图；

（2）构建面向碳中和目标的CCUS技术体系，加快推进超前部署技术研发和大规模

先进无机非金属材料技术发展路径

集成示范；

（3）制定完善相关制度法规和标准体系，推进能力建设；

（4）探索CCUS激励机制，引导形成各主体有效参与的商业模式；

（5）深化CCUS领域国际合作与交流。

2.专利布局建议

当前CCUS专利技术主要涉及四大类。第一类为碳捕集技术，主要包括化学吸收法、吸附法、膜分离等方法；第二类为碳封存及利用技术，主要包括地质封存、矿化、强化石油开采、强化气体开采等技术；第三类为二氧化碳的运输，包括压缩增压、管道运输、车辆运输、船舶运输等；第四类为二氧化碳的转化，包括转化为化学品、转化为合成气、转化为燃料等技术。

在CCUS技术中，目前专利数量最多的为碳捕集技术。涉及碳捕集技术中专利数量最多的为通过化学方法捕集二氧化碳，研究重点在于提高化学捕集材料（如液体胺、固体胺、离子液体、金属有机骨架、氧化镁、氧化钙等）的吸收效率，降低捕集成本。其次为碳封存技术的研究。碳封存的研究重点在于二氧化碳的地质封存。地质封存一般是将超临界状态（气态及液态的混合体）的二氧化碳注入地质结构中，这些地质结构可以是油田、气田、咸水层、无法开采的煤矿等。同时把二氧化碳注入油田或气田用以驱油或驱气以提高采收率的技术也已经广泛应用。相对而言，二氧化碳运输和转化的研究较少。

对于在水泥领域的二氧化碳固定技术而言，最重要的是将二氧化碳进行碳酸化而利用于水泥制备过程中，既可减少二氧化碳的排放，也可提高水泥的性能。这主要包括通过水泥碳酸化封存二氧化碳，或在水泥制备过程中通入二氧化碳制备水泥。

根据CCUS技术的现状及技术分析，结合水泥制备领域的特点，对水泥领域专利布局建议如表4-8所示。

表4-8　CCUS专利布局建议

技术领域	技术效果趋势	建议关注技术方向	优先级
二氧化碳捕集	提高二氧化碳捕获能力，提高吸附效率	用于水泥窑炉二氧化碳捕集的复合吸收剂	☆☆☆
	用于高温二氧化碳捕获，较快的反应动力学和稳定循环再生能力	新型固体吸附材料	☆☆☆

技术领域	技术效果趋势	建议关注技术方向	优先级
二氧化碳封存	减少二氧化碳排放且提高水泥耐用性，成本低，可广泛应用	可吸附二氧化碳的水泥	✩✩☆
	提高二氧化碳封存量，减少二氧化碳泄漏	地质封存用水泥	✩✩☆
二氧化碳利用	减少水泥厂二氧化碳排放，同时提高水泥性能	碳酸化水泥制备	✩✩☆
	提高水泥强度，节能减碳	二氧化碳泡沫混凝土制备	✩✩✩
	利用水泥制备过程中的二氧化碳，减少碳排放，提高水泥强度及耐久度	水泥二氧化碳养护	✩✩☆

4.2　部品化绿色建材

装配式建筑具有建造速度快、受气候条件制约小、节约资源能源、减少施工污染、提高劳动生产效率和质量安全水平等优点，是建筑业发展的重要趋势。装配式建筑用预制部品部件类型丰富，按照外形及尺寸可分为砌块、板材、盒式构件等；按集成系统功能可划分为结构系统、外围护系统、设备与管线系统、内装系统。

4.2.1　高性能结构材料部品化绿色建材

从结构体系上，装配式建筑可分为预制装配式混凝土结构体系、装配式钢结构体系、装配式木结构体系。相应地，构成其结构体系所用的结构构件及材料也有所不同。

4.2.1.1　预制装配式混凝土结构构件（PC）

装配式混凝土结构包括装配整体式框架结构、装配整体式剪力墙结构、装配整体式框架—现浇剪力墙结构、装配整体式框架—现浇核心筒结构、装配整体式部分框支剪力墙结构、装配式筒体结构、板柱结构、梁柱节点为铰接的框架结构等。以上结构体系中均以预制混凝土构件为主要结构构件，主要包括预制混凝土柱、预制混凝土墙体、预制混凝土板和预制混凝土梁等。

1.国外发展现状

美国、加拿大自20世纪20年代开始探索预制混凝土结构构件的开发和应用，到20世纪六七十年代实现大面积普遍应用。其应用领域包括居住建筑，学校、医院、办公等公共建筑，停车库，单层工业厂房等装配式混凝土结构建筑。在工程实践中，随着装配式建筑的发展，对开间尺寸的要求越来越大，普通预制混凝土结构构件（如预制梁等）的跨度不能满足要求，随后开发了大型预应力预制混凝土结构构件技术并在工程中大量应用，使预制混凝土结构构件技术得到更大的提升。预制混凝土结构构件具有施工速度快、工程质量好、工作效率高、经济耐久等优势。美国和加拿大PCI组织均开展并完成了相关规范和标准的制定，拥有完备的使用手册，且根据技术发展持续不断地更新。

日本的装配式混凝土建筑及预制混凝土构件应用广泛，特别是在地震区的高层和超高层建筑。其预制混凝土结构构件及其节点连接技术达到世界领先水平。日本鹿岛公司建造的世界最高的装配式混凝土建筑（208米），经受了多次地震的考验，抗震性能可靠。日本在装配式混凝土建筑和预制混凝土构件领域形成了完备的标准规范体系，结合先进的工艺技术、合理的构造设计、较高的部品集成化程度和严格的施工管理，体现了很高的综合技术水平。

欧洲特别是北欧国家在装配式混凝土建筑和预制混凝土构件领域具有较长的历史，强调设计、材料、工艺和施工的完美结合，在研发和应用方面积累了丰富的经验。

2.国内发展现状

20世纪50年代，中国从苏联引进了装配式混凝土建筑及预制混凝土构件技术，50年代到80年代大量应用于工业厂房、住宅等的建造中。其结构形式以装配式大板结构为主。20世纪80年代中期以后，中国预制混凝土建筑渐渐步入衰退期，大量装配式大板厂相继倒闭；1992年后几乎消失殆尽。其衰退的原因主要有以下3点。

（1）预制混凝土技术发展缓慢。预制构件生产质量低，形式单一，对预制装配式结构体系和节点构造研究不足。

（2）特定历史条件下对经济效益的过度追求，造成预制装配式混凝土构件及建筑的质量和功能低劣。预制混凝土建筑普遍存在隔音、隔热、保温、防水等性能差，接缝处建筑功能差，户型简单、开间小等问题。同时，在结构方面存在房屋结构整体性较差、连接节点脆弱、预制混凝土构件节点钢筋易锈蚀等缺点。

（3）预制混凝土结构抗震性能差。唐山大地震中大量预制装配式混凝土结构的破坏，对其在地震区的推广造成了严重影响。

1995年以后，国家开始重视预制装配式技术的研究，注重建筑质量和功能性，不断汲取国外先进经验，研发新的结构体系。政府推行一系列政策，使得我国预制装配式建筑步入转型期。北京、上海、深圳、沈阳等城市率先在保障房中应用预制装配混凝土构件，许多施工单位、房地产企业也纷纷在研发创新性的预制装配式技术。

从20世纪的大板建筑到现在种类多样的结构体系，从只有非受力构件的预制到受力构件的预制，预制装配式建筑及预制装配式混凝土构件不论是力学性能还是使用功能都有了显著的提升。现阶段以预制混凝土构件建造，且在工程中应用较多的预制混凝土结构体系主要有3种：预制装配式混凝土框架结构体系、预制装配式混凝土剪力墙结构体系，以及预制装配式混凝土框架—剪力墙结构体系。

《装配式混凝土结构技术规程》（JGJ1—2014）的制定对我国预制装配式混凝土结构构件及建筑逐步进入规范化设计施工阶段起到重要作用，被誉为新型建筑工业化重新起步的里程碑。该规程对用于非抗震设计及抗震设防烈度为6～8度抗震设计地区的乙类及乙类以下的各种民用建筑的结构设计和预制混凝土结构构件进行了规定，其中包括居住建筑和公共建筑。该结构体系主要包括装配整体式框架结构、装配整体式剪力墙结构、装配整体式框架—现浇剪力墙结构，以及装配整体式部分框支剪力墙结构。其较详细地规定了预制混凝土结构构件制作过程中应用的模数化、与夹心保温墙板和外挂墙板连接的设计方法、预制构件专用预埋件的设计方法、水平缝竖缝的钢筋连接技术、装配构件的受力性能、装配节点及整体抗震性能等。

4.2.1.2 装配式钢结构构件

按使用钢结构构件的种类可以将钢结构建筑分为轻钢结构、钢结构（或重钢结构）和轻型钢结构。轻钢结构是采用镀锌钢板，经过工厂化生产加工而成的轻钢龙骨结构体系；钢结构（或重钢结构）一般是采用如H型钢、方形钢管、槽形钢等形式的构件建造而成，其主结构体是由箱形钢柱、H型钢柱和钢梁及钢支撑构成的纯钢框架；轻型钢结构是指由小截面热轧H型钢、高频焊接H型钢、普通焊接H型或异形截面的型钢、冷轧或热轧成型的方（或矩、圆）形钢管组成的纯框架或框架—支撑结构体系。

装配式钢结构按结构形式可分为钢框架结构、钢框架结构—支撑结构、钢框架—延性墙板结构、筒体结构、巨型结构、交错桁架结构、门式钢架结构、低层冷弯薄壁型钢结构和轻型钢结构等。钢结构具有良好的机械加工性能，易拼装，轻质高强，适合建筑的模块化、标准化、工厂化、装配化和信息化的发展理念。

1.国外发展现状

国外的钢结构构件及钢结构建筑产业化主要集中在中低层装配式钢结构。典型的应用有以下4种。

（1）加拿大以轻钢结构构件研发的轻钢板肋结构体系通常适用于6层或6层以下的住宅建筑，但目前也有应用到8层的旅馆建筑实例。在中层住宅建筑，通过增加底层轻钢龙骨厚度，结合H型钢承重梁、轻钢拉条构成X形斜向支撑体系等措施实现。中低层轻钢结构住宅技术在加拿大非常成熟。

（2）澳大利亚以冷弯薄壁轻钢结构构件研发轻钢结构体系。该体系主要由博思格公司开发成功并制定相关企业标准，具有环保和施工速度快、抗震性能好等显著优点，在工程中应用广泛。

（3）意大利在BSAIS工业化建筑体系中，用钢结构构件建造1～8层钢结构住宅，具有造型新颖、结构受力合理、抗震性能好、施工速度快、居住办公舒适方便等优点，在欧洲、非洲、中东等国家和地区大量推广应用。

（4）芬兰传统的别墅住宅近年来多采用轻钢龙骨框架结构体系，并已达到很高的工业化程度。在轻钢龙骨结构体系中，采用热浸镀锌薄壁钢板制成Termo龙骨，截面形式有C形和U形，门窗洞口过梁采用两个C形构件组合成工字形截面。

此外，以钢结构构件为承载结构应用到低层装配式钢结构较为典型的建筑体系还有美国的LSFB轻型钢框架建筑体系、日本的Sekisui和Toyota Homes住宅体系等。

国外钢结构构件用于装配式多高层钢结构建筑具有代表性的结构体系是美国《钢结构抗震设计规范》中规定的Kaiser Bolted Bracket和ConXtechConX体系。另外一种是日本提出的高层巨型钢结构建筑体系。该建筑将钢结构构件与各房间的建筑构成分离开。钢结构主体为由钢柱、钢梁及支撑等钢结构构件构成的纯钢框架。

2.国内发展现状

我国钢结构构件和装配式钢结构建筑起步较晚，但在国家政策的大力推动下发展较为迅速。在起步初期，钢结构构件应用中仅体现在替代传统建筑中的混凝土结构构件，建筑布局、围护体系等仍采用传统做法。近年来，随着钢构企业和科研院所新型钢结构构件和装配式钢结构体系方面的大力研发，逐渐将钢结构构件与建筑布局、结构体系、内装和机电设备、围护体系等融合统一，向系统化的专用建筑体系发展。

目前，我国钢结构构件用于钢结构建筑体系主要分为3种形式。

（1）以钢结构构件建造的钢结构框架结构形式为基础，开发新型围护体系，改进型建筑体系。主体以钢结构构件建造钢结构框架为单元展开，尽量统一柱网尺寸，户型设计及功能布局与抗侧力构件协同设置；在满足建筑功能的前提下优化钢结构构件布置，满足工业化内装所提倡的大空间布置要求，同时严格控制钢结构构件用量，降低造价和施工难度；通过内装设计隐藏室内的梁、柱、支撑等钢结构构件，保证安全、耐久、防火、保温和隔声等性能要求。

（2）钢结构构件用于"模块化、工厂化"新型建筑体系。代表性的钢结构构件用于模块化建筑体系主要有拆装式活动房和模块化箱型房。其中，拆装式活动房以轻钢结构构件组成骨架，彩钢夹芯板为围护材料，标准模数组合而成。模块化箱型房以箱体为基本单元，主体框架由型钢或薄壁型钢构成，围护材料全部采用不燃材料。

钢结构构件用于工厂化钢结构建筑体系，主体钢结构构件与外墙、门窗、内部装修、机电等部品进行预制装配，工厂化预制率达到90%。

（3）钢结构构件用于"工业化住宅"建筑体系。较典型的有钢管束组合结构体系和箱形钢板剪力墙结构体系等。钢管束组合结构体系中主要的钢结构构件为标准化、模数化的钢管部件并排连接在一起形成钢管束，与内部浇筑混凝土形成钢管束组合结构构件作为主要承重和抗侧力构件。箱形钢板剪力墙结构体系中主要的钢结构构件为组合箱形钢板剪力墙，箱形钢板与腔内混凝土共同受力，承载力高，有效降低了用钢量。

我国目前钢结构构件在多高层装配式建筑工程中的应用还较少，尚未形成完善的理论研究和规模化应用。但以小截面H型钢或异形截面的型钢、方（或矩、圆）形钢管组成的纯框架（或框架—支撑结构），配合轻质外围护墙体形成的轻型钢结构发展较快，并形成规模化应用。此类装配式建筑因用钢量少，外围护墙体多以经济实用的预制水泥基轻质复合墙板配套，整体造价低。尤其能与我国现行规范体系保持一致，建筑层数又不超过6层，易于抗震，是一种符合中国国情的轻型钢结构住宅体系。

4.2.1.3 装配式木结构构件

按照木结构构件的大小轻重，木结构建筑可以分为轻型木框架建筑、普通木框架建筑、重型木结构建筑3种类型。重型木结构建筑包括胶合木结构、原木结构等。现代木结构主要采用普通木结构、胶合木结构和轻型木结构。

普通木结构是指承重构件采用方木或原木等木结构构件制作的单层或多层木结构。胶合木结构是指采用胶粘方式将木料或木料与胶合板拼接成尺寸与形状符合要求而具有整体木材效能的木结构构件和结构。轻型木结构建筑主要是由木构架墙、木楼盖和木屋盖系统构成的结构体系。该结构体系是由多种木结构构件建造而成的，承担并传递作用于结构上的各类荷载。这些木结构构件主要包括用来建造结构框架的规格材（实心木）或工程木产品（再造木），以及用于覆盖在框架上作为覆面板之用的板材，如针叶木胶合板和定向木片板等。

木结构建筑以其建造容易、冬暖夏凉、节能环保、绿色低碳、贴近自然等诸多优点，深受人们的喜爱。

1.国外发展现状

自20世纪80年代至今，是国际上木结构构件及建筑发展最快的时期。从实木、原木结构构件到胶合木结构构件，再到复合木结构构件，木结构构件已不再是传统概念上的木结构构件。亚洲的日本，欧洲的芬兰、瑞典，北美的美国、加拿大等发达国家，在民居建筑中已普遍推广了以木结构构件为主要承载结构的现代木结构住宅。其在建筑风格、结构体系、营造方式等方面均有各自的特色，是目前木结构构件和装配式木结构建筑应用的先进代表。近年来，日本在新建住宅中以木结构构件为主建造的住宅所占比例基本在45%左右；在北欧的芬兰、瑞典，90%的民居住宅为1~2层的木结构建筑；在北美，80%的人居住在以木结构构件为主的独立式小住宅内。日本、美国的加利福尼亚州等国家或地区则以木结构构件建造的建筑作为防震、抗震的重要措施。近几年，在日本所发生的地震中以轻型木结构建造的住宅几乎没有出现倒塌。此外，日本木结构住宅所采用的构件以梁柱式木结构构件为主，吸收了中国古木结构的精髓，也融入了自己独特的风格和个性。在这些林业发达国家中，木结构构件建筑科技水平已相对成熟，除建造一些新颖别致的木质别墅外，也在向公共建筑、多层和高层混合结构建筑方向发展。

2.国内发展现状

20世纪50年代起，我国木桁架等木结构构件由传统的设计与人工制作逐步转向现代胶合木结构构件的设计与机械加工工艺。但自20世纪80年代以来，国家为了保护森林资源，一直提倡节约利用，特别是建筑主管部门专门发文限制在建筑中使用木材，要求以钢代木、以塑代木，使得我国木结构构件及木结构建筑的研究和应用停滞了几十年，现代木结构构件及木结构建筑与国外拉开了很大的距离。

近10多年来，由于我国推行的人工速生林政策取得了明显的效果，为木结构构件的生产提供了原料，也为木结构建筑体系在国内的发展带来契机。国家建筑和质量监督检验等主管部门先后颁布和实施了多项木结构设计规范与质量验收规范等标准。在经济全球化的推动下，进口木结构构件及木结构建筑建造技术已经进入北京、上海、南京等主要消费城市，并引起了人们的普遍关注。木结构构件应用的领域遍布住宅、宾馆、海滨浴场、茶社及园林景观等。目前我国已建成新型木结构住宅2 000多幢，并以每年600多幢的速度在增加。虽然这在绝对数量上不及国外的1‰，但发展势头迅猛且市场广阔。

目前在我国以木结构构件建造的木结构建筑的应用领域，主要考虑下列方向：

（1）应用于长三角、珠三角（如江苏、浙江、广东等）经济发达地区的新农村住宅建设。

（2）地震多发地区（如四川、青海、甘肃、辽宁等省区）的抗震住宅建设。

（3）风景旅游地区和最佳人居环境城市（如海南、云南、苏州、扬州、大连等）的生态环保住宅和园林景观的亭、台、榭、廊、桥等建构筑物建设。

（4）古木建筑的修缮与重建。我国有大量的古木建筑（如应县木塔、故宫、寺庙等），需要重点修缮和保护，部分已毁坏的古木建筑应进行重建。

（5）其他木结构建筑等。例如，体育馆、会堂、影剧院、图书馆、学校、医院、幼儿园等公共建筑。

4.2.2　围护材料部品化建材

4.2.2.1　结构功能一体化墙板

结构功能一体化墙板指的是具有一定结构功能的墙板部品，主要包括混凝土墙板、自保温轻质混凝土板、自保温加气混凝土板等。

1.国外发展现状

发达国家混凝土墙板部品的生产和发展已有近百年历史。其具有经济性好、工业化高品质生产、建筑施工时间短、构件耐久性好等优点。早期混凝土墙板部品主要用于建筑中的非结构构件。例如，利用混凝土墙板部品代替建筑中砖石砌筑的墙体，利用混凝土墙板部品制作一些较小跨度的配筋混凝土楼板代替传统的木楼板。19世纪中期，混凝土墙板部品从法国、德国等欧洲国家开始发展。20世纪初，混凝土墙板部品传播到美国。因为混凝土墙板部品采用工业化的生产方式，符合工业化大生产的要求，再加上这些国家处在大发展时期，所以混凝土墙板部品在上述国家得到了迅速发展。20世纪50年代初，欧洲所用的混凝土楼板还是以小型构件组合，不久德国成功研制出空心板成型设备，并以长线法生产为基础，逐渐发展出挤压机（滑模机）、切割机、预应力张拉设备、吊具、台座、清扫设备、混凝土搅拌及运输设备。对大型梁、柱等构件以模板浇筑、外部振动器振实的方法进行生产。

美国于1950年开发了宽406 mm、厚203 mm的双孔空心板，其受力筋为低碳钢丝；

先进无机非金属材料技术发展路径

1951年，改用7股钢绞线作为预应力筋。20世纪50年代中期，威斯康辛州引进德国的滑模机生产1 m宽空心板，芯孔为椭圆形。20世纪50—60年代，美国又引进了挤压法、滑模法、湿法浇筑等工艺设备生产空心板，宽度发展为1.2 m、2.4 m。其孔形为圆孔及方孔，最常用的板厚为203 mm，跨度达6～10 m，用于住宅及公共建筑。与其他机械湿法浇筑的2.4 m箱形空心板相比，既可用于楼板、屋面板，也可成功用于工业及商业建筑的外墙板。而目前空心板的板厚已达400 mm，跨度达18 m。预制楼板中除空心板、实心板，还有双T板，其板宽达3.66 m、厚度为813 mm，跨度可达35 m。

加气混凝土板是国外广泛使用的墙板之一，根据其用途，可分为加气混凝土外墙板、隔墙板和屋面板。与其他轻质板材相比，加气混凝土板在板材性能、产品稳定性、原材料来源，以及生产规模等方面都具有明显优势。加气混凝土制品在国外发展到现在已有近百年的历史，已成为建筑行业支柱产业，并且生产的加气混凝土多为板材制品，在建筑板材中所占比例较高。目前，国外在此领域的代表性企业为德国凯莱（XELLA）集团的YTONG-multipor。

2.国内发展现状

我国预制墙板源于20世纪50年代。早期混凝土墙板部品受苏联混凝土墙板部品建筑模式的影响，主要应用在工业厂房、住宅、办公楼等建筑领域；20世纪50年代后期到80年代中期，绝大部分单层工业厂房采用预制墙板建造；从20世纪80年代中期以后，我国预制墙板建筑步入衰退期，装配式大板厂相继倒闭，1992年以后便荡然无存了。进入21世纪后，混凝土墙板部品由于其固有的一些优点在我国又重新受到重视。混凝土墙板部品生产效率高，产品质量好，尤其可以改善工人劳动条件且环境影响小，有利于社会可持续发展。这样的优点决定了它是未来建筑发展的一个必然方向。

近年来，我国有关预制墙板的研究和应用也有回暖的趋势，相继开展了一些预制墙板节点和整体结构的研究工作，特别是关于节能保温墙板的研究工作。这是由于建筑节能是实现低碳经济非常重要的一个方面，且建筑节能又以外墙及屋面保温为关键，因此具有节能效果的墙板开始被大量研发。其中较有代表性的是预应力混凝土空心板（见GB/T 14040—2007）、轻集料混凝土板等。

在加气混凝土墙板方面，我国的加气混凝土制品仍以砌块为主。板材与砌块的比例大致为1∶10。加气混凝土板的技术规范执行国家标准《蒸压加气混凝土板》（GB 15762—2008），适用于民用与工业建筑物中使用的蒸压加气混凝土屋面板和自承重墙（自承重配筋墙板）。加气混凝土板按加气混凝土的干体积密度分为05、06、07、08 4

262

级；按尺寸偏差和外观分为优等品（A）、一等品（B）和合格品（C）3个等级；按使用性能，可分为外墙板（JQB）、隔墙板（JGB）、屋面板（JWB）。提高板材在加气混凝土制品中的比例，推动以隔墙板、屋面板与外墙板为主导的产品生产，是今后我国加气混凝土工业的发展方向。

4.2.2.2　部品化节能复合墙板

部品化节能复合墙板指的是不以结构功能为主，而以保温隔热为特征的保温装饰一体化板材。面层材料可以选择如装饰砖、石材、金属板、陶板、铝板等多种饰面层；保温材料也有多种选择，如聚苯板、挤塑板、聚氨酯板、岩棉板、真空绝热板等。

1.国外发展现状

在建筑节能和建筑工业化方面存在很好的契合点。国外已开展了大量的工作，1970—1980年，德国Peter Ballas发明了金属铝板饰面聚氨酯一体化板材，并将其推广应用于建筑保温体系中。2010年起，瑞典、德国所使用的板材已提前将窗户与保温装饰一体化板材复合。该板材以两面水泥基板材作为保护层、有机涂料作为装饰层，窗户与板材预先复合后表面覆膜而成。该板材可有效降低窗户热桥损失。施工时采用吊装后锚固，然后粘贴的简单方式。

在复合墙板的性能要求方面，欧盟对外墙保温系统的总体要求包括机械稳定性、防火性、健康性、安全性、节能性、耐久性等多个方面的内容。随着技术研发和标准的不断更新，欧盟多数国家的建筑围护结构热工性能指标已提高了3～8倍。在生活舒适性不断提高的条件下，新建建筑单位面积能耗也可以减少到原来的1/5～1/3。目前，在墙体传热系数方面，欧洲主要的标准规定范围为0.6～2.0 W/(m²·K)。其中，变化幅度最大的是德国（DE），其U值由1977年的4.7 W/(m²·K)降为0.6 W/(m²·K)，为原有标准的12.8%，成为欧洲对U值要求最严格的国家，由此带来的能耗降低比例为72.2%。此外，英国（GB）、芬兰（FI）等国传热系数也显著下降，英国传热系数降低幅度为50.9%，芬兰则降低了63.8%。不仅如此，日本产业联合研究所、东京大学、日本艾良建筑设计事务所、早稻田大学、日本丰田通商等单位广泛合作，对真空防火保温装饰一体化板材功能性提升进行了研究。

2.国内发展现状

为解决现场施工质量难以保证、施工周期长等问题，我国许多科研机构和生产单位开始研究集保温、装饰功能于一体的干作业新型保温隔热材料。外保温装饰一体化方案就是把外墙施工所用的保温材料和装饰材料在工厂中进行预制，制成成品后在墙面上进行安装。最初的一种做法是用专用的固定件将不易吸水的各种保温板固定在外墙上，然后将铝板、天然石材、彩色玻璃等外挂在预先制作的龙骨上，直接形成装饰面。由贝聿铭先生设计的中国银行总行办公楼的外墙保温采用的就是这种设计。这种外挂式的外保温安装费时，施工难度大，占用主导工期，待主体验收完后才可进行施工，并且在进行高层施工时，施工人员的安全不易得到保障。

目前，武汉理工大学、北京鼎盛新元、哈尔滨天硕等多家公司推出了集保温、装饰功能于一体的新型多功能板材。这种新型多功能板材是在外墙外保温技术基础上发展而来，采用工厂预制生产、现场安装工艺，有利于提高建筑工业化、产品标准化、施工装配化水平，可以有效缩短施工工期。这种新型多功能板材也有多种类型，如XRY节能装饰板系列产品以XPS或硬质聚氨酯泡沫塑料为保温层，以氟碳漆、装饰砖、石材、金属板、陶板等为饰面层；亚士轻型保温装饰复合板，将传统的装饰材料（如铝板、石材）与保温材料（如EPS板、XPS板）复合成一体化成品板。2008年，保温装饰一体化体系已在武汉理工大学留学生宿舍节能改造中得到应用。2013年，福建某公司生产出了一种真空保温装饰一体化板。该真空保温装饰一体化板由外墙装饰板材与墙体真空保温板通过黏合剂黏合而成。该产品集保温、防火、装饰功能于一体，可简化施工工序，缩短工期。同时，此真空保温板具有厚度薄、导热系数低、防火性能高、寿命长、抗腐蚀等优异性能。其与外墙装饰板材黏合后，在建筑领域中可有效节约墙体厚度、扩大住宅面积。

4.2.2.3 建筑门窗部品

建筑门窗部品主要指门、窗构件成品。

1.国外发展现状

国外目前已对建筑工业化用门窗部品开展了大量的研究，形成了德国旭格、德国柯梅令、意大利阿鲁克、意大利罗克迪、日本YKK门窗等诸多著名品牌，并广泛应用于各类建筑工程当中。美国劳伦斯伯克利实验室长期对外窗进行研究，1982年Rubin开发了多种模拟计算软件，如专用于模拟外窗传热性能的Window软件和模拟玻璃特殊光学性能的Optics软件，同时建立了玻璃光学性能数据库NFRC-300。西班牙的M. Karmele Urbikain、Jose M. Sala等人研究了内置百叶窗的传热过程，在夜间情况下内置百叶中空玻璃窗对室内夜环境的影响进行了量化分析。Orhan Ayn对中空玻璃窗的传热过程进行了分析，研究了不同气候条件下的最佳中空玻璃窗的中空层厚度，并且指出，通过优化中空层厚度和使用导热系数较低的气体来代替玻璃间空气层可以有效地降低能量损失和传热系数。Miloslav Bagona、Martin Lopusniak等人对外窗框和玻璃对外窗系统热工性能的影响进行了研究，结果表明，通过简化窗户系统，可以提高其热工性能。

西方发达国家的门窗节能标准比我国高出很多，特别是近十几年来，西方先进门窗技术有了巨大的进步。目前，在我国多数建筑还在使用普通双层充空气玻璃窗［K值一般为2.8～3.0 W/（m²·K）］，少量采用3层充空气玻璃窗［K值一般在2.0 W/（m²·K）左右］。早在1991年，欧盟就宣布将强制使用Low-E中空玻璃。1995年其使用率首次突破50%，1998年更是迅速达到80%。目前，在西方各国的公共建筑和普通住宅建筑中，Low-E玻璃门窗成为应用最为广泛的节能门窗，在德国的使用率高达92%，在英国的使用率达到85%以上，美国的使用率也达83%。

随着发达国家节能标准的提高，普通的双层Low-E 充空气玻璃［K值一般在1.7～2.0 W/（m²·K）］已无法满足节能需求，改为普通双层 Low-E充氩气玻璃［K值一般在1.5 W/（m²·K）左右］、3层 Low-E充空气玻璃［K值一般在1.0～1.2 W/（m²·K）］，并逐渐向更加节能的3层Low-E充氩气玻璃［K值一般在0.8 W/（m²·K）左右］、带有两层 Low-E涂层充氩气［K值可降至0.7 W/（m²·K）左右］或氪气［K值可降至0.5 W/（m²·K）左右］的3层玻璃窗发展。

2.国内发展现状

与西方发达国家相比，我国门窗节能标准相对较为落后。例如，近几年来，北京市执行的《居住建筑节能标准》要求的外窗传热系数K值为2.8 W/（m²·K）。这仅达到德国1984年的标准要求，相差了整整30年。而且北京地区还算是执行节能规范比较好的地区，全国多数地区还没到达到2.8 W/（m²·K）的水平。我国门窗节能标准不高的原因是多方面的。一方面，长期以来，人们对于门窗节能的意识薄弱；另一方面，我国门窗设计厂家的技术水平低下、市场混乱，也是标准难以提高的重要原因。另外，不仅保温性能低，我国门窗的使用寿命普遍较短。无论是玻璃还是门窗业相关的框材、胶条、五金件等，均缺乏良好性能，直接导致了门窗寿命短、质量低。

国家科技支撑计划"十一五""十二五"规划对Low-E 玻璃、真空玻璃及门窗型材密封性、抗风性等关键技术的研发，提升了门窗的保温性能，并逐步形成了完整的体系。其包括门窗设计、基础材料、性能及检测、加工及制作、安装验收规范等。"十二五"结束时，我国门窗的先进技术指标为东北严寒且高温差地区气密性8级

（GB/T 7106—2008：$q1 \leqslant 0.5$，$q2 \leqslant 1.5$），传热系数 $1.5 \sim 2.0$ W/($m^2 \cdot$ K)，耐冷热循环（$-40 \sim 80℃$）14次；西北多风沙地区气密8级（GB/T 7106—2008：$q1 \leqslant 0.5$，$q2 \leqslant 1.5$），传热系数 $1.8 \sim 2.0$ W/($m^2 \cdot$ K)，抗风压性能5级（GB/T 7106—2008：3 kPa）；东南沿海台风多雨地区抗风压5级以上（GB/T 7106—2008：3 kPa），水密性5级以上（GB/T 7106—2008：$500 \leqslant \Delta P < 700$），遮阳系数0.5以下。

从指标对比可以看出，在节能指标方面，我国应用的相关产品与国外仍有较大的差距。

4.2.2.4 建筑幕墙部品

建筑幕墙依据组成材料可分为玻璃幕墙、石材幕墙、金属板幕墙、人造板材幕墙、清水混凝土幕墙、陶土板幕墙等。

1.国外发展现状

建筑幕墙在国外已有近百年的演变与发展。1851年，英国伦敦工业博览会水晶宫被公认为是第一个采用玻璃幕墙的建筑。建筑幕墙的发展至今大致经历了探索、发展、推广和提高4个阶段。在美国，最早的玻璃幕墙出现于1909年的密苏里州的堪萨斯城。随后，1918年，旧金山建成了具有标志性意义的Hallidie Building。建筑师利用混凝土的优点设置了悬挑楼板，从而使玻璃幕墙成为不需要立柱支撑的建筑外围护结构，由此开创了幕墙的早期技术。第二次世界大战后，随着金属型材及玻璃的大量工业化生产，玻璃的应用越来越广泛，同时密封胶领域也带来了技术革新。这使得玻璃装配系统的可靠性不断提升。20世纪末，由于铝型材更易成型且不易腐蚀，并越来越广泛地代替钢型材成为主要受力杆件。近年来，幕墙在美国各地的应用呈普及化趋势，从市中心的摩天大厦到城镇的办公楼、商场、医院及大学等都有应用。

目前，世界幕墙的年产量超过1亿m^2。金属幕墙、人造板材幕墙、清水混凝土幕墙、陶土板幕墙等新型幕墙广泛应用于工程当中。功能性的单元式幕墙、光电幕墙、智能型幕墙、生态幕墙等日趋成熟，并进入工程推广阶段。单元式幕墙由于可以工厂化生产，具有加工精度高，现场施工安装快捷、方便等特点，大量应用于超高层建筑中，大幅提高了幕墙施工效率。智能型幕墙主要是通过感应装置感受外界气候环境的变化，由计算机自动控制系统调节遮阳系统、窗的启闭系统、通风空调系统、温度和湿度控制系统等来满足人们对健康、舒适环境的需求，同时可以最大限度地降低建筑物运行的能耗。尽管其前期投资比较大，但是它可以减少建筑设备的一次性投入，节约建筑运营成本，满足人们对健康生活的追求。双层呼吸式幕墙是智能幕墙的一种。它比单层幕墙采暖节能40%～50%，制冷节能40%～60%，隔声量达50 dB，隔声性能可以提高20%～40%。10余年来，其在欧洲发达国家已得到广泛应用。双层通风幕墙的实际应用工程有法兰克福商业银行、华沙Focus Filtrowa大厦、德国海德堡印刷公司办公楼、柏林东火车站、柏林汽车俱乐部、德国达姆斯塔特银行办公楼、德国法兰克福安联保险公司大厦。

2.国内发展现状

我国目前已成为世界第一幕墙生产大国和使用大国。我国已建成的各式建筑幕墙包括采光顶屋面近2亿m²，年产幕墙5 000万m²以上，占全世界总量的60%以上，并且其用量以每年约18%的速度递增。

1981年，广州广交会展馆的正面出现了一片令人惊奇的玻璃外墙。当时人们还不知道幕墙这个概念，但其已经具有玻璃面板和金属支承框架这两大特征。这可作为我国幕墙时代开始的标志。1988—1991年，采用玻璃和铝板幕墙的高层建筑在各地出现。深圳国际贸易中心是我国第一项超过160 m的超高层建筑工程，首次采用了茶色玻璃和铝板。1988 年建成的深圳发展中心是我国第一个隐框玻璃幕墙，建筑高度146 m，上部采用蜂窝铝板幕墙。

近10年来，我国已把建筑幕墙应用到一批高度400 m以上的超高层建筑中，包括450 m高的南京紫峰大厦、420 m高的大连国际贸易中心、432 m高的广州国际金融中心、441 m高的深圳京基大厦、495 m高的上海环球金融中心、600 m高的广州新电视塔等。目前，一批高度超过500 m的建筑正在施工中。这些建筑均采用玻璃幕墙，包括648 m的深圳平安金融中心、600 m的天津117大厦、636 m的武汉国际金融中心、528 m的位于8度设防烈度地区的北京中国尊、632 m的上海中心等。此外，还建成或在建大批大型公共建筑，部分大型场馆和机场的金属屋面面积已超过10万m²，玻璃幕墙和采光顶的面积已超过8万m²。

同时，我国还应用了大量的新型幕墙结构如新型人造膜材幕墙（水立方）、人造板材幕墙、双层通风幕墙、太阳能光伏幕墙等。其中，许多工程采用了不规则分块幕墙、非光滑表面幕墙、大曲率双弯板材、特殊外饰和遮阳板、复杂表面形状幕墙等。

4.2.3 功能性材料及部品化建材

功能性材料及部品化建材主要包括两个方面的内容：一方面是用于装配式建筑装

饰装修用功能性部品，以提高建筑内的环境质量、舒适度等；另一方面是装配式建筑建造过程中不可缺少的密封材料和结构型胶黏剂等功能性材料，以解决部品化建材接缝密封及部品黏结问题。

4.2.3.1 净化空气功能部品

由于室内装潢装饰材料、日用化学品的使用、家具建材等释放的有害物质，导致室内空气质量下降。比如，甲醛、甲苯等有害物质使长期生活在其中的人产生各种疾病。空气污染对人类健康危害已成为全世界共同面临的难题。为了更加有效地净化室内空气，空气净化材料的研究应运而生，并将各种空气净化材料应用到装配式建筑部品化建材中，如装饰装修用净化空气的涂料、硅藻泥壁材、石膏板、矿棉板、陶瓷及地板等，形成具有净化空气功能的部品。

1.国外发展现状

目前，日本、美国、德国等国家均投入大量资金开展净化空气建材产品的研究和开发工作，并大力推动其产业化。

在净化空气涂料方面，日本首先把纳米TiO_2应用到室内建筑涂料中，使其具有净化空气的效果，并逐步实现了从实验研发到工业化生产的转化，其中最突出的品牌是ARC-FLASH光触媒，已成为日本光触媒涂料第一品牌。该类涂料可以用于各种场合的室内污染的治理且效果突出。德国STO·AG公司成功开发了一种光触媒涂料，名为Stocblorclimason。该涂料可以在可见光作用下将甲醛等有机物分解成CO_2和H_2O，从而达到净化空气的目的。美国专利介绍了一种TiO_2光触媒涂料的制备方法，并证明了该种涂料对甲苯有一定的降解能力。

在净化空气的石膏板方面，国外几个大的石膏板公司相继推出了相关产品。可耐福推出的Cleaneo石膏板可有效地提高室内空气条件，降低室内甲醛、苯、氨气等多种有害气体的聚集。圣戈班推出的Activ'Air石膏板可起到净化空气的作用。其不但能捕捉甲醛，还能将甲醛转化为惰性化合物，并且不会将其释放到空气中，甲醛净化率达70%。日本的吉野石膏株式会社推出了一种对甲醛具有一定吸着和分解性能的石膏板，可以用来吸附室内建筑材料和家具所释放的甲醛，从而降低室内的甲醛浓度，改善室内空气的有机化学污染。

此外，国外净化空气的功能材料还应用于陶瓷上，起到净化空气的作用。

2.国内发展现状

我国净化空气建材起步较晚，但发展相当迅速，具有净化功能的涂料、硅藻泥壁材、石膏板、矿棉板、瓷砖、地板等已广泛应用于学校、幼儿园、医院、护理中心、宾馆、饭店、办公室、其他公共场所（如政府、商店、银行）等。

2000年前后，我国陆续有文献报道，将光催化材料用于内墙涂料之中，使其具备净化空气的能力。但由于光催化材料存在可见光难激发、在涂料中易团聚及易被乳胶漆包覆、加速乳胶漆老化等问题，所以光催化材料在乳胶漆中的应用受到限制。于是陆续出现了使用净醛乳液、添加净醛助剂等方式实现净化甲醛功能的内墙涂料。目前，多乐士、立邦等涂料公司均推出了净化甲醛功能的涂料。

后来，一些公司又将净化材料应用在石膏板、矿棉板、硅藻泥、瓷砖、地板等建材产品中，生产出了相应的净化空气产品。例如，北新建材生产的纸面石膏板和矿棉吸音板，不但可以吸附甲醛，还具有分解甲醛的功能，不会产生二次污染。营口盼盼生产的硅藻泥具有消除甲醛、净化空气、调节湿度、释放负氧离子、防火阻燃、墙面自洁、杀菌除臭等功能。东鹏瓷砖生产的健康宝瓷砖，表面有光触媒层，能够快速吸收和分解室内的有害气体，在一定程度上可以净化室内空气。生活家生产的地热型"除醛"地板采用新型控醛技术，产品能捕捉分解室内环境中的游离甲醛，甲醛净化性能达到80%以上，净化效果持久性达到80%以上。

4.2.3.2 相变蓄能墙体部品

相变蓄能墙体部品是含有相变材料的一种新型墙体部品。相变材料在受热熔化时发生相变，吸收并储存能量；反之，在受冷凝固时发生相变并释放出能量。相变蓄能墙体部品具有以下优点：①对空调和采暖的负荷进行削峰和移峰，减小空调负荷，从而减少空调装机容量；②降低夏季室内最高温度，提高冬季室内最低温度，减小室内温度的波动范围，提高人体舒适度；③减小外墙厚度，达到减轻墙体自重、节约建筑材料的目的。

目前，相变蓄能墙体部品所用建筑基材多为石膏板、混凝土和水泥砂浆，所用相变材料主要包括结晶水合盐类无机相变材料和石蜡、脂肪酸、酯、多元醇和高分子聚合物等有机相变材料及各种复合材料。

1.国外发展现状

相变物质应用于墙体部品的研究始于1982年，由美国能源部太阳能公司发起。自

1988年起，由美国能量储存分配办公室推动此项研究。他们制作储热芯料的太阳能砖块、高分子混凝土，在麻省理工学院建筑系试验楼进行了试验性应用。20世纪80年代，美国陶氏化学公司对可以被用作相变材料的20 000多种相变材料（PCM）纯物质进行了筛选，结果表明只有1%的相变材料有实际应用价值。另外，美国特拉华州大学储能研究所在墙体中装入聚乙烯圆管，管中装$Na_2SO_4 \cdot 10H_2O$，构成厚度为8.1 cm的相变墙体。

德国巴斯夫公司在相变蓄能墙体部品研究方面处于领先地位。巴斯夫公司将石蜡封装在微胶囊内，将其添加到传统的砂浆里，制备出含有10%～25%的石蜡微胶囊的砂浆。该砂浆已应用于德国建筑节能工程中。将这种砂浆抹在内隔墙，墙面含有750～1 500 g/m²的石蜡，每2 cm厚的石蜡砂浆墙面蓄热能力相当于20 cm厚的砖木结构墙。目前，巴斯夫公司正在推出一种名为Micronal PCM的石膏墙面板。这是一种轻质的建筑材料，由于其中包含有一种相变材料，因此能够使房间保持在令人舒适的室温下。每1 m²的石膏墙面板中含有3 kg的蜡质，通过其显热或熔化（相变）热来保持室温。

西班牙Cabeza等构筑了两所相同的房子，并在其中一所房子的墙体中采用掺入5%石蜡微胶囊的混凝土板，胶囊的相变温度和相变焓分别为26℃、110 J/g。经研究证明，与采用普通混凝土的对照房相比，试验房的内部温度降低，热惯性增加，达到最高温度所需的时间延长2 h。

加拿大的康考迪亚大学建筑研究中心用49%的丁基硬酯酸盐和48%的丁基棕榈酸盐的混合物作为相变材料，采用掺混法与灰泥砂浆混合，然后再按工艺要求制备出相变墙板，并对相变墙板的熔点、凝固点、导热系数等进行了测试。

此外，澳大利亚、斯洛文尼亚等国家也在相变储能墙体部品方面做了大量工作，分别对不同种类相变材料的热物性做了全面的测试，然后根据各自国家的不同情况，分别将材料应用于建筑部品中测试，均起到了不同程度的节能效果，为相变材料在墙体部品中的应用打下了基础。

2.国内发展现状

我国相变蓄能墙体部品的理论和应用研究与发达国家相比还较薄弱。国外对相变材料在建筑中的应用研究较多，相变蓄能墙体部品多采用相变微胶囊，而目前我国更多地停留在微胶囊掺入建筑围护结构后的理论研究与实验模拟阶段，与建材结合的实验研究较少。

清华大学张寅平教授是我国最早进行相变材料研制的学者。他完成了很多关于相变墙体的基础性工作，包括相变材料的研制、相变材料基础的物理和化学性能测试，以及相变墙体如何在中国应用的理论分析。他还建立了分析夏季结合夜间通风的相变墙房间热性能的理论模型，分析了我国不同地区使用夏季型相变墙体的不同性能，并提出在我国新疆地区利用相变墙体的效果比较好。对于给定的气象条件和给定的相变房间，讨论了夏季"空调"型相变墙的优化设计方法，并以伊宁地区为例进行了分析和计算。

在目前我国关于相变蓄能墙体部品的研究中，对于墙体相变材料的选择，无机墙体相变材料中研究最多的是结晶水合盐类，有机类的主要有石蜡类、脂肪酸类和多元醇类。相变蓄能墙体的基材主要采取石膏板，对以混凝土和水泥砂浆为基材的相变蓄能墙体的研究较少。从现有研究来看，我国相变材料微胶囊的制备技术日趋成熟，但由于相变材料成本较高，壁材多为热导率小的有机高分子材料，制备工艺较为复杂，相变微胶囊的大规模工业化生产没有得到实现。对于微胶囊的研究，还需要深入很多工作，如研究相变材料的长期稳定性和壁材的致密性及耐久性、微胶囊与建筑基体材料相容性、机械强度、导热性等问题。

4.2.3.3　防水密封材料

装配式建筑外围护部品之间、围护部品与主体结构构件之间的接缝一般采用防水密封材料嵌缝。防水密封材料主要包括定型材料和不定型材料两类。其中以不定型材料——密封胶的应用最为广泛。常用的建筑防水密封胶主要包括硅酮密封胶、聚氨酯密封胶和改性硅酮密封胶。

1.国外发展现状

随着装配式建筑的发展，房屋接缝数量增多，在密闭性、黏结性、变形性、高弹性恢复能力等方面对密封材料提出了要求。1943年，美国的Thiokol公司成功研制合成了液状的聚硫橡胶LP（liquid poly sulfide），但当时主要应用于军事而非建筑领域。1943年，美国的道康宁（Dow Corning）公司开始生产硅酮树脂；1944年，通用电气（GE）公司开始生产硅酮橡胶，后来均成为硅酮类密封材料的主要原材料。第二次世界大战结束以后，聚硫橡胶类密封材料的应用转向建筑领域。1947—1950年，纽约的联合国大厦外墙使用聚硫类密封材料——这是弹性密封材料在现代幕墙结构建筑物上的首次应用。20世纪60年代初期，道康宁公司、通用电气公司、Rhone Poulence公司等开始大力研发硅酮类密封材料，5年后就生产出了单组分硅酮类密封材料产品，并在工程应用中取得了良好的防水效果。20世纪70年代，美国又开始研制更适合用于水泥基建筑构件的嵌缝密封，伸长率和弹性恢复性能更好、价格更便宜的聚氨酯类密封材料，很快就取得了成功应用，市场占有量与硅酮类密封材料相当。

日本自1958年开始从美国进口聚硫类密封材料，1963年开始自行生产聚硫类和硅酮类密封材料。在此基础上，其于1967年开始研发双组分聚氨酯类密封材料，并很快实现了工业化生产和实际应用。1978年，日本对硅酮类密封材料开展了改性研究，开发了改性硅酮类密封材料产品，解决了硅酮类用于天然石材和硅酸盐类制品时对基体的污染问题。同时，日本针对ALC墙体缝隙等不同类型建筑的需要，生产出丁苯橡胶溶剂型和丙烯酸类乳液型中档密封材料。该类产品价格适中，可大幅降低建筑物建造维护成本。

21世纪初，美国、日本等发达国家的高、中档密封材料的生产已实现规模化并形成了成熟施工技术。近年来，国外防水材料具有突破性发展的产品品种较少，更多的是企业自主研发的改进、改良型产品及维修产品。欧美等工业发达国家防水密封材料具有以下特点：第一，防水密封材料以聚氨酯密封胶和硅酮密封胶为主。第二，防水系统配套水平不断提高，在国外普遍推行的不是仅卖单一产品而是提供系统的解决方案，以确保工程质量。第三，防水工程施工一般有专门的承包商。

2.国内发展现状

20世纪60年代，我国开始使用油性、沥青基密封材料；70年代开发了聚氯乙烯胶泥、溶剂型和乳液型弹性密封材料；进入80年代，开始进口高档密封材料（20世纪80年代北京长城饭店安装的玻璃幕墙和20世纪90年代国内最高的上海金茂大厦、广州中信广场、深圳帝王大厦采用的隐框或半隐框玻璃幕墙均使用的是进口有机硅结构胶），同时从国外引进高档密封材料生产技术与设备。1994年，我国防水密封材料年产量为3.3万吨，其中，硅酮等中、高档弹性密封材料大约5 000吨，仅占16%。

目前，我国防水密封材料已经形成硅酮、聚硫、聚氨酯三大系列高档密封材料，以丙烯酸酯、丁基橡胶为代表的中档密封材料。2013年，"南水北调"工程中线鹤壁段Ⅱ标渠道的防水密封，除在设计上采用了特殊的柔性结构外，还采用了性能优异的聚硫密封胶填缝，使整个结构形成了一个柔性防水系统，工程的防水密封效果良好。北京东方雨虹防水技术股份有限公司以硅烷改性聚醚为主要原料，制备了一种可用于装配式建筑各类板缝的双组分硅酮改性密封胶（MS密封胶）。该密封胶具有低模量、高耐久性、长期储存稳定、环保无污染等特点，性能满足标准《混凝土建筑接缝用密封胶》（JC/T 881—2017）中25 lm级别产品的要求。该产品已在上海大华和合肥海龙两个装配式建筑项目中实际应用。

4.2.3.4　结构型胶黏剂

结构胶黏剂（ASTM 下的定义），是指在预定时间内和使用环境中，能承受相当的力并具有与被粘物相匹配的强度，在高低温状态下仍具有很高的强度和耐久的使用寿命的胶黏剂。建筑结构胶黏剂是应用于装配式建筑中的重要材料，是一种能够承受较大外力作用的结构型胶黏剂。通过它可以将被粘建筑部品和构件牢固地连接在一起，从而达到加固、密封、修复改造的目的，使建筑物更牢固，性能更全面。建筑结构胶黏剂的广泛应用将加快建筑设计标准化、施工机械化、构件预制化及建材的轻质、高强和多功能化的进程，还可以提高施工速度、美化建筑物、提高建筑质量、节省工时与能源、减少污染等。

建筑结构胶黏剂根据不同的应用状态、部位、受力状况，可分为黏结结构胶、黏钢灌注胶、植筋胶、灌缝结构胶和黏碳纤维胶。此外，根据施工环境和工作环境，对其提出了一些特殊的功能性要求，如水下固化、常温固化、耐受高温、低温固化、超低黏度、快固化、慢固化等。

1.国外发展现状

20世纪50年代初，美国首次将环氧树脂结构胶黏剂应用于公路路面快速修复；60年代，部分发达国家已将建筑结构胶黏剂广泛用于建筑工程、水利工程和军事设施的加固中；70年代，随着各种性能优良的新型建筑结构胶黏剂的出现，其应用领域进一步扩大，包括现场施工时构件的黏结、钢筋快速锚固、高层建筑及公路桥的加固修复等；到90年代，结构胶的应用更为普遍，日本阪神大地震后，大量使用环氧结构胶（乳液双组分型）对损坏的建筑及桥梁的钢筋混凝土柱及梁等进行加固和修复，同时，结构胶品种日益丰富，形成了黏结用胶、锚固用胶、灌注用胶和堵漏用胶等不同产品。在此基础上，各国也加强了黏结构件承载性能与行为的研究，英国的运输与道路研究所、莫斯科建工学院等均开展了梁的加固试验，同时开始注重施工的规范化，美国、日本均制定了建筑结构胶的施工质量标准或施工规范。

近年来，建筑结构胶通常不采用单一组分，而是通过多种聚合物相互掺混、共聚等手段使其具有更好的性能。通过开发混合型结构胶和利用多种手段改性优化，使建筑结构胶更好地满足各种工程要求，是当今建筑结构胶研究和发展的主要方向之一。

2.国内发展现状

我国建筑结构胶黏剂起步较晚，但发展很快。1978年辽阳化纤总厂的一座变电所楼层的承载梁多处出现裂纹。通过利用法国进口的建筑结构胶在梁底部粘贴钢板进行补强，使其恢复正常使用。1980年，建设部下达了"建筑结构胶黏剂研制及应用技术推广"的课题，由中国科学院大连化物研究所与辽宁建科研究所共同承担，并于1983年联合研制出JGN型建筑结构胶黏剂，填补了我国在加固补强材料领域的空白。1985年前后我国建筑业进入迅猛发展期，结构胶的需求量和消费量迅速增加，在产品方面也相继研发出YJS-1胶、AC胶等建筑结构胶品种，以及JGN耐温胶和BUSA胶各种功能型结构胶。其中，JGN耐温胶可在80℃以上高温环境中使用同时可以常温固化；BUSA胶可在潮湿环境甚至水中固化，显著扩大了应用场景。随后，我国涌现出多家结构胶公司和产品品种。例如，武汉长江加固技术有限公司开发了YZJ型各种建筑结构胶、武汉大筑科技有限公司开发了WDZ型各种建筑结构胶、湖北固城特种建筑技术公司开发了HGC固城牌各类建筑结构胶。1995年，我国建筑结构胶走出国门，销往南非、东南亚。建筑施工与加固改造对黏结材料的要求是多样的。我国近年来一直致力于研发特种功能的结构胶，以满足应用条件与环境的需求。世界建筑结构胶黏剂正向着高性能低成本，施工工艺规范化、机械化等方向发展。

经过40多年的发展，我国建筑结构胶品种由初期的2种扩展到60余种，并有继续快速增加的趋势；功能也由单一的梁、柱加固，发展到锚固胶、施工用胶和构件接长胶等；材料组分上则是由单一组分（环氧树脂）发展到丙烯酸类、聚氨酯类、不饱和聚酯类及无机类等；性能上也由需要常温、干燥施工的通用型，发展到可满足各种施工场景需求的品种类型。

4.2.4 国内外专利对比分析

从装配式建筑及部品化建材发展的3个阶段来看，发达国家已处于成熟期——向低能耗、绿色化发展。我国仍处于初级阶段，即起步阶段。由于两者之间差距巨大，专利方面的可比性并不强。

通过对相关专利进行检索，我国关于建材部品化制备与应用技术的相关专利技术有8 000余项。自2014年起，相关知识产权数量逐步增加，近4年所申请的专利数量占总体数量的60%，相关专利主要集中在高校和大型建筑施工单位；国外相关的专利共有40万余项，主要集中在美国有7万余项、WIPO有近2万项、欧洲专利局有近2万项、日本有7 000余项、韩国有4 000余项。因此，在专利方面我国距发达国家仍有一定的差距。

第 5 章　先进无机非金属材料
发展趋势

　　"十四五"与"十五五"时期，是我国积极应对国内社会主要矛盾转化、国际经济政治格局深刻变化的战略机遇期，前者为迈向基本实现社会主义现代化的关键起步阶段，后者是加速筑牢现代化根基的重要深化阶段。未来一段时期，我国仍将深入推进经济结构调整和产业转型升级。"中国制造2025"战略稳步推进，战略性新兴产业将快速发展，对发展先进无机非金属材料产业提出了迫切需求。雄厚的传统产业基础、快速发展的科学技术为先进无机非金属材料产业发展奠定了坚实基础。我国先进无机非金属材料产业在传统产业升级、新兴产业创立的浪潮中已然崛起，然而，当前也面临着诸多难题，诸如创新能力存在短板、市场应用开拓艰难等，严重制约了产业进一步发展。可以预见，该产业未来机遇不少，但挑战同样严峻。

　　全面贯彻落实党中央、国务院战略部署，按照"五位一体"总体布局和"四个全面"的战略布局，牢固树立创新、协调、绿色、开放、共享的新发展理念，以《新材料产业发展指南》《重点新材料首批次应用示范指导目录（2024年版）》《前沿材料产业化重点发展指导目录（第一批）》《绿色建材产业高质量发展实施方案》等文件精神为指导，坚持需求牵引与战略导向，针对新一代信息技术、新型能源材料、高端装备用特种结构材料、特种功能材料、新型生物医用材料、生物基材料等领域的新需求，采取有力措施，加快我国先进无机非金属材料的创新发展。着力构建以企业为主体、以高校和科研机构为支撑、以产学研用协同创新为基础的先进无机非金属材料产业体系；加大投入，夯实新材料理论与技术基础，在材料基础、共性领域以及交叉、前瞻性领域，争取取得重大原创性成果，在产业基础领域，以头部企业为主导，通过产学研用紧密结合，全面提升产业基础能力；推进新材料研发与制造的数字化、智能化，加快数字化技术、人工智能技术与材料基因工程技术在新材料研发中的应用；紧密围绕国家重大需求，研发一批重点材料，力争实现受制于人的关键核心技术突破；着力突破以建筑材料为代表的一批新材料、关键工艺技术与专用装备，培育一批先进无机非金属材料领军企业，壮大先进无机非金属材料产业，不断提升我国先进无机非金属材料产业的国际竞争力，为传统产业转型升级提供新动能，为我国新兴产业发展战略目标提供有力支撑。

5.1 "十三五"、"十四五"取得的成果

国家科技部在"十一五"至"十四五"期间,对高性能结构材料、建筑围护结构材料、室内装饰装修材料等建材的绿色制造、工业应用和评价进行了全面支持,完善了标准体系,形成了"硅酸盐建筑材料国家重点实验室""绿色建筑材料国家重点实验室"等国家级研发平台和稳定的人才队伍,为我国新型城镇化建设、海洋强国战略、"一带一路"倡议、精准扶贫等提供了科技支撑,实现了我国建材工业由弱变强、从量变到质变的飞跃发展。

绿色建材领域在"十三五"期间支持高性能结构材料、围护结构材料、室内装饰装修材料、地域性天然原材料及固体废物资源化利用等方面重点研发计划项目8项,形成的重要成果推动了绿色建材领域的科技创新发展。

在水泥基高性能结构材料关键技术研究方面,项目围绕"UHPC材料—构件—结构—应用全产业链"的总体思路,分别在UHPC微结构形成与多尺度性能调控、UHPC关键原材料的设计与构筑、UHPC规模化制备与性能评价、UHPC修复材料制备与应用技术、UHPC构件的设计理论和方法、UHPC装配式结构体系设计方法与应用研究6个方面开展系统研究;并提出了基于性能需求的UHPC纳观→微观→细观→宏观多尺度调控理论,构筑了强键合的流变调控聚合物外加剂、微纳米降黏功能材料、无机膨胀材料和有机减缩外加剂,形成了系列UHPC主动调控方法与功能化制备技术,建立了UHPC单、多轴本构模型,构建了UHPC构件的设计理论,研发了具有自重轻、装配率高、施工快捷、耐久性好、少维护、造价有竞争力等优点的3类UHPC装配式桥梁结构体系和可显著提升后浇节点区域施工效率和抗震性能的新型UHPC装配式建筑框架结构。实现了核心材料产业化,促进了UHPC材料制备与结构设计标准化,从而推动了我国绿色建筑和建筑工业化发展进程。

在高性能建筑结构钢材应用关键技术研究方面,主要以高性能建筑结构钢材为研究对象,以材料生产工艺、力学性能研究,试验研究,理论推导,数值模拟和工程应用、创新体系开发相结合的研究手段,开展以下几方面研究:一是高强结构钢典型构件和节点的设计理论、结构抗震构造措施;二是耐火钢、耐候钢、不锈钢材料设计指标和构件及节点设计理论;三是高效截面型钢、纵向变截面钢板、轧制金属复合板典型构件的受力机理;四是高性能、大直径、高强耐候索预应力装配式结构节点及体系受力机理;五是高性能结构钢配套的连接材料;六是连接技术开发及其性能评价方法

等。研究成果为高性能建筑结构钢材的工程技术进步和产业应用提供了关键支撑。

在建筑围护材料性能提升关键技术研究方面，围绕典型气候区围护结构系统耐久性与功能性协同设计理论与方法、围护材料性能协同提升技术、围护结构与功能材料一体化工业化技术、围护结构与功能材料一体化体系集成技术等方面展开研究。通过典型气候区围护材料劣化机理研究，创建围护结构系统耐久性与功能性协同设计理论与方法，大幅提升了围护结构热工性能，进而研究围护结构与功能材料一体化部品工艺技术，集成创新围护结构与功能材料一体化体系，实现了围护结构材料与功能材料一体化、工业化、与主体结构同寿命。

在功能型装饰装修材料的关键技术研究方面，针对新型功能材料组分结构与性能之间的构效关系、复杂服役环境下材料及制品性能演化机理等关键问题，从室内环境净化、蓄能等功能材料的规模化制备技术研究切入，聚焦关键核心技术，开展了功能材料的规模化制备与应用、功能型装饰装修制品开发与示范、装饰装修一体化板材生产和应用装配技术等方面的研究，建立环境影响数据库，开发选材技术与全生命周期绿色度评价体系，同步打造配套软件，实现装饰装修材料的绿色化、工业化制造，探索新技术、新装备在装饰装修中的应用；基于上述成果，完善绿色度评价指标体系及相关标准，为功能型装饰装修制品的绿色化、工业化制造及应用提供精准指导。

经过多年发展，形成了室内材料和物品VOCs/SVOCs散发特性预测和调控技术、室内VOCs和气味污染源快速识别技术及装置、净化功能材料规模化制备及应用技术、常温相变材料及制品规模化制备及应用技术、装配式部品及一体化集成技术、海绵城市透水材料制备关键技术、火山灰渣制备绿色建材关键技术等重要成果。室内材料和物品污染物散发标识体系、净醛纸面石膏板、火山灰渣、海砂混凝土等成果在上合组织峰会青岛奥帆中心、北京城市副中心、解放军306医院、肯尼亚内—马铁路、岛礁防护坡等国家重大工程、岛礁工程中进行了应用。建材工业消纳生活垃圾、污泥、尾矿等固体废物超过10亿吨/年，绿色建材在新建建筑中的应用达到30%以上，有力地保障了国家建筑节能50%、75%的标准和超低能耗建筑体系的实施。

5.1.1　标志性成果一：超高性能混凝土功能化制备与规模化应用关键技术

面对土木工程建设和结构体系创新的重大需求，发展具有超高强度、超高韧性、超高耐久性的超高性能混凝土（UHPC）刻不容缓。UHPC具有极低水胶比、大量化学外加剂和不同活性微纳米组分等特征,其凝结硬化、水化产物、孔隙结构及宏观性能与普通混凝土存在明显差异。传统混凝土设计方法难以对UHPC力学性能进行准确设计及性能预测,UHPC关键性能调控存在巨大的技术难题。

我国研发人员聚焦UHPC功能化制备与规模化应用过程中亟待解决的黏度大、施工难且脆性大、弹模低等国际难题,发展了UHPC多尺度设计方法,建立了CSH凝胶的纳观分子模型、复杂胶凝体系微结构演变模型、细宏观尺度下骨料和纤维的动态堆积模型,率先提出了基于性能需求的UHPC纳观→微观→细观→宏观多尺度性能诱导调控技术(见图5-1)。发明了高减水、高降黏流变调控聚合物外加剂和低湿度敏感、高效收缩控制等关键功能材料,形成了"材料构筑—可控制备—产业化"的成套技术,提出了基于功能需求的UHPC性能主动调控方法,实现了UHPC规模化稳定制备,突破了国际上必须蒸汽养护和无法使用粗骨料的限制。该项成果创新了千米级斜拉桥组合结构及装配式结构节点连接等新型式,引领了国际上UHPC工程化应用进程。世界首创的粗骨料UHPC桥面板成功应用于南京长江第五大桥,桥面板厚度降低了39%,疲劳寿命延长了3倍,解决了超大跨径混凝土桥梁挠度大的国际难题;强抗拉、高应变硬化UHPC实现了钢筋免绑扎、免焊接的简易连接,降低湿接缝宽度50%以上,突破了装配式结构弱节点应用困境。同时,相关部门牵头主编多部国内外UHPC标准,推动了UHPC标准化进程,推动了我国超高性能混凝土制备和应用技术创新。

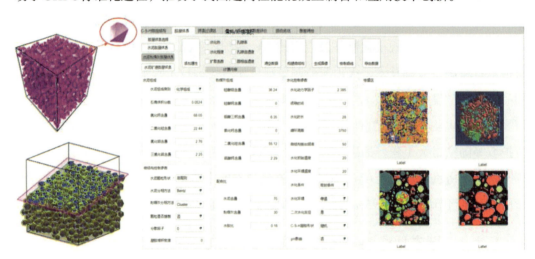

图 5-1　基于性能需求的 UHPC 纳观→微观→细观→宏观多尺度调控理论

5.1.2　标志性成果二：净化功能材料及制品规模化制备与应用

在无机氮掺杂纳米二氧化钛可见光催化液规模化制备方面，针对光催化对于传统有机体系兼容性差的问题，创新开发了无机分散体系及工艺装备，建成了年产500吨的光催化液示范生产线，实现了批量化生产，产品对于典型细菌、病毒等杀灭率超过了99%。该成果经验收专家评定为国际领先水平。该成果解决了材料在强吸水基材和憎水光固化涂层表面的负载难题，开发了抗菌净化矿棉吸音板和抗菌净化无机装饰面板产品，建成了年产300万 m² 的示范生产线。"高性能纳米氮掺杂二氧化钛可见光响应光催化材料的规模化制备及产业化应用技术"获得2019年中国产学研合作创新成果一等奖。

在矿物负载纳米催化净化材料的制备及应用技术研究方面，为解决矿物负载空气净化材料活性差与工业化制备的问题及现有抗菌材料安全性、持久性和抗菌抗病广谱性不足的问题，开发了高效、持久矿物负载型净化抗菌功能材料及其在装饰装修制品中的应用技术。研究人员利用多孔矿物大比表面积和表面吸附特性，选择常温成核与生长工艺对纳米 TiO_2 进行原位晶粒生长控制，建立了成本与性能双优的工业化生产试验线（见图5-2）；通过优选有机天然植物抗菌材料，经孔道填充和掺杂法将提纯的抗菌抗病毒组分负载于多孔矿物孔道内，制备出适用于多种建材制品中的复合抗菌抗病毒材料。目前，已将矿物负载空气净化材料和抗菌、抗病毒材料应用在无机壁材（硅藻泥）、石膏板、矿棉板、水性涂料等装饰装修制品中，其对甲醛净化效率和净化持久性超过90%、抗菌率超过99.9%，对H1N1病毒具有灭活性的优异空气净化功能，并实现了净化抗菌建材的规模化示范应用。由此形成了"净醛纸面石膏板制备技术"和"多孔矿物负载植物抗菌抗病毒材料的制备与应用技术"两项新技术，达到国内领先水平。

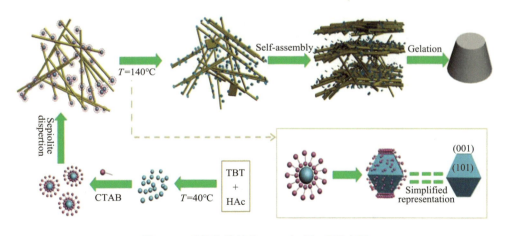

图 5-2　矿物负载纳米 TiO_2 合成机理示意图

在常温相变材料制品规模化制备与应用研究方面，针对常温相变材料及其建筑装饰装修材料在性能、应用等方面的重要技术难题，开展高性能或长寿命常温无机相变材料设计与规模化生产、常温相变材料封装及建材制品规模化制备与应用等技术的研究。根据氯化钙水合盐相图、结晶成核及黏度增稠控制等理论，优选改性材料对氯化钙水合盐进行复合改性，调节材料过冷度并抑制相分离，有效解决了常温无机相变材料过冷和相分离影响储热性能及循环寿命的重要技术难题，并实现规模化的制备生产（见图5-3）。

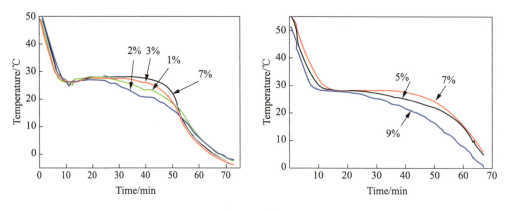

图 5-3 不同成核剂和悬浮剂掺量相变材料的步冷曲线

固—液相变型储能材料在相变温度以上环境中呈流动性液态，需要对其进行封装后才能应用于建筑材料领域。然而，现有相变材料封装技术存在的材料泄漏、腐蚀、导热性差等问题，严重制约了相变材料在建筑材料领域的应用。相关研究人员通过分别对相变材料的宏观和微观封装技术进行研究，开发了新型的相变材料封装技术。以具有高导热性的铝塑复合材料和耐蚀性的聚乙烯材料为基础，开发了扁平状袋式和板式封装构件，有效解决了无机相变材料封装构件泄漏、腐蚀等技术问题。在微观封装技术方面，基于聚合诱导相分离的原理，利用乳液聚合技术，开发了以无机二氧化硅为壳层的相变储能微胶囊。与有机微胶囊相比，二氧化硅壳层微胶囊具有更好的阻燃性能、乳液稳定性、尺寸均一性及可控性，熔值保有率高达90%以上，并已实现吨级生产。铝塑复合袋式、PE板式封装构件成功应用于相变储能地暖、吊顶工程和相变储能集成板等相变储能建材的开发，无机壳材相变微胶囊成功应用于相变储能石膏板的开发，形成了相变石膏板规模化制备优化工艺，并进行了规模化生产（见图5-4）。相变石膏板的相变潜热达到334.9 kJ/m²，经5 000次冷热循环后其相变潜热衰减率为8.98%。研究人员通过建立相变试验房，实际验证相变石膏板对室内温度及建筑能耗的调控作用，研发的相变石膏板可以有效调节室内温度，节能效果达到10%。

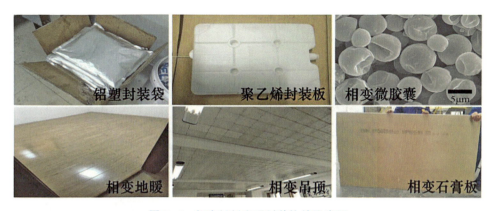

图 5-4　相变材料宏观封装构件及应用

5.1.3　标志性成果三：战略性新兴产业固体废物制备高性能保温材料

工业固体废物大掺量高效利用的技术基础是其具有足够活性，可以取代高活性的人造原料。常规的固体废物活化方法包括粉磨、碱激发、热激发等多种方式的组合。这些方式主要面向的是将废弃物用于混凝土、砂浆等常规建材，而对锂渣、黄金尾矿等非活性或低活性工业废渣，采用相同的活化方式将导致废弃物掺量低、材料性能差的问题。因此，需要针对低活性固体废物如锂渣开发物理—化学耦合等高效活化和改性技术，在提高废弃物活性的同时，解决锂渣高吸水、低pH的问题；针对黄金尾矿，研发有机—无机复合激活的方法，为大掺量利用固体废物制备新型保温材料奠定了基础。（1）建立以矿物相定向转变为目标的固体废物预处理与活化基础理论，并用于指导战略性新兴产业固体废物高效低能耗制备建材。针对锂渣等固体废物中含有H_2SO_4等有害杂质，难以使其建材化利用的问题，提出了锂渣有害杂质固化原理，研发了有害杂质稳定、固化的方法；在此基础上，建立了锂渣高效活化与建材化过程协同的基础理论，开发出锂渣基（掺量≥70%）轻质、高强、保温材料和锂渣基低密度（≥55%）、轻量化墙体装饰板［导热系数≤0.05 W/(m^2·K)，体积吸水率≤1%］。（2）形成大截面发泡窑断面温度场控制技术。针对非活性工业尾矿（以钼尾矿为代表），开发以加压注泡和高温玻化为代表的孔结构调控技术和大截面发泡窑断面温度场控制技术，制备高掺量大尺寸非金属尾矿基泡沫陶瓷保温材料或板材。（3）研发出黄金尾矿基高温保温材料并实现出口。针对非活性工业尾矿（以黄金尾矿为例），开发颗粒非活性尾矿热压界面增强接枝交联活化与孔径梯级调控工艺技术，形成有机—无机复合的保温板材制备工艺技术。结果表明，平均尾矿掺量在75%以内，力学性能优异，吸水性低，平均导热系数为0.047 W/(m²·K)，符合日本标准的不燃等级。

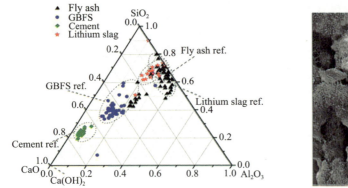

图 5-5　锂渣 CaO–SiO₂–Al₂O₃ 三元相图及目标矿物相

5.1.4　标志性成果四：地域性天然材料在国内外混凝土工程中应用关键技术

随着我国基础设施建设和国家"一带一路"倡议的不断推进，混凝土作为最大宗的建筑材料，全球年用量超过50亿m³。因地制宜、因材制宜，通过技术和工艺创新，充分利用建设工程当地的天然原材料，并确保混凝土性能和工程质量，满足工程建设需要，是国内外混凝土工程技术、社会发展的必然趋势。相关研究人员围绕开发利用地域性天然材料制备绿色高性能混凝土及其应用技术，从"石—砂—粉"体系开展系统研究和应用技术开发。（1）围绕我国和东非地区不同类型天然火山灰质材料的制备和应用，优化了低能耗粉磨技术，提出了火山灰中有效碱含量的测试方法与计算法则，建立了不同类型天然火山灰质材料质量控制的技术指标体系及其混凝土的配制技术和施工工法，形成了非洲高温干旱地区混凝土内、外协同的养护技术，制定了若干标准化技术文件，为肯尼亚蒙—内和内—马铁路提供了天然火山灰掺和料制备及其混凝土的应用技术，推动了中国技术和标准在"一带一路"地区的属地化实施（见图5-6）。（2）提出机制砂品质快速评价和石粉吸附性表征的试验方法，规定了分计筛余作为机制砂级配的控制指标，编制了引领我国高品质机制砂技术发展方向的行业标准《高性能混凝土用骨料》。建立了基于高石粉含量机制砂混凝土的配合比设计方法，采用非洲的火成岩机制砂制备了铁路轨枕用高强混凝土，提高了轨枕的外观质量，降低了轨枕生产成本，实现了机制砂在海外铁路工程预应力高强混凝土构件中的规模化应用。（3）研究了不同岩性石粉作为掺和料在混凝土硬化过程中的作用机理和含不同岩性石粉的混凝土长期性能的发展规律，应用地域性材料研发的石粉基复合掺和料保障了云临高速公路工程的混凝土生产和供应；发明了超细石粉基功能型复合掺和料，解决了高强混凝土拌合物黏度大等难题，成功应用于我国首个120 m全混凝土风电塔筒C85顶升自密实混凝土工程（见图5-7）。

图 5-6　内—马铁路　　　　　　　图 5-7　混凝土风电塔筒

目前，该项成果已经应用于"一带一路"工程肯尼亚蒙—内铁路、内—马铁路、肯尼亚内罗毕西环路、马达加斯加首都国际机场与欧洲大道连接快速路项目等，以及我国重大工程项目云凤高速、云临高速、贵南客专、弥蒙铁路、深中通道等。其中代表性成果被我国新华社、肯尼亚国家电视台及肯尼亚《旗帜报》等国内外媒体报道，产生了显著的经济效益和社会效益，发挥了良好的国际工程示范效应。

5.2　发展趋势

5.2.1　发展现状

当前，人类社会正在经历第四次工业革命时代，人工智能、无人驾驶、物联网等技术正在多个领域改变人们的生活。随着全球化不断深入，国家间数字和虚拟系统的互联互通，人类社会逐渐迈入"全球化4.0"时代。至此，全球经济中决定性的竞争优势将不再来自低成本生产，而更多地来自创新、自动化和数字化能力。在此背景下，全球新材料产业竞争格局正在发生重大调整。无机非金属材料与信息、能源、生物加速融合，大数据、数字仿真等技术在材料研发设计中的作用不断突出，"互联网+"、材料基因组计划、增材制造等新技术新模式蓬勃兴起，新材料创新步伐持续加快，国际市场竞争将日趋激烈。

国外高度重视建筑用无机非金属材料的研发与应用，形成了绿色低碳、功能智能、安全耐久等发展方向。在政策方面，自2009年IBM向奥巴马政府提出"智慧星球"以来，美国、欧盟、日本等出台了"绿色重塑能源模拟计划""智慧城市：商业模式、技术及现行计划"等政策，为有关材料的发展提供了政策支撑。此后，哈佛大学、IBM、BASF等知名大学及企业积极参与相关技术研发，开发了自修复混凝土、自调节混凝土等智能混凝土材料及辐射制冷材料等，推动了原航天航空用气凝胶等产品向民用转化，形成了诸多世界领先的产品系列，并建成了巴林世贸中心、杜克能源中心大厦等代表性建筑。我国目前已在高性能结构材料、低碳围护结构材料等方面形成了完备的研发与产业化体系，部分材料的相关技术、经济指标达到或超过了国际领先水平。但仍需加大前沿尖端结构与围护结构材料方面的研发力度，加强关键技术的示范性、规模化应用，助力实现建筑领域向智能、功能、绿色低碳转型与高质量发展。

不断提高绿色建材水平是建材发展的重要内容。"十三五"和"十四五"期间，本领域针对绿色建筑材料与结构体系制备和应用过程中存在的"寿命、环保、安全"的重要科学问题，深入开展高性能结构材料、围护材料、装饰装修材料及地域性特殊原料、固体废物制备绿色建筑材料的应用基础研究和转化开发。实现钢化玻璃自爆率低于0.003%，远低于国际标准（0.3%）；通过气凝胶等改性技术大幅提高真空绝热板等高效节能材料的性能，使保温材料导热系数由"十二五"期间的 $0.03 \sim 0.04$ W/($m^2 \cdot$ K) 降低至 $0.002\ 5$ W/($m^2 \cdot$ K)，并参与制定国际标准；研发的门窗系统达到并超过德国被动房标准要求。瞄准我国新型城镇化、科技精准扶贫和发展绿色建材战略，以风积沙、海砂、火山灰渣、膨润土、秸秆等地域性天然原料为研究对象，研究了海绵城市建设用透水材料制备和应用、利用地域性天然原料制备混凝土和绿色建材产品及应用、利用秸秆制备建筑部品及应用等关键技术，实现了大规模、高效、科学地"盘活"地域性原料。在国际上首次开展锂渣、钼尾矿、黄金尾矿等战略性新兴产业大宗固体废物制备新型保温材料、墙体材料、装配式节能板材等绿色建材，实现大宗固体废物资源化率达98%以上，污染土壤制备的轻集料非挥发性重金属固化率达到99.9%，环境安全性等指标达到国际先进水平。与此同时，绿色建材产业标准也取得较大突破。

2017年12月，质检总局、住房和城乡建设部、工信部、国家认监委、国家标准委五部委联合印发《关于推动绿色建材产品标准、认证、标识工作的指导意见》（国质检认联〔2017〕544号），推动《国务院办公厅关于建立统一的绿色产品标准、认证、标识体系的意见》（国办发〔2016〕86号）在建材产品领域率先落地实施。2018年，由住房和城乡建设部科技与产业化发展中心主编的中国工程建设标准化协会标准《绿色建材评价标准—预制构件》等52项标准（送审稿）通过审查，审查组专家一致认为，送审标准总体水平达到了国际先进水平，标志着我国绿色建材评价标准与国际先进标准并肩。绿色建材产品标准涉及产品品类之广、覆盖之全，将对建材产品绿色评价体系产生重大影响。

智能建材是智慧城市的关键组成部分之一，也是建材发展的重要方向。智慧城市的发展轨迹"1.0版"指的是数字化，"2.0版"指的是网络化，"3.0版"指的是智能化，"4.0版"指的是智慧化。截至目前，全国100%的副省级以上城市、76%以上的地级城市和超过32%的县级市，总计大约500座城市已经明确提出或者正在建设新型智慧城市。但我国大部分的城市还停留在"1.0版"和"2.0版"，与其配套的智能建材的研发和应用也仍停留在少量应用、智慧不足的阶段；同时，在建材生产方面，中国建材等国家大型企业开展了大量的智能工厂建设探索，水泥、卫生陶瓷、石膏板等传统建材的"无人工厂"布局和初步建设日益提上日程。

建材的国际化发展是提高我国建材核心竞争力，保障行业持续发展的重要支撑。"一带一路"建设是对全球国际合作及全球治理模式的全新探索，对于推进经济增长和供给侧结构性改革，开创地区新型合作关系，具有划时代的重大意义。以中国建材为代表的我国建材行业凭借自主知识产权的水泥和玻璃工程设计和技术装备能力，在全球范围内推行水泥和玻璃行业的中国制造、中国标准。在水泥方面，已在75个国家承接了312条大型水泥成套装备生产线，占全球新建水泥生产线的65%，连续9年保持全球水泥工程市场占有率第一；在玻璃方面，在"一带一路"共建国家总包或设计了近60条生产线。不仅使发展中国家、发达国家和跨国公司都购买、采用中国的水泥和玻璃装备，而且在参与"一带一路"建设过程中，始终坚持突出中国品牌、中国技术，突出一流品质、一流信誉，坚持输出先进技术和优势产能。此外，我国建材行业还积极与法国施耐德、日本三菱等跨国公司在水泥、玻璃、光伏等领域合作，将中高端装备与发达国家的高端技术结合起来，联合开发第三方市场。

5.2.2　发展需求

截至2035年，我国老年人口将达到4亿，从劳动力供给看，密集劳动型建筑制造技术将难以为继；从产品需求看，建筑对环保、健康、安全、便捷的需求会推动典型建材产品的功能化、绿色化，监测检测技术与信息技术的有效融合将提升至一个新的高度。

一方面，新型绿色建材产品和全屋装配式建筑基本可满足对低碳、低能耗、环保，以及可循环性的要求。可依托环境功能建材产品、智能选材设计系统、智能通风控制系统、智能化监检测系统等关键技术，有效融合信息技术，实现建筑自身对室内化学污染、颗粒物污染、电磁辐射污染、微生物污染，以及温湿度、CO_2浓度等人居舒适度指标的智能化控制，建立建筑室内环保及人居舒适度综合管理系统，基本实现可视化、数字化、精益化、智能化，以及人机友好互动。相关关键技术处于国际领先水平，并实现在"一带一路"共建国家的广泛应用。

另一方面，截至2035年，我国30亿 m^2 以上的既有建筑外围护材料中近一半将进入或超过使用寿命期，同时将有近100亿 m^2 的室外健身及运动场地处于使用阶段，现存近100万 km 的地下管道一半以上服役时间超过20年。针对可能发生的潜在健康安全威胁，需建立室外服役材料全生命周期健康安全大数据智能标准化管理平台，对既有或新建建筑室外服役材料的标准体系及健康安全实现精细化管理。

随着5G、传感器等新兴技术的不断成熟，智能化也成为城镇化和城市发展的趋势。与人工智能、大数据、新材料、新能源等技术的跨界融合，将促进产业形态、产业结构、产业组织方式的创新。信息互联网技术的应用缩小了国家之间的距离和文化之间的差异，一方面，要认清我国在高速城镇化过程中面临的短板，通过国际化手段汲取发达国家先进理念和技术，由跟跑转为并跑甚至领跑；另一方面，对于我国在部分领域处于先进水平的技术超前部署谋划，使我国该领域技术在更多的关键技术上实现国际领跑，促进技术成果转化和产业化。

5.2.3 基本原则

指导思想：深入贯彻创新、协调、绿色、开放、共享发展理念，面向世界科技前沿和国家重大需求，贯彻执行《中国制造2025》《国务院关于化解产能严重过剩矛盾的指导意见》《绿色建筑行动方案》等国家关于建材产业政策，以新型工业化、城镇化等需求为牵引，加大产业结构调整力度，全面增强本领域自主创新能力，掌握新一轮全球本领域技术竞争的战略主动，将科技创新、平台基地建设、体制机制创新协同推进统筹考虑，提高建材产业科技含量和产业集中度，促进产业升级，实现建材工业和建筑业稳增长、调结构、转方式和可持续发展，大力推动绿色建筑发展、绿色城市建设。

基本原则：坚持绿色发展，全面促进建材行业向高科技、高端、绿色发展；坚持创新驱动，面向新时期城镇化高质量发展需求，积极推动生态建材领域与人工智能、新材料、新能源等领域的深度融合与科技创新，实现我国生态建材的绿色化、智能化及国际化发展，为全面建成社会主义现代化强国提供有力支撑。

5.3 发展重点

"十四五"期间，紧密围绕市场需求，成功提升了先进无机非金属材料性能，突破了一系列重大共性关键技术，强化了技术装备制造及其应用，全面加快先进无机非金属材料产品结构的调整步伐，积极拓展精深加工与高附加值品种，显著提高关键战略材料生产研发比重，深入推进无机非金属材料产业的供给侧结构性改革。在此期间，组织重点材料生产企业与龙头应用单位联合攻关，成功建立起面向重大需求的先进无机非金属材料开发应用模式，鼓励上下游企业携手实施重点项目，通过产学研用协同促进的方式，加速实现先进无机非金属材料创新成果的转化落地。

"十五五"期间，围绕结构材料、围护材料两大类型，聚焦绿色低碳、功能智能、安全耐久三大主题，重点突破"智能化长寿命功能结构材料开发与应用技术""节能功能耦合型低碳围护材料开发与应用技术""低碳结构材料与围护材料基础数据库构建"，攻克"基于人工智能的未来住宅用建筑材料功能协同设计理论与方法""特殊极端环境下特种结构与围护材料"等方面的"卡脖子"问题；大力研发并推广"快速加固用高强高韧结构材料开发与应用技术""住宅围护结构低碳更新改造材料开发与应用技术"，支撑我国既有建筑绿色低碳、长寿命、功能等升级改造。在装饰装修材料及应用技术方面，围绕绿色低碳、功能耦合、智能健康、安全耐久四大主题，重点突破"住宅室内环境营造健康智慧材料制备与应用""未来住宅室内融合场景多层多维数字化模型建构技术""基于多模态生成技术的装修形态视、知觉感知技术与平台"，攻克"室内健康部品部件设计、制备和应用技术""装修部品部件与节点接口高效标准化技术"等"卡脖子"问题，解决住宅常见的应用短板及质量通病；研发并推广应用"便捷拆装与易维护及微影响装配化装修技术体系"，实现建筑装饰健康、宜居。

总体而言，未来将把握先进无机非金属材料技术与信息技术、纳米技术、智能技术等融合发展趋势，追赶世界先进水平，更加重视原始创新和颠覆性技术创新，加强前瞻性基础研究与应用创新，制定重点品种发展指南，集中力量开展系统攻关，形成一批标志性前沿先进无机非金属材料创新成果与典型应用，抢占未来产业竞争制高点。

先进玻璃基材料及制品。重点发展高世代 TFT-LCD 平板显示器玻璃基板、OLED

玻璃基板、高强高铝硅触摸屏盖板玻璃、高性能多功能镀膜玻璃、高纯石英玻璃及制品、激光玻璃、防辐射玻璃、光伏玻璃基材料及光伏光热建筑一体化部品部件等产品。

高性能无机纤维及复合材料。重点发展高性能碳纤维、玻璃纤维、玄武岩纤维、碳化硅纤维等无机纤维，大尺寸异形截面复合材料制品，纤维增强热塑性复合材料，高性能超细玻璃纤维及其制品。

先进陶瓷。重点发展以氮化硅、碳化硅、氧化锆为主的高温结构陶瓷，新型无铅压电陶瓷、透明陶瓷、透波陶瓷、过滤陶瓷等结构功能一体化特种陶瓷，以及耐磨陶瓷、陶瓷绝缘子、陶瓷刹车片、陶瓷轴承、陶瓷换热器、蓄热陶瓷板、半导体用陶瓷及生物陶瓷等产品。

矿物功能材料。重点发展基于石墨、石英、硅藻土、硅灰石、膨润土、高岭土、海泡石、凹凸棒石黏土、云母、滑石等我国重点优势矿种的用于节能防火、填充涂敷、环保治理、储能保温、生物医用、电子信息、能源、冶金、化工、纳米材料、海洋资源开发等方面的矿物功能材料。

人工晶体。重点发展高品质人造金刚石和金刚石膜、4～6英寸LED用蓝宝石晶体衬底、新型中红外激光晶体、非线性光学晶体、高端医疗装备和安全检测设备用闪烁晶体、第三代半导体晶体材料等产品。

新型耐火材料。重点突破隔热耐火材料低导热技术，发展低导热、长寿命隔热耐火材料和高端玻璃窑用熔铸耐火材料。

石墨烯。重点发展系列化、标准化、低成本化石墨烯粉体材料及其改性材料，低成本石墨烯薄膜及基于石墨烯薄膜的制品。

气凝胶。重点研发一批形貌、尺寸、组成均一的气凝胶产品并在热力输送与建筑保温等领域推广应用。

5.4 发展目标

5.4.1 先进无机基础材料

5.4.1.1 先进玻璃基材料

（1）突破"10.5代"及以上TFT-LCD和OLED面板用玻璃基板生产的核心工艺技术

装备，实现成套装备国产化。

（2）实现超薄高铝玻璃国产化、原片生产和加工的核心技术装备的国产化，并达到国际先进水平，满足我国智能终端等显示屏应用发展需求，同时在机车领域开始应用。

（3）实现柔性超薄玻璃在柔韧性、抗冲击性、R2R制程上的突破；攻克300 PPI分辨率中小尺寸柔性AMOLED显示屏制备技术，可弯曲直径＜1 cm。

（4）新型高性能多功能镀膜玻璃（三银及多银低辐射镀膜玻璃、减反射玻璃、光控玻璃、高温无机彩釉喷墨玻璃等）自主创新成套技术装备达到国际先进水平。

（5）突破CIGS薄膜电池、CdTe薄膜电池规模化生产技术，提高国内自给率；推进BIPV部品部件生产和应用技术的提高，实现大规模工程应用。

（6）提高高纯石英原料的勘探、检测、鉴定、提纯、后续应用加工能力，突破高纯石英砂制备技术、高纯光纤管、半导体用12英寸以上扩散管制备技术，突破1 m大尺寸高性能石英玻璃制备工艺及成套装备，实现"纯度、均匀性、激光损伤阈值"三项关键技术指标达到国际先进水平，生产工艺及装备完成中试验证。

（7）实现先进玻璃基材料及制品的智能化制造。

（8）突破光伏建材受自身的防火性能等级、在运行过程中较高的温度及直流高压等因素的制约，实现规模化应用示范。

5.4.1.2　先进陶瓷

（1）进一步提升500 mm以上碳化硅陶瓷工件台、洗盘、托盘等部件的制造技术，以及12英寸硅片配套部件制造技术，完善高精度、复杂结构碳化硅陶瓷产品、高精密运动陶瓷平台等关键产品的制造及组装能力，建成具有我国自主知识产权的集成电路用陶瓷基板产品的连续生产线，实现产业化目标，形成一定生产规模，解决集成电路用陶瓷基板高端材料依赖进口的难题，为先进半导体及光电制造装备提供配套产品。

（2）高端制造装备用结构陶瓷材料及性能控制技术研究在提升结构陶瓷材料复合性能的关键技术方面实现突破。

（3）突破精细微结构陶瓷部件、大尺寸低维度陶瓷部件、微小集成化陶瓷部件等近净尺寸成型烧结、无模成型、多表面化学气相沉积等专用制造关键技术。

（4）突破陶瓷材料深孔/通道/微结构超精加工、低粗糙度表面加工、多表面集成加工等精密陶瓷部件/器件超精加工共性技术。

（5）突破集成电路用陶瓷基板材料制备技术和装备，并形成一定的产业规模。

（6）3D陶瓷打印技术装备研究和产业化取得突破性进展。3D打印用陶瓷材料的基础理论和系列化3D打印用陶瓷材料产业化生产技术实现突破，建立3D打印零件的标准体系和完整产业链；突破适用于苛刻环境的高性能陶瓷纳滤膜材料、3D打印用陶瓷材料及其成形技术，提升应用于航空航天领域的超高温柔性陶瓷基隔热材料批量化生产的稳定性及测试水平。

5.4.1.3　人工晶体

（1）提升6英寸及以上高质量SiC、GaN晶体的生长技术及其加工工艺，提高国产SiC、GaN晶片质量和成品率。

（2）突破高光输出、快衰减、大尺寸铈激活新型稀土闪烁晶体制备技术，溴化镧闪烁晶体形成规模化生产能力。

（3）高利用率、大尺寸、高品质蓝宝石晶体及衬底生长技术进一步提高，生产成本降低。

（4）实现非线性晶体材料产业化。

5.4.1.4　高性能纤维及复合材料

高性能碳纤维生产工艺是未来重点关注的领域，但是目前在国外及中国的专利申请量并不是很大，只有东丽株式会社等技术实力较强的企业涉足这一领域。虽然高性能碳纤维工艺的研发难度较大，但是该领域中的技术空白点较多，建议进行有针对性的研发，找到技术突破点。碳纤维复合材料是目前和未来各企业研究的重点技术方向，建议加大对碳纤维复合材料产品的研发力度。目前，我国在碳纤维制备工艺方面的研究较多，并且集中在聚丙烯腈原丝的制备、处理，原丝的预氧化、碳化及表面处理与上浆工艺上，同时碳纤维生产过程中产生的废丝、废气、废油剂回收与处理相关技术的专利申请也占据一定比重。在"十四五"期间，着重发展了以下4个方面：

（1）加大了碳纤维复合材料的应用推广力度，尤其是在风电叶片、储氢气瓶、汽车方面的应用。发展出了可用于风电叶片的拉挤复合材料，攻克了超大型风电叶片精细化、轻量化设计和高效制造技术，大克重碳纤维预浸料和织物制造技术，以及在汽车上应用的碳纤维 SMC、RTM、预浸料等工艺技术。

（2）开展了先驱体转化法制备连续纤维增强陶瓷基复合材料工艺技术、聚氨酯拉挤工艺技术、耐磨复合材料工艺技术等基础研究；同时，开展了复合材料六轴缠绕机、低成本预浸料工艺技术、轻量化复合材料结构，以及复合材料有限元程序开发、功能复合材料、新型结构复合材料、大型复合材料结构制造等共性关键技术研究。

（3）开展了舱段和发动机复合裙一体化制造技术、新型复合材料发动机壳体设计制造技术、耐高温阻燃型树脂及工艺技术、新型复合材料结构、高精度复合材料缠绕装备设计制造技术等应用技术领域课题的研究。

（4）突破了连续纤维增强热塑性复合材料（CFT）的工艺与装备，建设了热塑性复合材料智能化生产示范线，提升并推广了热塑性复合材料智能化生产技术，实现了规模化生产。

此外，正全力突破玄武岩纤维池窑化生产关键核心技术，力求让综合成本比单台坩埚拉丝炉降低 15% 以上；同时，也在积极突破纤维表面处理浸润剂技术，加紧研发适于不同需求的玄武岩纤维产品，持续突破其在交通基础设施、电力、轨道交通车辆、汽车轻量化、电力、环保和消防等重点领域的应用 。

5.4.2　低碳节能建材

5.4.2.1　建筑围护系统

围绕绿色建筑节能舒适和新型工业化需求，研发高性能无机类高效隔热外墙、屋顶及围护结构及制品；研究幕墙、外窗和天窗系统等保温与遮阳性能独立调节透明围护结构，以及窗墙面积比智能可调的组合式围护结构；研究产能智能围护结构；研究环控末端一体化的动态围护结构及其智能控制系统。

围绕超低能耗、近零能耗建筑急需的高性能围护结构需求，分别研发严寒、寒冷、夏热冬冷、夏热冬暖地区多功能一体装配式剪力墙外墙体系，其中，严寒、寒冷地区应集结构、防火、耐候、保温、装饰于一体，夏热冬冷地区集结构、防火、耐候、保温、隔热、装饰于一体，夏热冬暖地区集装饰、隔热、耐候于一体且可实现被动辐射制冷，研发集装饰、防火、保温、耐候于一体的装配式框架体系复合外墙。

针对主动节能和被动节能技术耦合、节能标准不断提高的现状，开发新型热二极管型保温墙体、耐火型高效无机保温材料等，满足超低能耗建筑及太阳能建筑功能需求；开发可响应大容量储能（电、光、热）建筑材料，实现其在建筑、市政等工程上的应用；研发菌丝体基、生物基等新一代生态围护功能材料，满足生态健康住宅要求；研发自适应、自调节等智能型墙体、门窗、涂料等关键围护材料，满足建筑智能化发展需求。

5.4.2.2 低碳材料

1.节能玻璃

针对建筑外窗系统节能和节材的双重需求，开发既有建筑外窗改造用高效节能薄型中空玻璃及其替技术；研发新建建筑用节材薄型中空玻璃与外窗系统；研究电致变色玻璃及其在复合薄型中空玻璃系统的应用；研发功能性气密膜及典型气候区外窗系统应用方案；建立薄型中空玻璃和外窗系统性能评价体系。

2.气凝胶制品

气凝胶生产工艺技术、规模化制备水平进一步提高。结构明确、形貌/尺寸/组成均一的气凝胶产品形成稳定、产业化制造能力，形成产品标准化体系。气凝胶产品种类进一步增多，产品应用领域市场，特别是热力管线保温市场进一步扩大，建筑保温等领域市场的拓展有突破性进展。

3.低碳水泥

针对新型城镇化与高品质城乡建设对低碳建材的紧迫需求，研究水泥建材生命周期中碳迁移、转化、固化机制及碳排放的理论模型；研发新型低钙水泥熟料体系及其制备、应用关键技术；研发硅铝质低碳复合水泥及其性能调控关键技术；研发镁质低碳水泥体系及其性能提升关键技术；研发低碳/负碳高性能混凝土及制品质量保障技术。

5.4.3 特殊场景建材

5.4.3.1 岛礁环境用建筑材料

开展耐盐雾、耐湿热等气候条件下膜层材料性能及工艺技术研究，开展具有高阳光选择性、低遮阳系数膜系设计及其相应的高强度膜系产品生产工艺开发，提高建筑物节能性、舒适性。

根据海岛建筑对建筑玻璃节能、隔音、力学性能的要求，开展真空、中空结构设计，开展边部密封、间隔材料、应用形式的研究，提高整体玻璃制品的节能和隔音性能；开展支撑物材料、结构、布放的优化设计，分析真空玻璃应力状态、抗冲击性能、抗风压性能与支撑物结构关系，开发高抗冲击、抗风压真空玻璃。

在室内型平面及异形防火玻璃的基础上，针对复合防火玻璃耐紫外线辐照性能差、高温硬度低的缺点，开发纳米 SiO_2 微粒核壳化分散处理技术，制备高固含、低黏度纳米二氧化硅微粒分散液，攻克复合防火玻璃的耐候、耐久性问题。其中，包括高效率、低成本、适应海岛炎热气候要求的新型非跟踪太阳能集热器开发；开发适用于岛礁使用环境的层合式太阳能聚光镜制造技术；开展新型耐腐蚀喷淋式热交换器的研究；开展高效热泵与海水淡化系统相结合的研究；开发延迟式低温储热与空冷系统；开展碲化镉薄膜太阳能电池工艺技术研究；开展薄膜沉积设备设计开发及系统集成研究；开展薄膜太阳能电池产品回收及循环利用技术研究。

电磁密封技术研究以保证装备整体的电磁屏蔽和环境性能同步满足为目的。针对岛礁复杂电磁环境和部分设备隐身要求，结合个性需求和特殊波段，开展电磁屏蔽及隐身功能一体化玻璃制备技术研究，以提升岛礁装备的生存能力。

针对建筑对防弹、防爆性能的要求，结合岛礁环境设计开发出各类防弹、防爆玻璃。开发具有热反射功能的防弹玻璃，降低日照对有机材料的老化作用；采用具有高盐雾抗性的纤维基复合材料边框，提高产品的抗盐雾侵蚀能力，实现透明构件窗、框一体化结构；开展边部结构及密封技术研究，实现特种玻璃功能与寿命的兼容。

5.4.3.2　地域性原料制备生态建筑材料的功能化提升

建筑材料生态化和功能化是建材领域的重点研发方向，将按照"与生态环境相互协调、以最小的资源和能源消耗、将环境污染程度降低至最低或无污染、使用性能最佳和多功能、循环利用效率较高"原则开展研究，并组织生产和应用。建筑材料生态化和功能化提升关键技术涉及天然资源、生物质原料、工业副产品等地域性原料的资源化和高效利用，建筑材料生态化，建材产品功能化，生态建筑材料标准化等。

5.4.3.3　建材生产的智能化与信息化技术提升技术

通过工业化和信息化技术融合，在原有 DCS 系统基础上，增加能源管理系统，实现水泥、玻璃等高能耗产品生产及能源消耗精细化管理，大幅提高生产过程能源效率。

针对提升建筑工业化水平，升级传统装配式建筑体系的重大需求，研究考虑多水准抗震设防，以及抗风安全性和舒适度的高层模块集成建筑体系及设计方法；研发结构、围护、装修及设备管线一体化的模块集成技术与模块化高性能部品；研究模块集成建筑安装工艺与模块关键节点连接技术，研制模块集成建筑精准安装装备及其智能控制系统。

构建基于可再生循环材料的多场景大尺度3D打印智能建造理论方法体系；研发多种可再生循环建筑材料的3D打印工艺；研发面向大尺度、高精度、复杂结构的3D打印建造装备系统；研发建筑3D打印专用软件控制平台；开展城市基础设施、景观建筑、复杂建筑表皮、建筑遗产修复和大跨度空间结构节点等多场景建筑3D打印技术示范应用。

5.4.3.4　室内健康环境营造材料关键技术

针对室内环境污染防控效果差、围护结构保温与隔声效能不足，以及既有住宅装修改造效率低、功能保障不完善等系列问题，研发长寿命无机抗菌净化材料制品及室内污染预控技术；研发高抗裂无机防水材料、自修复材料、湿度调节材料，以及地下空间防水、防渗关键应用技术；研发适用于绿色围护结构的气凝胶高效保温材料；研发轻质隔声材料制品及应用技术；构建适应不同应用场景的既有住宅绿色装配化装修改造技术体系，以及绿色装修改造综合功能提升保障技术、易维护改造的装配化装修产品体系与关键部品，其中，包括研究基于快速更新、低影响的装配化装修改造技术及成套施工工法；研发低噪声、少人工的装配化装修改造设备及施工机具；研究基于数字化的装修改造全过程协同一体化技术及室内环境污染全过程管控技术。

5.4.3.5　城市地下空间韧性体系关键技术

针对城市地下空间结构韧性技术体系缺乏问题，研究地震、施工扰动等作用下城市地下典型空间结构—围岩相互作用规律及空间结构损伤阈值，建立多因素时变的地下空间结构损伤评价指标体系；研究材料—结构性能协同的城市地下空间韧性结构体系和韧性设计方法；研发适用于地下空间复杂荷载和环境特征的高韧性混凝土材料和防水材料；研究城市既有地下空间结构增韧方法，研发地下受损混凝土结构快速修复技术与装备；提出灾变演化全过程城市地下空间结构韧性分析方法，构建考虑灾变时的地下空间结构韧性评价体系。

5.4.3.6　房屋建筑工程防水质量保障与渗漏治理关键技术

针对工程渗漏频发，影响工程耐久性和质量等问题，研究水泥基外围护系统温度作用下的渗漏机理及控制技术；研究防水工程耐久性影响因素，形成防水工程耐久性设计方法；研制新型高效建筑防水材料；研究防水材料现场快速检测设备和工程渗漏无损检测方法；研究基于运维期的防水工程质量保障体系，研发新型渗漏修复材料及其修复技术。

5.4.3.7　面向重大基础设施的智能化长寿命功能的结构材料

针对重大基础设施与民用建筑的恶劣服役环境、复杂功能需求，研究超高性能混凝土、高性能钢材等新型结构材料在钢板—混凝土结构体系中的应用，以及考虑材料结构一体化的钢与混凝土多材料组合协同工作机制和优化方法；研发具有工业化和模块化建造特征、满足重载且轻量化等功能需求、适应冲击和强震等复杂严苛环境的新型钢板—混凝土结构体系；建立新材料高性能钢板—混凝土结构体系的精准高效分析模型、全寿命设计方法和建造关键技术。同时，研发高强、高韧低碳结构材料，高性能自感应与自检测结构材料，大变形自适应和自增强结构材料，智能自修复结构材料等。在此基础上，形成智能化长寿命功能结构材料制备与应用的系统技术，全面支撑结构材料的智能化、长寿命、功能化的发展，引领工程领域的科技创新。

5.4.3.8　长大隧道同步推拼智能盾构关键技术

面向长大隧道盾构施工，研究考虑三维地质空间不确定性的岩土—刀盘相互作用机理与界面携渣泥水复杂力学特性的数字化感知、表征及解析方法；研究复合地层条件下数据驱动的盾构刀盘优化选型、刀具磨损智能诊断与换刀优化决策技术；研究盾构机掘进轴线自主规划和推力矢量主动控制技术，实现同步推拼智能协同控制；研究盾构高效施工支撑技术，研发基于快拼接头新型管片结构体系与自动化拼装关键技术，以及施工物料垂直与水平高效无人运输系统；研究高可靠性设备保障支撑技术，研发盾构机及周边设备系统可靠性优化设计、在线智能检测及故障预报技术。

5.4.4　其他新型建材

聚焦矿物功能材料生态化和功能化开展研究，建立和丰富建筑材料低碳制造、生态化和功能化理论体系，实现矿物功能材料的生态、节能、多功能、低碳、安全、循环利用等创新目标。

在石墨、高岭土、膨润土、硅藻土、石英、凹凸棒石黏土、海泡石、硅灰石、滑石、云母等主要非金属矿材料应用研究上取得显著成效，均化、提纯、超细磨粉、分级级配、表面改性技术有突破性进展。矿物功能材料工业体系进一步完善，形成具有自主创新能力的矿物功能材料产业链。矿物材料的精细加工度、资源利用效率和效益显著提高，中高端矿物功能材料产品产值所占比重达到60%。

突破石墨烯材料规模化制备和微纳结构测量表征等共性关键技术，开发大型石墨烯薄膜制备设备及石墨烯材料专用计量、检测仪器，实现对石墨烯层数、尺寸等关键参数的有效控制；研发出石墨烯改性的高性能电池负极材料、储能器件、电子器件、光子传感器等特种功能产品，提高新能源复合材料、触摸屏等应用领域的要求。基于石墨烯材料的传感器、触控器件、电子元器件、光电电池等，构建若干石墨烯产业链，形成一批产业集聚区。

实现隔热耐火材料低导热技术突破，开发耐火材料性能预测和计算的高通量模型；实现低导热、长寿命隔热耐火材料中试试验，引入智能制造技术，提升工艺水平；实现新一代隔热耐火材料、不烧不浸滑板、优质浮法玻璃用熔铸耐火材料的工业化生产。

5.4.5 新型建筑材料数据库构建及应用

针对未来住宅用建材在功能、节能低碳、服役寿命等方面难以同时满足，兼顾精度和效率的多学科耦合模型难以构建，考虑多源不确定性的多学科优化难以求解，进而导致面向功能的建筑材料多学科协同设计难以实现等难点问题，基于数据驱动技术，开发功能建材特征参量优化筛选算法，基于因果关系挖掘技术，构建具有物理可解释性的建材特征参量与目标性能的机器学习模型和数学表达；发展基于主动学习的多目标自适应协同优化理论、算法和软件，耦合实验或计算迭代，实现功能建材性能的多目标智能优化；研发材料数据库与大数据技术相互融合和迭代的新型功能材料智能设计技术；建立一种适应未来住宅需求的功能建材多学科协同设计理论和方法，并基于典型场景研发出性能、功能、节能、低碳、多参数优化的功能建材原型，引导未来住宅用新型建材的应用。

针对我国结构材料与围护材料基础数据库参数不完整、数据质量低、数据及时性差等问题，聚焦相关材料数据库数据定义、数据清洗规则、数据智能更新判别等核心技术，攻克复杂、异构、多源建材大数据分布式存储，以及多节点数据库智能抓取集成、数据共享与自适应服务等技术难点，形成低碳结构材料与围护材料平台系统设计、构建、应用等共性关键技术体系，为低碳建材数据库平台的建设和运行奠定基础。

5.5　发展路径

通过实施三大工程——创新能力建设工程、应用示范工程、标准创新工程，采取两大行动——"互联网+"先进无机非金属材料行动和人才培育行动，形成8个"一批"成果：创建一批创新平台、创新一批关键技术装备和产品、实施一批应用示范工程、建立一批优势企业和一批"专优特新"中小企业、培育一批产业人才队伍、发展一批产业集聚区、制定一批新标准，补自身短板、破解外部环境制约，发展先进无机非金属材料产业。

5.5.1　加强产业创新能力建设

整合完善创新资源，加强先进无机非金属材料产业基础研究、应用技术研究和产业化的统筹衔接，营造上、中、下游协同创新的发展环境，完善先进无机非金属材料产业协同创新体系。

发挥企业在产业技术创新中的主体和主导作用，依托重点企业、产业联盟、研发机构，统筹布局、产学研用结合，建设产业关键共性技术研发平台，组建先进无机非金属材料产业创新中心（攻关平台）、测试评价及检测认证中心，降低攻关研发成本，缩短由研发到应用的周期。

5.5.2　大力培育先进无机非金属材料市场

研究建立先进无机非金属材料首批次应用保险补偿机制，发布重点无机非金属材料首批次应用示范指导目录，建设一批先进无机非金属材料生产应用示范平台，组织开展先进无机非金属材料应用示范，加快释放市场需求。研究建立重大工程、重大项目配套材料应用推广机制。加大政策引导力度，建立公共服务平台，开展材料生产企业与设计、应用单位供需对接，支持材料生产企业面向应用需求研发先进无机非金属材料，推动下游行业积极使用先进无机非金属材料。

5.5.3　建立先进的产业组织结构，合理进行产业布局

5.5.3.1　培育一批龙头企业、创设一批"专""优""特""新"中小企业

支持传统优势企业转型升级，发展先进无机非金属材料产业，支持拥有自主创新技术的种子企业的建立及成长，支持企业以市场为导向开展联合重组，在先进无机非

金属产业领域内形成一批具有较强创新能力和国际影响力的龙头企业。鼓励采取众创、众包、众扶、众筹等新模式，形成一批"专""优""特""新"的先进无机非金属材料中小企业。积极促进资源整合和产业联盟建设，推动上下游企业、大中小企业建立以资本为纽带、产学研用紧密结合的产业联盟，集中优势资源加快先进无机非金属材料研发、产业化与应用。促进企业实施现代化管理，建立灵活、规范的企业管理制度和决策制度，积极开展自主创新和引进消化吸收再创新，实现"由专至精、由精至强"，培育一批产业单项冠军企业。

5.5.3.2　培养一批产业人才

加强先进无机非金属材料人才培养与创新团队建设，依托重点企业、联盟、高等学校、职业院校、公共实训基地和公共服务平台，通过开展联合攻关和共同实施重大项目培养一批工学、工程研究生，培育一批产业工人、技术骨干与创新团队。组织开展先进无机非金属材料产业专家院士企业行、先进无机非金属材料专业技术人才培训、人才国际交流，实施引进先进无机非金属材料领域外国专家项目，优化人才团队成长环境。

5.5.3.3　努力建设一批特色产业集聚区

落实国家区域发展战略，推动先进无机非金属材料产业协调发展，形成东、中、西及东北地区错位发展、竞争有序的先进无机非金属材料产业整体格局，提升京津冀地区、长江经济带等重点区域的先进无机非金属材料集聚水平。科学做好产业布局，避免重复建设，鼓励各地先进无机非金属材料企业和研究机构依托区域优势，合理配置产业链、创新链、资源链，推动区域特色先进无机非金属材料产业发展壮大。先进基础材料要充分考虑现有产业基础和资源环境承载能力，按照集约化、园区化、绿色化发展路径，加快推动布局调整。关键战略材料要围绕下游重大需求与重大工程配套，加快生产应用示范平台建设，形成一批重点先进无机非金属材料集聚区与创新辐射中心。前沿材料要充分依托科研院所等创新机构，积极发展新兴业态，建设一批产业示范项目。巩固提升现有先进无机非金属材料产业基地、园区实力，在重点先进无机非金属材料领域推动形成若干产业链完善、配套齐全、竞争力强的特色产业集聚区。

5.5.4　着力完善产业标准体系

加快先进无机非金属材料新产品、新技术、新工艺和新装备的技术标准体系建设，以标准引导和规范产业发展。

5.5.4.1　在重点领域形成系列化标准体系

积极研究和推进先进无机非金属材料、高性能复合材料等产品质量标准、测试方法标准、应用规范的建设，加快技术成果向技术标准转化，促进产业化。加快制定人工晶体材料术语、人工晶体生长设备安全技术规范等基础标准，加快蓝宝石晶体及衬底材料、大尺寸蓝宝石晶体生长、质量检验系列标准制定，发布大尺寸稀土闪烁晶体标准、压电晶体及器件标准。加快发布石墨烯材料的名词术语与定义基础标准，确定石墨烯层数、比表面积、导电率等指标及测试标准，研制一批石墨烯材料、器件标准和计量装置。

5.5.4.2　形成材料标准、工厂建设标准规范、应用标准的配套衔接

加强材料标准与下游装备制造、新一代信息技术、工程建设等行业设计规范，以及相关材料应用手册衔接配套。

5.5.4.3　推进标准的国际化

跟踪国际先进无机非金属材料标准并与之对标，加强向国际标准的转化，引导国内产业发展和创新方向，增强我国产业的竞争力和话语权。

5.5.5　积极实施无机非金属材料研发数字化和"智能制造"行动

鼓励企业利用互联网、云计算、大数据、物联网、AI 等方式，探索发展先进无机非金属材料基于互联网的数字化研发、个性化定制、众包设计、云制造等新型制造经营模式。支持基于互联网的先进无机非金属材料创业创新，鼓励建设一批专业化网络平台和云服务平台，开展先进无机非金属材料设计解决方案、供需对接、信息咨询、检验测试等服务，营造开放、融合的产业生态。落实国家大数据战略，建立先进无机非金属材料基础数据库、牌号标准库、工艺参数库、工艺知识库，支持开展材料试验大数据分析，制定数据采集和共享制度，形成符合我国国情的先进无机非金属材料牌号和指标体系，积极推进智能制造与产业同步发展，建设智能化工厂。

参考文献

[1] 中国建筑材料联合会.建材工业"十三五"发展指导意见[J].建材发展导向,2016,14(20):1-12.

[2] 杨益,李陵.科技人才引进中的知识产权分析评议研究[J].科技与创新,2020(23):84-85.

[3] 张宏元,张玉英.企业R&D投入与专利产出的灰色关联分析——基于南宁市规模以上工业企业的实证分析[J].市场论坛,2012(4):20-22.

[4] 彭爱东.一种重要竞争情报——专利情报的分析研究[J].情报理论与实践,2000(3):196-199.

[5] 张燕舞,兰小筠.企业战略与竞争分析方法之一——专利分析法[J].情报科学,2003(8):808-810.

[6] 中华人民共和国工业和信息化部.新材料产业发展指南[J].建材发展导向,2017,15(20):3-8.

[7] 陈静.提升战略研究水平发挥决策支撑作用[J].科技情报开发与经济,2013,23(2):119-121.

[8] 赵子甲.基于专利视角的我国新能源产业技术发展态势研究[J].中国发明与专利,2019,16(10):36-42.

[9] 徐元作.制定和实施对外贸易知识产权战略的思考——写在《国家知识产权战略》实施五周年之际[J].财政研究,2014(4):49-52.

[10] 李翠霞,苏焕群,贺莲,等.论专利情报分析服务于科技创新[J].广东科技,2011,20(21):44-46.

[11] 张志华,白剑,宋晓亭,等.国家知识产权战略需要启动一个试点性的实战项目——我国部署和实施知识产权试点项目"351工程"的紧迫性[J].世界科学技术(中医药现代化),2012,14(1):1137-1145.

[12] 中华人民共和国国务院国家知识产权战略纲要[J].中国发明与专利,2012(4):48-49.

[13] 吴浩,崔荣,李云,等.新型研发机构专利质量指标体系建设探讨——以某新型研发机构为例[J].科技资讯,2020,18(31):6-8.

[14] 朱丽丹,王晓龙.浅谈专利多种追踪检索的方法[J].黑龙江科技信息,2015(25):26.

[15] 陈兰武.超白玻璃在建筑行业的发展及应用[J].门窗,2011(1):57-59.

[16] 杨海霞,李永正.浅谈机械成型方法在平板玻璃生产中的改进[J].科技创业家,2013(11):87.

[17] 韩俊昭.玻璃成型加工控制系统关键技术研究[D].杭州:浙江理工大学,2013.

[18] 中国工程网.树脂复合材料集聚优点技术 逐渐进步[J].塑料制造,2013(11):39.

[19] 陈文永.纤维增强水泥基材料的研究现状与发展趋势[J].建筑技术开发,2019,46(10):147-148.

[20] 黄薇,依然.浅析亚洲复合材料市场及复合材料低成本制造技术[J].航空制造技术,2012,(18):66-69.

[21] 尉心渊.企业核心专利预测研究[J].经济研究导刊,2018(12):31.

[22] 娄静丽,朱炜.直驱永磁风力发电技术专利布局研究[J].中国设备工程,2020(12):209-211.

[23] 黄火根,张鹏国,陈向林,等.膨胀石墨的形貌、成分与结构变化研究[J].材料导报,2015,29(16):72-78.

[24] 胡洋.耐火材料行业烟气超低排放改造技术分析[A]//中国环境科学学会,第二十三届二氧化硫、氮氧化物和颗粒物污染防治技术研讨会论文集[C].北京中航天业科技有限公司,2019:54-58.

[25] 林屹,郑剑平.耐火材料在铅冶金行业的设计与应用[J].世界有色金属,2016(8):52-53.

[26] 黄四信,何永康,马历乔.等静压石墨的生产工艺、主要用途和国内市场分析[J].炭素技术,2010,29(5):32-37.

[27] 刘兆平,周旭峰.浅谈石墨烯产业化应用现状与发展趋势[J].新材料产业,2013(9):4-11.

[28] 陈宽,田建华,林娜,等.铂/石墨烯复合材料的合成及性能表征[J].功能材料,2012,43(12):1594-1597.

[29] 蒋倩.石墨烯技术专利布局研究[D].湘潭:湘潭大学,2017.

[30] 李向阳,刘小平.基于专利地图的纳米技术领域专利情报分析[J].中国科技论坛,2016(5):32-38.

[31] 赵立春,杨玉婷.基于全球专利申请数据的石墨烯技术发展态势研究[J].中国发明与专利,2023,20(1):31-38,62.

[32] 赵辉. 基于论文—专利关联的前沿主题分析方法研究[D]. 北京：中国科学院大学，2020.

[33] 化信. 我国碳纤维发展现状与前景分析[J]. 化工新型材料，2013，41（10）：199.

[34] 罗栋. 碳纤维复合材料在汽车、体育用品领域的应用[J]. 合成材料老化与应用，2016，45（2）：91-94.

[35] 吕伟，杨全红. 全球涌动石墨烯热产业前景十分诱人[J]. 化工管理，2015（10）：47-49.

[36] 陆刚. 低碳节能的新材料碳纤维使汽车进入轻量化新时代[J]. 橡塑资源利用，2011（6）：19-23.

[37] 耿雁冰，鲍涵. 新材料革命：石墨烯产业化前景[N]. 21世纪经济报道，2014-10-22（8）.

[38] 曹敏悦，刘俊男，汪月，等. 高分子量二元丙烯腈聚合物的合成及性能[J]. 高分子材料科学与工程，2017，33（6）：42-47.

[39] 杨欣宇. 碳纤维产业中国专利分析[J]. 决策咨询，2015（4）：44-47.

[40] 王淳佳. 基于专利信息分析的碳纤维产业发展策略研究[D]. 昆明：昆明理工大学，2018.

[41] 许长红，王露，刘数华. 一种超低水化热水泥——超硫酸盐水泥[J]. 混凝土世界，2017（10）：38-42.

[42] 彭炫铭. 硫铝酸盐水泥的性能及在新疆应用展望[J]. 四川水泥，2011（2）：58-60.

[43] 杨顺德. 预分解技术在硫铝酸盐水泥生产中的应用[J]. 新世纪水泥导报，2012，18（1）：60-62.

[44] 肖忠明，郭俊萍. 硫（铁）铝酸盐水泥的耐磨性能及其影响因素[J]. 水泥，2018（2）：3-7.

[45] 魏丽颖，汪澜，颜碧兰. 国内外低碳水泥的研究新进展[J]. 水泥，2014（12）：1-3.

[46] 王淑，吴静，余保英，等. 改性超硫酸盐水泥的水化机理研究[J]. 广东建材，2015，31（12）：5-8.

[47] 张建山，余文飞，张传虎，等. 低热水泥碾压混凝土重力坝施工技术[J]. 电力勘测设计，2020（9）：7-11，84.

[48] 郭晓华，牛凯征，王曙明，等. 全球预拌混凝土市场研究[J]. 混凝土与水泥制品，2019（2）：13-17.

[49] 阎友华. 紧紧抓住绿色低碳高质量发展关键着力点[N]. 中国建材报，2023-05-29（1）.

[50] 张来辉. 推动水泥行业绿色转型绘就高质量发展新蓝图[J]. 中国水泥，2022（4）：29-30.

[51] 侯忠. 混凝土碳化的影响因素及其控制措施[J]. 四川水力发电，2011，30（S2）：184-188.

[52] 魏一鸣,余碧莹,唐葆君,等.中国碳达峰碳中和时间表与路线图研究[J].北京理工大学学报(社会科学版),2022,24(4):13-26.

[53] 刘昊.水泥工业碳减排路径分析[J].水泥工程,2021(5):1-3,21.

[54] 汪智勇,王敏,文寨军,等.硅酸二钙及以其为主要矿物的低钙水泥的研究进展[J].材料导报,2016,30(1):73-78.

[55] 科技日报.我国掌握"低碳水泥"关键技术[J].中小企业管理与科技(中旬刊),2010(10):74.

[56] 秦阿宁,吴晓燕,李娜娜,等.国际碳捕集、利用与封存(CCUS)技术发展战略与技术布局分析[J].科学观察,2022,17(4):29-37.

[57] 李晓明.装配式混凝土结构关键技术在国外的发展与应用[J].住宅产业,2011(6):16-18.

[58] 王献忠,杨健,沙斌,等.预制装配式混凝土结构体系与关键技术的研究[J].建筑施工,2017,39(2):273-275,278.

[59] 郝际平,孙晓岭,薛强,等.绿色装配式钢结构建筑体系研究与应用[J].工程力学,2017,34(1):1-13.

[60] 邓嫔,骞守卫.节能装饰一体化板材的研究与应用进展[J].建材世界,2015,36(4):83-87.

[61] 王斌斌.现代木结构建筑定位浅析[J].住宅与房地产,2019(3):27-38.

[62] 杨宝.绿色建筑中节能门窗的应用现状与发展趋势[J].绿色科技,2015(5):250-252.

[63] 孙品礼,唐明贤.对国外混凝土预制构件试验研究工作的思考[J].混凝土,2002,149(3):16-20.

[64] 孙晨晓,李旭强.绿色装配式钢结构建筑体系研究与应用[J].住宅与房地产,2017,(5):233.

[65] 李福志.建筑结构胶的历史、现状及发展前景[C].第十一次全国环氧树脂应用技术学术交流会,2005.

[66] 宋志平.打造"一带一路"新优势[J].建材发展导向,2017(12):1-4.

[67] 郐晓."十四五"新型绿色建材研究展望[J].新材料产业,2020(6):14-19.

[68] 郐晓,邓嫔,王茂生,等.大型产业集团基于创新链的科技项目管理体系建设研究[A]//中国企业改革与发展研究会,中国企业改革发展优秀成果2018(第二届)下卷[C].中国建材集团有限公司科技管理部,2018:277-285.

[69] 陶学明. 浅析新材料产业发展标准综合体构建[J]. 中国标准化, 2020（S1）: 30-34.

[70] 武发德. 开发功能装饰装修材料 提高我国人居环境水平[J]. 中国建材, 2016（10）: 128-129.

[71] 魏茜茜, 夏雪, 田怡. 我国精细陶瓷材料产业现状及发展路径的研究[J]. 陶瓷, 2017（1）: 44-48.

[72] 黄卫东. 材料3D打印技术的研究进展[J]. 新型工业化, 2016, 6（3）: 53-70.

[73] 本刊记者. 专家解析建材行业首个针对"双碳"立项的"十四五"国家重点研发项目[J]. 中国建材, 2023（3）: 100-102.

[74] 段丹晨. 加快推进建材行业"三个一批"拓展发展新空间[N]. 中国建材报, 2018-08-31（1）.

[75] 中华人民共和国工业和信息化部. 新材料产业发展指南[J]. 建材发展导向, 2017, 15（20）: 3-8.

[76] 本刊编辑部. 需求牵引 创新发展 统筹协调 分类指导 两化融合 军民融合 工信部 发改委 科技部 财政部印发《新材料产业发展指南》[J]. 散装水泥, 2017（2）: 9-11.

[77] 中国建筑材料联合会.《中国制造2025——中国建材制造业发展纲要》（节）之二[J]. 江苏建材, 2018（6）: 78-80.

[78] 姚海琳, 朱美玲, 谭舒耀. 中国关键战略材料国产化替代现状、制约瓶颈及对策[J]. 科技导报, 2023, 41（6）: 21-33.

[79] 中华人民共和国工业和信息化部. 建材行业稳增长工作方案[J]. 混凝土世界, 2023（9）: 4-6.

[80] 工业和信息化部. 国家发展改革委, 财政部, 等. 建材行业稳增长工作方案[J]. 中国建材, 2023（9）: 18-21.